全国监理员岗位培训教材

建设工程监理实务
——市政公用工程

本书编委会　编

中国建筑工业出版社

图书在版编目（CIP）数据

建设工程监理实务——市政公用工程/本书编委会编. —北京：
中国建筑工业出版社，2016.7
全国监理员岗位培训教材
ISBN 978-7-112-19309-7

Ⅰ.①建…　Ⅱ.①本…　Ⅲ.①建筑工程-监理工作-岗位培训-
教材 ②市政工程-监理工作-岗位培训-教材　Ⅳ.①TU712

中国版本图书馆 CIP 数据核字（2016）第 064244 号

本书依据现行监理相关法律法规、部委规章、标准规范，结合相关省市监理员培训
考试大纲和监理实践工作需求编写而成，主要内容包括：市政公用工程施工准备阶段监
理、城镇道路工程施工监理、城市桥梁工程施工监理、给水排水管道工程施工监理、燃
气管道工程施工监理、城镇供热管网工程施工监理、园林绿化工程施工监理共 7 章
内容。

本书立足市政公用工程监理员应了解、熟悉、掌握的监理质量控制内容，并予以适
度的加深和拓展，涵盖市政公共工程各分部分项工程施工的材料（设备）质量控制、施
工工序结果检查，突出相应的施工试验、检验和旁站监督。同时，对施工阶段材料、构
配件的见证取样及平行试验也给出相应介绍。

本书不仅可以引导监理员进行现场实际操作，亦可作为工程监理单位、建设单位、
勘察设计单位、施工单位和政府各级建设主管部门有关人员及大专院校工程管理、工程
造价、市政公用工程类专业学生学习的参考书。

责任编辑：郦锁林　王砾瑶
责任设计：李志立
责任校对：赵　颖　刘梦然

全国监理员岗位培训教材
建设工程监理实务——市政公用工程
本书编委会　编

*

中国建筑工业出版社出版、发行（北京西郊百万庄）
各地新华书店、建筑书店经销
北京红光制版公司制版
北京富生印刷厂印刷

*

开本：787×1092毫米　1/16　印张：15¼　字数：378千字
2016 年 6 月第一版　　2016 年 6 月第一次印刷
定价：**38.00** 元
ISBN 978-7-112-19309-7
（28472）

《建设工程监理实务——市政公用工程》编委会

主　编：王景文

副主编：郑传明

编　委：常文见　高　升　贾小东　姜学成　姜宇峰

　　　　吕　铮　孟　健　齐兆武　王建博　阮　娟

　　　　王立春　王春武　王继红　李海龙　王景怀

　　　　王　彬　王军霞　于忠伟　张会宾　周丽丽

　　　　祝海龙　祝教纯

丛 书 前 言

随着我国国民经济"十三五"规划的实行、"一带一路"宏伟蓝图的展开以及城镇化进程的不断深入，工程建设管理体制改革也在不断深化和推进，工程建设领域建设工程监理相关法律法规、部门规章也在不断完善和细化，相关工程建设标准的颁布、修订，尤其是《建设工程监理规范》GB/T 50319—2013、《建筑工程施工质量验收统一标准》GB 50300—2013 以及相关专业施工质量验收规范的修订，对建设工程监理人员的业务水平和素质能力提出了更多、更高的要求。

工程建设实践中，施工质量是关键，任何一个环节和部位出现问题，都会直接影响工程项目的施工进度、竣工使用，造成经济损失，甚至酿成质量及安全事故。工程质量控制不但是工程建设的首要任务，也是现场监理工作的重点和难点。项目监理机构健全的规章制度、完备的大纲规划、详尽的细则，都必须驻场一线监理员的认真、可靠、有效地执行。但如果监理员只是死板地照搬、机械地执行标准规范条文和监理要求，对于多专业、多工种、多作业面、动态的现场质量控制活动是远远不够的，也不利于监理员自身创新能力和竞争精神的发挥。这就需要培训选拔大量的具有相当理论基础、实践水平和创新精神的能够胜任岗位工作需要的监理员。熟悉、掌握本专业施工材料（设备）、施工工艺、工序结果是否符合现行施工质量验收规范的规定和要求，成为监理员岗位培训、自主学习的迫切需求，也是监理员提高业务水平、提升专业素质、拓展知识面、培养创新精神的基本立足点。为帮助监理人员能够学以致用，在中国建筑工业出版社支持下组织编写了本套丛书。

丛书编写内容贴近施工现场监理实践，切实反映现场监理员的实际需求，避免过多空洞、抽象的程序性理论，注重实用性、可操作性、可拓展性。将勘察设计、保修阶段的相关服务和安全生产管理归入《建设工程监理基础知识》分册，以现场施工质量控制为主线，将施工阶段监理的工程主要材料（设备）质量控制、各专业施工质量控制的监理要点、旁站、见证取样试验及平行检测，进行系统的整理和归纳，从广度和深度两个方面予以适度地加深和拓展，有利于监理员的学习、充实、丰富和创新。期望广大监理员借助本丛书提供的框架和思路，结合工程项目实际和项目监理机构的具体工作安排和职责分工，充实施工质量控制细节、完善质量控制方法和手段，为推行工程建设监理工作的标准化、规范化，促进工程建设工程技术进步，保证工程质量和安全，推进节能、绿色施工进程，合理使用建设资金，保障人身健康和人民生命财产安全，提高投资效益发挥积极作用。

丛书条理清楚，结构严谨，内容全面、系统，可供建筑工程、建筑安装工程、市政公用工程监理员岗位培训使用，也可以用于指导监理员进行现场实际操作，亦可作为工程监理单位、建设单位、勘察设计单位、施工单位和政府各级建设主管部门有关人员及大专院校工程管理、工程造价、土木工程类专业学生学习的参考书。

丛书编委会

2016 年 1 月

前　　言

近年来，随着我国国民经济的快速发展和工程建设管理体制的深化改革，工程建设领域建设工程监理相关法规及标准的颁布、修订，工程监理实践经验的不断丰富，对建设工程监理提出了更高要求，需要培训选拔大量的具有相当理论基础和实践水平的一线监理员，以满足这种新的形势和要求。

工程建设实践中，施工质量是关键，任何一个环节和部位出现问题，都会给工程项目带来严重的后果，直接影响工程项目的使用，甚至造成较大的经济损失。工程质量控制不但是工程建设过程中的首要任务，也是现场监理工作的重点和难点。

了解、熟悉、掌握施工材料（设备）、施工工艺、工序结果是否符合最新施工质量验收规范的规定和要求，成为监理人员岗位培训或自主学习的迫切需求。为帮助监理人员能在短时间内学以致用，我们组织编写了本套丛书。

本书编写内容贴近施工现场监理实践，切实反映现场监理人员的实际需求，避免过多空洞、抽象的程序性理论，注重实用性、可操作性。以现场施工质量控制为主线，以现场施工质量控制涉及的材料（设备）质量控制、施工工序结果检查、旁站、见证取样试验及平行检测为着手点，从广度和深度两个方面予以适度的加深和拓展。

本书可供市政公用工程监理员岗位培训使用，不仅可以引导监理员进行现场实际操作，亦可作为工程监理单位、建设单位、勘察设计单位、施工单位和政府各级建设主管部门有关人员及大专院校工程管理、工程造价、市政公用工程类专业学生学习的参考书。

本书编委会

2016 年 1 月

目　　录

1　市政公用工程施工准备阶段监理

1.1　材料、构配件质量控制

1.1.1　材料、构配件质量控制依据

材料质量控制的主要内容有材料的质量标准、材料的性能标准、试验标准适用范围和施工要求。具体控制依据如下：

（1）国家、行业、企业和地方标准、规范、规程和规定。

建筑材料的技术标准分为国家标准、行业标准、地方标准和企业标准等，各级标准分别由相应的标准化管理部门批准并颁布。

（2）工程设计文件及施工图纸。

（3）工程施工合同。

（4）施工组织设计、（专项）施工方案。

（5）工程建设监理合同。

（6）产品说明书、产品质量证明书、产品质量试验报告、质检部门的检测报告、有效鉴定证书、试验室复试报告。

1.1.2　材料、构配件质量检验方法和程序

1. 检验的目的

材料质量检验的目的是通过一系列的检测手段，将所取得的材料质量数据与材料质量标准相对照，借以判断材料质量的可靠性，能否适用于工程；同时，还有利于掌握材料质量信息。

2. 检验的方法

材料质量检验的方法有书面检查、外观检查、理化检验和无损检验四种。

（1）书面检查：由监理工程师对施工单位提供的质量保证资料、合格证、试验报告等进行审查。

（2）外观检查：由监理工程师或材料专业监理人员对施工单位提供的样品，从品种、规格、标准、外观尺寸等进行直观检查。

（3）理化检验：借助试验设备、仪器对材料样品的化学成分、机械性能等进行科学的鉴定。

（4）无损检验：在不破坏材料样品的前提下，利用超声波、X射线、表面探伤等仪器进行检测，如混凝土回弹及桩基低应变检测等。

3. 检验的程序

根据材料质量信息和保证资料的具体情况，其质量检验程序分免检、抽检、全部检验三种。

（1）免检：就是免去质量检验过程，对有足够质量保证的一般资料，实践证明质量长期稳定，且质量保证资料齐全的材料，可予免检。

（2）抽检：就是按随机抽样的方法对材料进行抽样检验。如当监理工程师对施工单位提供的材料或质量保证资料有所怀疑，则对成批生产的构配件应按一定比例进行抽样检验。

（3）全部检验：凡对进口的材料设备和重要工程部位所用的材料，应进行全部检验，以确保材料质量和工程质量。

1.1.3 常用材料质量控制

1. 混凝土材料

（1）水泥：水泥宜采用普通硅酸盐水泥、火山灰质硅酸盐水泥。当选用矿渣水泥时，应掺用适宜品种的外加剂；水泥应具有出厂合格证和质量检验报告单，进场后应取样复试合格，其质量符合设计和国家现行标准的规定和设计要求。用于限值氯离子含量的场所时应有法定检测单位出具的碱含量检测报告。

当对水泥质量有怀疑或水泥出厂超过三个月时，在使用前必须进行复试，并按复试结果使用。不同品种的水泥不得混合使用。

（2）砂：宜选用质地坚硬、级配良好的中粗砂，其含泥量不应大于3％。砂的品种、规格、质量符合现行行业标准《普通混凝土用砂、石质量及检验方法标准》JGJ 52 的要求，进场后应取样复试。

用于限制集料活性的场所应有法定检测单位出具的集料活性检测报告。

（3）石子：石子最大粒径不得大于结构截面最小尺寸的1/4，不得大于钢筋最小净距的3/4，且不得大于40mm。其含泥量不得大于1％，吸水率不应大于1.5％。进场后应按产地、类别、加工方法和规格等不同情况分批进行检验，其品种、规格、质量应符合现行行业标准《普通混凝土用砂、石质量及检验方法标准》JGJ 52 的要求，进场应取样复试。

用于限制集料活性的场所应有法定检测单位出具的集料活性检测报告，禁止使用高碱活性石子。

（4）混凝土拌合用水：宜采用饮用水。当采用其他水源时，其水质应符合现行行业标准《混凝土用水标准》JGJ 63 的规定。

（5）混凝土外加剂：外加剂应有产品说明书、出厂检验报告、合格证和性能检测报告，进场后应取样复试，其质量和应用技术应符合现行国家标准《混凝土外加剂》GB 8076 和《混凝土外加剂应用技术规范》GB 50119 的规定。有害物含量和碱含量检测报告应由有相应资质等级的检测部门出具，并应检验外加剂与水泥的适应性，并应检验外加剂与水泥的适应性。

（6）掺合料：粉煤灰可采用Ⅰ、Ⅱ级粉煤灰，并应有相关出厂合格证和质量证明书和提供法定检测单位的质量检测报告，经复试合格后方可投入使用，其掺量应通过试验确定。其质量应符合现行国家标准《用于水泥和混凝土中的粉煤灰》GB/T 1596 等的规定。

（7）膨胀剂：可掺加微膨胀剂，进厂应有合格证明，进厂后应取样复试，其掺量应通过试验确定。

（8）隔离剂：宜选用质量稳定、无气泡、脱模效果好的油质隔离剂，使用后应能使构件外观颜色一致，表面光滑、气泡少。

2. 钢筋及钢筋网片

钢筋进场时应检查产品合格证，出厂检验报告和进场复验报告。复验内容包括：拉力试验（屈服、抗拉强度和伸长率）、冷弯试验。具体要求如下：

（1）出厂合格证应由钢厂质检部门提供或供销部门转抄，内容包括：生产厂家名称、炉罐号（或批号）、钢种、强度、级别、规格、重量及件数、生产日期、出厂批号；力学性能检验数据及结论；化学成分检验数据及结论；并有钢厂质量检验部门印章及标准编号。出厂合格证（或其转抄件、复印件）备注栏内应由施工单位写明单位工程名称及使用部位。

（2）试验报告应有法定检测单位提供，内容包括：委托单位、工程名称、使用部位、钢筋级别、钢种、钢号、外形标志、出厂合格证编号、代表数量、送样日期、原始记录编号、报告编号、试验日期、试验项目及数据、结论。

（3）其质量必须符合现行国家标准《钢筋混凝土用钢　第2部分：热轧带肋钢筋》GB 1499.2等的规定。

（4）钢筋按表1-1进行外观检查，并将外观检查不合格的钢筋及时剔除。

（5）钢筋应按类型、直径、钢号、批号等条件分别堆放，并应避免油污、锈蚀。

（6）当发现钢筋脆断、焊接性能不良或力学性能显著不正常等现象时，应对该批钢筋进行化学分析或其他专项检验。

钢筋外观检查要求

表1-1

钢筋种类	外　观　要　求
热轧钢筋	表面无裂缝、结疤和折叠，如有凸块不得超过螺纹的高度，其他缺陷的高度或深度不得超过所在部位的允许偏差，表面不得沾有油污
热处理钢筋	表面无肉眼可见的裂纹、结疤和折叠，如有凸块不得超过横肋的高度，表面不得沾有油污
冷拉钢筋	表面不得有裂纹和局部缩颈，不得沾有油污

（7）冷轧带肋钢筋网片

1）工厂化制造的冷轧带肋钢筋网片的品种、级别、规格应符合设计要求，进厂应有产品合格证、出厂质量证明书和试验报告单，进场后应抽取试件作力学性能试验，其质量应符合现行国家标准《冷轧带肋钢筋》GB 13788的规定。

2）钢筋网片必须具有足够的刚度和稳定性。

3）钢筋网焊点应符合设计规定，并符合现行行业标准《公路桥涵施工技术规范》JTG/T F50的规定。

3. 石料

石料的强度应达到设计要求，饱和单轴极限抗压强度一般不得低于30MPa，跨径在30m以上的石拱桥不得低于40MPa。

（1）外观：质细、色均、无裂缝、表面洁净、强韧、密实、耐久、坚固。

（2）片石：大致成型，单个石块中间部分厚度不小于15cm。

（3）块石：大致方正，上下面大致平行，厚度不小于20cm，宽度、长度分别为厚度的1～1.5倍及1.5～3倍，尖边、薄边厚度至少不小于7cm。

（4）粗料石：大致六面体，厚度不小于20cm，宽度、长度分别为厚度的1～1.5倍及2.5～4倍，表面凹陷深度不大于2cm。用作镶面丁石的长度应比相邻镶面顺石宽度大15cm以上，加工镶面粗料时，修凿面每10cm长需有錾路4～5条，侧面修凿面应与外露面垂直，正面凹陷深度不应超过1.5cm。

（5）拱石：由粗料石加工成，岩层面应垂直于拱轴线，拱圈石厚度不小于20cm，高度至少为厚度的1.2～2倍，长度至少为厚度的2.5～4倍。

（6）石料先须经监理工程师鉴定后，再每1000m³取两组试块，每组不得少于3块，送有资质的单位检测，最后确认是否满足设计要求。

4. 水泥砂浆

（1）砂浆的类别和强度等级应符合设计规定。

（2）砂浆适宜的圆锥沉入度即稠度：在炎热干燥环境中为50～70mm，寒冷潮湿环境中为40～50mm；砌片石、块石应为50～70mm，砌料石应为70～100mm。

（3）砂浆应有良好的保水性。

（4）若设计有冻融循环次数要求的砂浆，经冻融试验后，质量损失率应不大于5%，强度损失率应不大于25%。

（5）砂浆应有良好的硬化速度，凝固后除应满足强度要求外，还须满足粘结性、耐久性、收缩率等要求。

1.2 试块、试件和材料见证取样规定与方法

1.2.1 试块、试件和材料见证取样规定

根据《房屋建筑工程和市政基础设施工程实行见证取样和送检的规定》（建建〔2000〕211号）的规定，见证取样和送检是指在建设单位或工程监理单位人员的见证下，由施工单位的现场试验人员对工程中涉及结构安全的试块、试件和材料在现场取样，并送至经过省级以上建设行政主管部门对其资质认可和质量技术监督部门对其计量认证的质量检测单位进行检测。

国务院建设行政主管部门对全国房屋建筑工程和市政基础设施工程的见证取样和送检工作实施统一监督管理。

县级以上地方人民政府建设行政主管部门对本行政区域内的房屋建筑工程和市政基础设施工程的见证取样和送检工作实施监督管理。

（1）涉及结构安全的试块、试件和材料见证取样和送检的比例不得低于有关技术标准中规定应取样数量的30%。

（2）下列试块、试件和材料必须实施见证取样和送检：

1）用于承重结构的混凝土试块。

2）用于承重墙体的砌筑砂浆试块。

3）用于承重结构的钢筋及连接接头试件。

4）用于承重墙的砖和混凝土小型砌块。

5）用于拌制混凝土和砌筑砂浆的水泥。

6）用于承重结构的混凝土中使用的掺加剂。

7）地下、屋面、厕浴间使用的防水材料。

8）国家规定必须实行见证取样和送检的其他试块、试件和材料。

（3）见证人员应由建设单位或该工程的监理单位具备建筑施工试验知识的专业技术人员担任，并应由建设单位或该工程的监理单位书面通知施工单位、检测单位和负责该项工程的质量监督机构。

（4）在施工过程中，见证人员应按照见证取样和送检计划，对施工现场的取样和送检进行见证，取样人员应在试样或其包装上做出标识、封志，并应标明工程名称、取样部位、取样日期、样品名称和样品数量，并由见证人员和取样人员签字。见证人员应制作见证记录，并将见证记录归入施工技术档案。

（5）见证人员和取样人员应对试样的代表性和真实性负责。

（6）见证取样的试块、试件和材料送检时，应由送检单位填写委托单，委托单应有见证人员和送检人员签字。检测单位应检查委托单及试样上的标识、封志，确认无误后方可进行检测。

（7）检测单位应严格按照有关管理规定和技术标准进行检测，出具公正、真实、准确的检测报告。见证取样和送检的检测报告必须加盖见证取样检测的专用章。

1.2.2 常用材料主要参数、取样规则及取样方法

1. 水泥

水泥试验主要参数、取样规则及取样方法，见表1-2。

水泥试验主要参数、取样规则及取样方法 表1-2

序号	材料名称及相关标准、规范代号	主要检测参数	取样规则及取样方法
1	通用硅酸盐水泥《混凝土结构工程施工质量验收规范》GB 50204《通用硅酸盐水泥》GB 175	胶砂强度安定性凝结时间	（1）散装水泥：1）同一生产厂家、同一等级、同一品种、同一批号且连续进场的水泥不超过500t为1批，每批抽样不少于1次。2）随机地从20个以上不同部位抽取等量的单样量水泥，经混拌均匀后，再从中称取不少于12kg的水泥作为试样。3）当使用中对水泥有怀疑，或水泥出厂超过3个月（快硬硅酸盐水泥超过1个月）应进行复试。
2	砌筑水泥《混凝土结构工程施工质量验收规范》GB 50204《砌筑水泥》GB/T 3183	胶砂强度安全性	（2）袋装水泥：1）同一生产厂家、同一等级、同一品种、同一批号且连续进场的水泥不超过200t为1批，每批抽样不少于1次。2）随机地从不少于20袋中各抽取等量的单样量水泥，经混拌均匀后，再从中称取不少于12kg的水泥作为试样。3）当使用中对水泥有怀疑，或水泥出厂超过3个月（快硬硅酸盐水泥超过1个月）应进行复试

续表

序号	材料名称及相关标准、规范代号	主要检测参数	取样规则及取样方法
3	铝酸盐水泥《铝酸盐水泥》GB/T 201	胶砂强度 凝结时间 细度	(1) 同一水泥厂、同一类型、同一编号的水泥，每120t为1取样单位。不足120t也按1取样单位计。 (2) 从20个以上不同部位取等量样品，总量至少15kg 注：水泥取样后，超过45d出场时，须重新取样试验
4	抗硫酸盐硅酸盐水泥《抗硫酸盐硅酸盐水泥》GB 748	胶砂强度 凝结时间 安定性 抗硫酸盐性	(1) 同一厂家、同品种、同强度等级的水泥按照下表，数量为1个取样单位： 序号 / 生产能力 / 1个取样单位数量 1 / 60万t以上 / 400t 2 / 30～60万t / 300t 3 / 10～30万t / 200t 4 / 10万t以下 / 100t (2) 从20个以上不同部位取等量样品，总量至少12kg
5	白色硅酸盐水泥《白色硅酸盐水泥》GB/T 2015	胶砂强度 凝结时间 安定性 水泥白度	从20个以上不同部位取等量样品，总量至少12kg
6	中热硅酸盐水泥《中热硅酸盐水泥 低热硅酸盐水泥 低热矿渣硅酸盐水泥》GB 200	胶砂强度 凝结时间 安定性 水化热	(1) 同一生产厂家、同一等级、同一品种、同一批号且连续进场的水泥不超过600t为1批，每批抽样不少于1次。 (2) 从20个以上不同部位取等量样品，总量至少14kg
7	低热硅酸盐水泥 低热矿渣硅酸盐水泥《中热硅酸盐水泥 低热硅酸盐水泥 低热矿渣硅酸盐水泥》GB 200	胶砂强度 凝结时间 安定性 低热水泥28d水化热	(1) 同一生产厂家、同一等级、同一品种、同一批号且连续进场的水泥不超过600t为1批，每批抽样不少于1次。 (2) 从20个以上不同部位取等量样品，总量至少14kg
8	低热微膨胀水泥《低热微膨胀水泥》GB 2938	胶砂强度凝结时间安定性水化热线膨胀率	(1) 同一生产厂家、同一等级、同一品种、同一批号且连续进场的水泥不超过400t为1批，每批抽样不少于1次。 (2) 从20个以上不同部位取等量样品，总量至少14kg

2. 砂、卵（碎）石和水

砂、卵（碎）石和水试验主要参数、取样规则及取样方法，见表1-3。

砂、卵（碎）石和水试验主要参数、取样规则及取样方法　　　　表 1-3

序号	材料名称及相关标准、规范代号	主要检测参数	取样规则及取样方法
1	天然砂 《建设用砂》GB/T 14684 《普通混凝土用砂、石质量及检验方法标准》JGJ 52	筛分析 含泥量 泥块含量 氯离子含量（海砂或有氯离子污染的砂） 贝壳含量（海砂）	（1）以同一产地、同一规格的砂，当采用大型工具（如火车、货船或汽车）运输的，以 400m³ 或 600t 为 1 验收批；采用小型工具（拖拉机等）运输的，以 200m³ 或 300t 为 1 验收批。不足上述者，应按 1 验收批进行验收。 （2）当砂日进量在 1000t 以上，连续复检 5 次以上合格，可按 1000t 为 1 批。 （3）从堆料上取样时，取样部位应均匀分布。取样前应先将取样部位表面铲除，然后由各部位抽取大致相等的砂 8 份，组成 1 组样品。 （4）从皮带运输机上取样时，应在皮带运输机尾的出料处用接料器定时抽取砂 4 份组成 1 组样品。 （5）从火车、汽车、货船取样时，应从不同部位和深度抽取大致相等的砂 8 份，组成 1 组样品。 （6）对于每一单项检验项目，每组样品取样数量应满足下表要求，当需要做多项检验时，可在确保样品经一项试验后不致影响其他试验结果的前提下，用同组样品进行多项不同的试验。 每一单项检验项目所需砂的最小取样重量 表格见下 （7）除筛分析外，当其余检验项目存在不合格项时，应加倍取样进行复验。当复验仍有一项不满足标准要求时，应按不合格品处理
2	人工砂 《建设用砂》GB/T 14684 《普通混凝土用砂、石质量及检验方法标准》JGJ 52	筛分析 石粉含量（含亚甲蓝法） 泥块含量	（1）以同一产地、同一规格的砂，当采用大型工具（如火车、货船或汽车）运输的，以 400m³ 或 600t 为 1 验收批；采用小型工具（拖拉机等）运输的，以 200m³ 或 300t 为 1 验收批。不足上述者，应按 1 验收批进行验收。 （2）当砂日进量在 1000t 以上，连续复检 5 次以上合格，可按 1000t 为 1 批。 （3）从堆料上取样时，取样部位应均匀分布。取样前应先将取样部位表面铲除，然后由各部位抽取大致相等砂 8 份，组成 1 组样品。 （4）从皮带运输机上取样时，应在皮带运输机尾的出料处用接料器定时抽取砂 4 份组成 1 组样品。 （5）从火车、汽车、货船取样时，应从不同部位和深度抽取大致相等砂 8 份，组成 1 组样品

每一单项检验项目所需砂的最小取样重量

检验项目	最少取样重量（kg）
筛分析	4.4
含泥量	4.4
泥块含量	20
氯离子含量	2
贝壳含量	10

序号	材料名称及相关标准、规范代号	主要检测参数	取样规则及取样方法
2	人工砂《建设用砂》GB/T 14684《普通混凝土用砂、石质量及检验方法标准》JGJ 52	筛分析石粉含量（含亚甲蓝法）泥块含量	（6）对于每一单项检验项目，每组样品取样数量应满足下表要求，当需要做多项试验时，可在确保样品经一项检验后不致影响其他试验结果前提下，用同组样品进行多项不同试验。 每一单项检验项目所需砂的最小取样重量 表格见下 （7）除筛分析外，当其余检验项目存在不合格项时，应加倍取样进行复验。当复验仍有一项不满足标准要求时，应按不合格品处理

每一单项检验项目所需砂的最小取样重量

检验项目	最少取样重量（kg）
筛分析	4.4
泥块含量	20
石粉含量	1.6

序号	材料名称及相关标准、规范代号	主要检测参数	取样规则及取样方法
3	卵石与碎石《建设用卵石、碎石》GB/T 14685《普通混凝土用砂、石质量及检验方法标准》JGJ 52	筛分析含泥量泥块含量针状和片状颗粒的总含量压碎指标值（高强度混凝土）	（1）以同一产地、统一规格的石，当采用大型工具（如火车、货船或汽车）运输的，400m³ 或 600t 为 1 验收批；采用小型工具（拖拉机等）运输的，200m³ 或 300t 为 1 验收批。不足上述者，应按 1 验收批进行验收。 （2）当石日进量在 1000t 以上，连续复检 5 次以上合格，可按 1000t 为 1 批。 （3）在堆料上取样时，取样部位应均匀分布。取样前应先将取样部位表面铲除，然后由各部位抽取大致相等石子 16 份，组成各自 1 组样品。 （4）从皮带运输机上取样时，应在皮带运输机尾的出料处用接料器定时抽取石 8 份组成各自 1 组样品。 （5）从火车、汽车、货船取样时，应从不同部位和深度抽取大致相等石子 16 份，组成各自 1 组样品。 （6）对于每一单项检验项目，每组样品取样数量应满足下表要求，当需要做多项试验时，可在确保样品经一项试验后不致影响其他试验结果前提下，用同组样品进行多项不同试验。

每一单项检验项目所需碎石或卵石的最小取样重量（kg）

试验项目	最大公称粒径（mm）			
	10.0	16.0	20.0	25.0
筛分析	8	15	16	20
含泥量	8	8	24	24
泥块含量	8	8	24	24
针、片状含量	1.2	4	8	12

序号	材料名称及相关标准、规范代号	主要检测参数	取样规则及取样方法				
3	卵石与碎石《建设用卵石、碎石》GB/T 14685《普通混凝土用砂、石质量及检验方法标准》JGJ 52	筛分析含泥量泥块含量针状和片状颗粒的总含量压碎指标值（高强度混凝土）	试验项目	最大公称粒径（mm）			
				31.5	40.0	68.0	80.0
			筛分析	25	32	50	64
			含泥量	40	40	80	80
			泥块含量	40	40	80	80
			针、片状含量	20	40	—	—
			（7）除筛分析外，当其余检验项目存在不合格项时，应加倍取样进行复验。当复验仍有一项不满足标准要求时，应按不合格品处理				

序号	材料名称及相关标准、规范代号	主要检测参数	取样规则及取样方法
4	混凝土拌合用水《混凝土用水标准》JGJ 63	pH 值氯离子	（1）水质检验水样不应少于5L，用于测定水泥凝结时间和胶砂强度的水样不应少于3L。（2）采集水样的容器应无污染，容器待采集水样冲洗3次再灌装，并应密封待用。（3）地表水宜在水域中心部位，距水面100mm以下采集，并应记载季节、气候、雨量和周边环境情况。（4）地下水应在防水冲洗管道后接取，或直接用容器采集；不得将地下水积存于地表后再从中采集。（5）再生水应在取水管道终端接取。（6）检测频率： <table><tr><td>地表水</td><td>每6个月检验1次</td></tr><tr><td>地下水</td><td>每年检验1次</td></tr><tr><td>再生水</td><td>每3个月检验1次，在质量稳定1年后，可每6个月检验1次</td></tr></table>当发现水受到污染和对混凝土性能有影响，应立即检验

3. 轻骨料、掺合料

轻骨料、掺合料试验主要参数、取样规则及取样方法，见表1-4。

轻骨料、掺合料试验主要参数、取样规则及取样方法   表1-4

序号	材料名称及相关标准、规范代号	主要检测参数	取样规则及取样方法
1	轻粗骨料《轻集料及其试验方法 第1部分：轻集料》GB/T 17431.1《轻集料及其试验方法 第2部分：轻集料试验方法》GB/T 17431.2	颗粒级配（筛分析）堆积密度筒压强度吸水率粒型系数	（1）以同一品种、同一种类、同一密度等级和质量等级，每400m³为1验收批，不足400m³也按1批计。（2）试样可以从料堆自上到下不同部位、不同方向任选10点（袋装料应从10袋中抽取）应避免取离析的及面层的材料。（3）初次抽取的试样拌合均匀后，按四分法缩分到试验所需的用料量。 轻细骨料各项试验用量表 <table><tr><td>序号</td><td>试验项目</td><td>用料量（L）</td></tr><tr><td>1</td><td>颗粒级配</td><td>2</td></tr><tr><td>2</td><td>堆积密度</td><td>15</td></tr></table>

序号	材料名称及相关标准、规范代号	主要检测参数	取样规则及取样方法
2	轻细骨料《轻集料及其试验方法 第1部分：轻集料》GB/T 17431.1《轻集料及其试验方法 第2部分：轻集料试验方法》GB/T 17431.2	颗粒级配（筛分析）堆积密度	**轻粗骨料各项试验用量表** 序号 / 试验项目 / 用料量（L） $D_{max}≤20mm$ / $D_{max}>20mm$ 1 颗粒级配 10 20 2 堆积密度 30 40 3 筒压强度 5 5 4 吸水率 4 4 5 粒型系数 2 2
3	粉煤灰《粉煤灰混凝土应用技术规范》GB/T 50146《用于水泥和混凝土中的粉煤灰》GB/T 1596	细度烧失量需水量比（同一供应单位，一次/月）	（1）以连续供应200t相同等级、相同种类的粉煤灰为1批，不足200t者按1批计。 （2）取样应有代表性，可连续取，也可从10个以上不同部位取等量样品，总量至少3kg。 （3）散装灰的取样，应从每批的不同部位取15份试样，每份不得少于1kg，混拌均匀，按四分法缩取出比试验用量大一倍的试样。 （4）袋装灰的取样，应从每批中抽10袋，每袋各取试样不得少于1kg，混拌均匀，按四分法缩取出比试验用量大一倍的试样
4	粒化高炉矿渣粉《用于水泥和混凝土中的粒化高炉矿渣粉》GB/T 18046	活性指数流动度比	（1）同一厂家、同一级别矿渣粉按下表数量为1个取样单位： 序号 / 生产能力 / 1个取样单位数量 1 $6×10^5t$ 以上 2000t 2 $3×10^5t～6×10^5t$ 1000t 3 $1×10^5t～3×10^5t$ 600t 4 $1×10^5t$ 以下 200t （2）从20个以上不同部位取等量样品，总量至少20kg。试样应混合均匀，按照四分法缩取比试验所需要量大一倍的试样
5	天然沸石粉《混凝土和砂浆用天然沸石粉》JG/T 3048	细度需水量比吸铵值	（1）每120t相同等级的沸石粉为1验收批，不足120t也按1批计。 （2）袋装粉取样时，应从每批中随机抽取10袋，每袋中各取样不得少于1kg的试样，混合均匀后按四分法缩取。 （3）散装沸石粉取样时，应从不同部位取10份试样，每份不少于1kg，混合均匀后按四分法缩取

4. 外加剂

外加剂试验主要参数、取样规则及取样方法，见表1-5。

外加剂试验主要参数、取样规则及取样方法　　　　表 1-5

序号	材料名称及相关标准、规范代号	主要检测参数	取样规则及取样方法
1	普通减水剂 高效减水剂 《混凝土外加剂应用技术规范》GB 50119 《混凝土外加剂》GB 8076	pH 值 密度（或细度）减水率	（1）掺量大于等于1‰同品种外加剂每一编号为100t，掺量小于1‰的外加剂每一编号为50t，不足100t或50t也按同 1 批计。 （2）每一编号取样量不少于0.2t水泥所需用的外加剂量
2	缓凝减水剂 缓凝高效减水剂 《混凝土外加剂应用技术规范》GB 50119 《混凝土外加剂》GB 8076	pH 值 密度（或细度） 减水率 混凝土凝结时间差	同上
3	引气减水剂 《混凝土外加剂应用技术规范》GB 50119 《混凝土外加剂》GB 8076	pH 值 密度（或细度） 减水率 含气量	同上
4	早强剂 《混凝土外加剂应用技术规范》GB 50119 《混凝土外加剂》GB 8076	钢筋锈蚀 密度（细度） 1d、3d 抗压强度比	同上
5	缓凝剂 《混凝土外加剂应用技术规范》GB 50119 《混凝土外加剂》GB 8076	pH 值 密度（细度） 凝结时间差	同上
6	引气剂 《混凝土外加剂应用技术规范》GB 50119 《混凝土外加剂》GB 8076	pH 值 密度（细度） 含气量	同上
7	泵送剂 《混凝土外加剂应用技术规范》GB 50119 《混凝土外加剂》JC 473	pH 值 密度（细度） 坍落度增加值 坍落度损失	（1）生产厂应根据产量和生产设备条件，将产品分批编号，年产量不小于500t，每一批号为50t；年产500t以下，每一批号为30t，每批不足50t或30t的也按一个批量计，同一批号的产品必须混合均匀。 （2）三个或更多的点样等量均匀混合而取得的试样。每一批号取样不小于0.2t水泥所需用的外加剂
8	防冻剂 《混凝土外加剂应用技术规范》GB 50119 《混凝土防冻剂》JC 475	pH 值 密度（细度） 钢筋锈蚀	（1）同一品种的防冻剂，每50t为1批，不足50t也作为1批量计。 （2）取样应具有代表性，可连续取，也可以从20个以上不同部位取等量样品。液体防冻剂取样时应注意从容器的上、中、下三层分别取样。 （3）每批取样量不少于0.15t水泥所需用的防冻剂量（以其最大剂量计）

续表

序号	材料名称及相关标准、规范代号	主要检测参数	取样规则及取样方法
9	膨胀剂 《混凝土外加剂应用技术规范》GB 50119 《混凝土膨胀剂》GB 23439	限制膨胀率	(1) 日产量超过 200t 时,以不超过 200t 为 1 编号,不足 200t 时,应以不超过日产量为 1 编号。 (2) 每 1 编号为一取样单位,样品应具有代表性,可连续取,也可从 20 个以上不同部位取等量样品,总量不小于 10kg
10	防水剂 《混凝土外加剂应用技术规范》GB 50119 《砂浆、混凝土防水剂》JC 474 《建筑工程检测试验技术管理规范》JGJ 190	密度(或细度) 钢筋锈蚀 R−7 和 R+28 抗压强度比	(1) 年生产不小于 500t 的每 50 为 1 批;年生产小于 500t 的每 30t 为 1 批;不足 50t 或者 30t 的,也按照 1 个批量计。 (2) 每一编号取样量不少于 0.2t 水泥所需用的外加剂量
11	速凝剂 《混凝土外加剂应用技术规范》GB 50119 《喷射混凝土用速凝剂》JC 477	密度(或细度) 1d 抗压强度 凝结时间	(1) 每 20t 为 1 批,不足 20t 也按 1 批计。 (2) 一批应有 16 个不同点取样,每个点取样不少于 250g,总量不少于 4000g

5. 混凝土

混凝土试验主要参数、取样规则及取样方法,见表 1-6。

混凝土试验主要参数、取样规则及取样方法 表 1-6

序号	材料名称及相关标准、规范代号	主要检测参数	取样规则及取样方法		
1	普通混凝土 《混凝土结构工程施工质量验收规范》GB 50204 《普通混凝土拌合物性能试验方法标准》GB/T 50080 《建筑工程大模板技术工程》JGJ 74	稠度(坍落度及坍落度扩展度、维勃稠度) 抗压强度	(1) 试件留置		
			序号	项目	内 容
			1	标准养护试件	① 每拌制 100 盘且不超过 100m³ 的同配合比的混凝土,取样不得少于 1 次。 ② 每工作班拌制的同一配合比的混凝土不足 100 盘时,取样不得少于 1 次。 ③ 当一次连续浇筑超过 1000m³ 时,同一配合比混凝土每 200m³ 混凝土取样不得少于 1 次
			2	同条件养护试件	① 使用外挂架时,留置 7.5N/mm² 同条件试件。 ② 模板拆除所需要的同条件养护试件其他按照工程需要留置。 ③ 同一强度等级 600℃·d 的同条件养护试件,其留置数量应根据混凝土工程量和重要性确定,不宜少于 10 组,且不应少于 3 组

续表

序号	材料名称及相关标准、规范代号	主要检测参数	取样规则及取样方法		
			序号	项目	内 容
1	普通混凝土 《混凝土结构工程施工质量验收规范》GB 50204 《普通混凝土拌合物性能试验方法标准》GB/T 50080 《建筑工程大模板技术工程》JGJ 74	稠度（坍落度及坍落度扩展度、维勃稠度） 抗压强度	3	冬施试件留置	除留置上述试件外还需留置以下试件： ① 未掺防冻剂混凝土需留置负温转常温养护 28d 试件和临界强度试件。 ② 掺防冻剂混凝土须留置同条件 28d 转标养 28d 试件（抗压）
			4	建筑地面试件留置	取同一配合比，同一强度等级，每一层或每 1000m² 为 1 检验批，不足 1000m² 也按 1 批计。每批应至少留置 1 组试件
			(2) 取样方法及数量： 在混凝土浇筑地点随机取样制作，每组试件所用的拌合物应从同一盘搅拌混凝土或同一车运送的混凝土中取样，对于预拌混凝土还应在卸料过程中卸料量的 1/4、1/2、3/4 处分别取样，每个试样量应满足混凝土质量检验项目所需用量的 1.5 倍，但不少于 0.02m³，从第一次取样到最后一次取样不宜超过 15min。 (3) 每次取样应至少留置 1 组标准养护试件，同条件养护试件的留置组数应根据实际需要确定		
2	抗渗混凝土 《混凝土结构工程施工质量验收规范》GB 50204 《地下防水工程质量验收规范》GB 50208 《混凝土外加剂应用技术规范》GB 50119	稠度（坍落度及坍落扩展度、维勃稠度） 抗压强度 抗渗性能	(1) 同一混凝土强度等级、抗渗等级、同一配合比，生产工艺基本相同，每单位工程不得少于两组抗渗试件（每组 6 个试件）。 (2) 连续浇筑混凝土每 500m³ 应留置 1 组抗渗试件（1 组为 6 个抗渗试件），且每项工程不得少于两组。采用预拌混凝土的抗渗试件，留置组数应视结构的规模和要求而定。 (3) 检验掺有防冻剂混凝土抗渗性能，应增加留置与工程同条件养护 28d，再标准养护 28d 后进行抗渗试验的试件。 (4) 留置抗渗试件的同时需留置抗压强度试件并应取自同一盘混凝土拌合物中。取样数量及方法同普通混凝土		
3	抗冻混凝土 《混凝土强度检验评定标准》GB/T 50107 《普通混凝土长期性能和耐久性能试验技术标准》GB/T 50082	稠度（坍落度及坍落扩展度、维勃稠度） 抗压强度 抗冻性能	(1) 抗压强度试验取样同普通混凝土。 (2) 同一盘或同一车混凝土为一批，每组 3 个试件。 (3) 检验掺有防冻剂混凝土抗冻性能，应增加留置与工程同条件养护 28d，再标准养护 28d 后进行抗冻试验的试件		

续表

序号	材料名称及相关标准、规范代号	主要检测参数	取样规则及取样方法
4	高性能混凝土《高性能混凝土应用技术规程》CECS 207	稠度（坍落度及坍落扩展度、维勃稠度）抗压强度冻融试验抗氯离子渗透性抗硫酸盐腐蚀性能碱含量	取样同普通混凝土
5	轻骨料混凝土《轻骨料混凝土结构技术规程》JGJ 12《轻骨料混凝土技术规程》JGJ 51	稠度干表观密度抗压强度	（1）试件应在混凝土浇筑地点随机取样，取样及试件留置应符合下列规定： 1）每拌制 100 盘宜不超过 100m³ 的同配合比的混凝土，取样不得少于 1 次。 2）每工作班拌制的同一配合比的混凝土不足 100 盘时，取样不得少于 1 次。 3）当一次连续浇筑超过 1000m³ 时，同一配合比混凝土每 200m³ 混凝土取样不得少于 1 次。 4）每一楼层，同一配合比的混凝土，取样不得少于 1 次。 5）每次取样至少留置 1 组标准养护试件，同条件养护试件的留置组数应根据实际需要确定。 （2）混凝土干表观密度试验，连续生产的预制厂及预拌混凝土搅拌站，对同配合比的混凝土每月不少于 4 次；单项工程，每 100m³ 混凝土的抽查不得少于 1 次，不足 100m³ 者按 100m³ 计

6. 砌筑砂浆

砌筑砂浆试验主要参数、取样规则及取样方法，见表 1-7。

砌筑砂浆试验主要参数、取样规则及取样方法 表 1-7

序号	材料名称及相关标准、规范代号	主要检测参数	取样规则及取样方法
1	普通砂浆《砌体结构工程施工质量验收规范》GB 50203《建筑地面工程施工质量验收规范》GB 50209	稠度分层度抗压强度	（1）试件留置： 1）砌筑砂浆 同一砂浆强度等级，同一配合比，同种原材料每一楼层或 250m³ 砌体为 1 个取样单位，每取样单位标准养护试件的留置不得少于 1 组（每组 3 件）。 2）建筑地面用砂浆 检验同一施工批次、同一配合比水泥砂浆强度的试件，应按每一层（或检验批）建筑地面工程不少于 1 组。当每一层（或检验批）建筑地面工程面积大于 1000m² 时，每增加 1000m² 应增做 1 组试件；小于 1000m² 取样 1 组；检验同一施工批次、同一配合比的散水、明沟、踏步、台阶、坡道的水泥砂浆强度的试件，应按每 150 延长米不少于 1 组。 （2）取样方法： 1）建筑砂浆试验用料应从同一盘砂浆中或同一车砂浆中取样，取样数量不应少于试验所需数量的 4 倍。 2）当施工过程中进行砂浆试验时，砂浆取样方法应按相应的施工验收规范执行，并宜在现场搅拌点或预拌砂浆卸料点的至少 3 个不同部位及时取样。 3）从取样完毕到开始进行各项性能试验，不宜超过 15min

续表

序号	材料名称及相关标准、规范代号	主要检测参数	取样规则及取样方法
2	湿拌砂浆 《预拌砂浆》GB/T 25181	抗压强度 稠度 保水性	(1) 湿拌砂浆应随机从同一运输车抽取；砂浆试样应在卸料过程中卸料量的1/4~3/4之间采取。 (2) 湿拌砂浆试样的采取及稠度、保水性试验应在砂浆运到交货地点时开始算起20min内完成，试件的制作应在30min内完成。 (3) 每个试验取样量不应少于试验用量的4倍
3	干混砂浆 《预拌砂浆》GB/T 25181	抗压强度 保水性	(1) 根据生产厂产量和生产设备条件，按同品种、同规格型号分批： 年产量 10×10^4 t 以上，不超过800t或1d产量为1批。 年产量 4×10^4~10×10^4 t，不超过600t或1d产量为1批。 年产量 1×10^4~4×10^4 t，不超过400t或1d产量为1批。 年产量 1×10^4 t 以下，不超过200t或1d产量为1批。 每批为一个取样单位，取样应随机进行。 (2) 交货时以抽取实物试样的检验结果为依据时，供需双方应在发货前或交货地点共同取样和签封。每批抽取应随机进行，试样不应少于试验用量的8倍

7. 砖与砌块

砖与砌块试验主要参数、取样规则及取样方法，见表1-8。

砖与砌块试验主要参数、取样规则及取样方法　　　　　　　　表1-8

序号	材料名称及相关标准、规范代号	主要检测参数	取样规则及取样方法
1	烧结普通砖 混凝土实心砖 《烧结普通砖》GB 5101 《混凝土实心砖》GB/T 21144 《砌体结构工程施工质量验收规范》GB 50203	抗压强度	(1) 每15万块为1验收批，不足15万块也按1批计。 (2) 外观检验项目的样品采用随机抽样法，在每1检验批的产品堆垛中选取。其他检验项目的样品用随机抽样法从外观质量检验合格的样品中抽取。 (3) 强度等级试验，抽样数量不少于10块
2	烧结多孔砖 混凝土多孔砖 《烧结多孔砖和多孔砌块》GB 13544 《承重混凝土多孔砖》GB 25779 《砌体结构工程施工质量验收规范》GB 50203	抗压强度	(1) 每10万块为1验收批，不足10万块也按1批计。 (2) 外观检验项目的样品采用随机抽样法，在每1检验批的产品堆垛中选取。其他检验项目的样品用随机抽样法从外观质量检验合格的样品中抽取。 (3) 强度等级试验，抽样数量不少于10块

续表

序号	材料名称及相关标准、规范代号	主要检测参数	取样规则及取样方法
3	烧结空心砖、空心砌块《烧结空心砖和空心砌块》GB/T 13545	抗压强度	(1) 每3.5万~15万块为一验收批,不足3.5万块也按1批计。 (2) 外观检验项目的样品采用随机抽样法,在每1检验批的产品堆垛中选取。其他检验项目的样品用随机抽样法从外观质量检验合格的样品中抽取。 (3) 强度等级试验,抽样数量不少于10块
4	非烧结垃圾尾矿砖《非烧结垃圾尾矿砖》JC/T 422	抗压强度 抗折强度	(1) 同一种原材料、同一工艺生产、相同质量等级的10万块为1批,不足10万块亦按1批计。 (2) 尺寸偏差和外观质量检验的样品用随机抽样法,在每1检验批的产品中抽取。其他检验项目的样品用随机抽样法从尺寸偏差和外观质量检验合格的样品中抽取。 (3) 强度等级试验,抽样数量不少于10块
5	粉煤灰砖《蒸压粉煤灰砖》JC/T 239	抗压强度 抗折强度	(1) 每10万块为1批,不足10万块也按1批计。 (2) 尺寸偏差和外观质量检验的样品用随机抽样法,在每1检验批的产品中抽取。其他检验项目的样品用随机抽样法从尺寸偏差和外观质量检验合格的样品中抽取。 (3) 强度等级试验,抽样数量不少于10块
6	蒸压灰砂砖《蒸压灰砂砖》GB 11945	抗压强度 抗折强度	(1) 同类型灰砂砖每10万块为1批,不足10万块亦为1批。 (2) 抽样数量: <table><tr><td>序号</td><td>检验项目</td><td>抽样数量(块)</td></tr><tr><td>1</td><td>抗压强度</td><td>5</td></tr><tr><td>2</td><td>抗折强度</td><td>5</td></tr></table>
7	蒸压灰砂空心砖《蒸压灰砂多孔砖》JC/T 637	抗压强度	(1) 每10万块砖为1批,不足10万块亦为1批。 (2) 用随机取样法抽取50块砖进行尺寸偏差、外观质量检验,从上述合格的砖样中随机抽取2组10块(NF砖为2组20块)砖进行抗拉强度试验,其中1组作为抗冻性能试验
8	普通混凝土空心砌块《普通混凝土小型砌块》GB/T 8239	抗压强度	(1) 砌块按外观质量等级和强度等级分批验收。以同一原材料配置成的相同外观质量、强度等级和同一工艺生产的1万块砌块为1批,不足1万块亦按1批计。 (2) 每批随机抽取32块做尺寸偏差和外观质量检验。从尺寸偏差和外观质量检验合格的砌块中抽取如下数量进行其他项目检验。 (3) 强度等级试验,抽样数量不少于5块

续表

序号	材料名称及相关标准、规范代号	主要检测参数	取样规则及取样方法
9	轻骨料混凝土小型空心砌块《轻集料混凝土小型空心砌块》GB/T 15229《建筑工程检测试验技术管理规范》JGJ 190	强度等级密度等级	（1）砌块按密度等级和强度等级分批检验。以同一品种轻骨料配置成的相同密度等级、相同强度等级、质量等级和同一生产工艺制成的1万块砌块为1批；不足1万块亦按1批计。（2）每批随机抽取32块做尺寸偏差和外观质量检验。从尺寸偏差和外观质量检验合格的砌块中抽取如下数量进行其他项目检验。（3）抽样数量 序号｜检验项目｜抽样数量（块） 1｜强度｜5 2｜密度等级、吸水率、相对含水率｜3
10	蒸压加气混凝土砌块《蒸压加气混凝土砌块》GB 11968	立方体抗压强度干密度	（1）同品种、同规格、同等级的砌块，以1万块为1批，不足1万块亦为1批，随机抽取50块砌块，进行尺寸偏差、外观检验。（2）从外观与尺寸偏差检验合格的砌块中，随机抽取6块砌块制作试件，进行检验。（3）抽样数量 序号｜检验项目｜抽样数量 1｜干密度｜3组9块 2｜强度级别｜3组9块
11	粉煤灰混凝土小型空心砌块《粉煤灰混凝土小型空心砌块》JC/T 862	抗压强度密度相对含水率	（1）以同一品种粉煤灰、同一种集料与水泥、同一生产工艺制成的相同密度等级、相同强度等级的1万块砌块为1批；不足1万块亦按1批计。（2）每批随机抽取32块做尺寸偏差和外观质量检验。从尺寸偏差和外观质量检验合格的砌块中抽取如下数量进行其他项目检验。（3）抽样数量 序号｜检验项目｜抽样数量（块） 1｜强度｜5 2｜密度等级、吸水率、相对含水率｜3

8. 钢筋

钢筋试验主要参数、取样规则及取样方法，见表1-9。

钢筋试验主要参数、取样规则及取样方法   表 1-9

序号	材料名称及相关标准、规范代号	主要检测参数	取样规则及取样方法
1	热轧光圆钢筋 《钢筋混凝土用钢 第 1 部分：热轧光圆钢筋》GB 1499.1 《钢和铁 化学成分测定用试样的取样和制样方法》GB/T 20066 《混凝土结构工程施工质量验收规范》GB 50204	拉伸（屈服强度、抗拉强度、断后伸长率） 弯曲性能 重量偏差	（1）钢筋应按批进行检查和验收，每批由同一牌号、同一炉罐号、同一尺寸的钢筋组成。每批重量通常不大于 60t。超过 60t 的部分，每增加 40t（或不足 40t 的余数），增加一个拉伸试样和弯曲试样。 （2）允许由同一牌号、同一冶炼方法、同一浇铸方法的不同炉罐号组成混合批。各炉罐号含碳量之差不大于 0.02%，含锰量之差不大于 0.15%。混合批的重量不大于 60t。 （3）抽样 <table><tr><td>序号</td><td>检验项目</td><td>取样数量</td><td>取样方法</td></tr><tr><td>1</td><td>拉伸</td><td>2</td><td>任选两根钢筋切取</td></tr><tr><td>2</td><td>弯曲</td><td>2</td><td>任选两根钢筋切取</td></tr><tr><td>3</td><td>重量偏差</td><td>5</td><td>不少于 500mm</td></tr></table>
2	热轧带肋钢筋 《钢筋混凝土用钢 第 2 部分：热轧带肋钢筋》GB 1499.2 《钢和铁 化学成分测定用试样的取样和制样方法》GB/T 20066 《混凝土结构工程施工质量验收规范》GB 50204	拉伸（屈服强度、抗拉强度、断后伸长率） 弯曲性能 重量偏差	（1）钢筋应按批进行检查和验收，每批由同一牌号、同一炉罐号、同一尺寸的钢筋组成。每批重量通常不大于 60t。超过 60t 的部分，每增加 40t（或不足 40t 的余数），增加一个拉伸试样和弯曲试样。 （2）允许由同一牌号、同一冶炼方法、同一浇铸方法的不同炉罐号组成混合批。各炉罐号含碳量之差不大于 0.02%，含锰量之差不大于 0.15%。混合批的重量不大于 60t。 （3）抽样 <table><tr><td>序号</td><td>检验项目</td><td>取样数量</td><td>取样方法</td></tr><tr><td>1</td><td>拉伸</td><td>2</td><td>任选两根钢筋切取</td></tr><tr><td>2</td><td>弯曲</td><td>2</td><td>任选两根钢筋切取</td></tr><tr><td>3</td><td>质量偏差</td><td>5</td><td>不少于 500mm</td></tr></table>
3	钢筋混凝土用余热处理钢筋 《钢筋混凝土用余热处理钢筋》GB 13014 《混凝土结构工程施工质量验收规范》GB 50204	拉伸（屈服强度；抗拉强度、伸长率） 冷弯 重量偏差	（1）钢筋应按批进行检查验收，每批重量不大于 60t，每批应由同一牌号、同一炉罐号、同一规格、同一交货状态的钢筋组成。 （2）公称容量不大于 30t 的冶炼炉冶炼制成的钢坯制的钢筋，允许由同一牌号、同一冶炼方法，同一浇铸方法的不同炉罐号组成的混合批，但每批不得多于 6 个炉罐号。各炉号含碳量之差不大于 0.02%，含锰量之差不大于 0.15%。 （3）同一牌号连铸坯制的钢视为 1 批。 （4）抽样 <table><tr><td>序号</td><td>检验项目</td><td>取样数量</td><td>取样方法</td></tr><tr><td>1</td><td>拉伸</td><td>2</td><td>任选两根钢筋切取</td></tr><tr><td>2</td><td>冷弯</td><td>2</td><td>任选两根钢筋切取</td></tr><tr><td>3</td><td>质量偏差</td><td>5</td><td>不少于 500mm</td></tr></table>

续表

序号	材料名称及相关标准、规范代号	主要检测参数	取样规则及取样方法
4	碳素结构钢 《钢及钢产品 力学性能试验取样位置及试样制备》GB/T 2975 《钢和铁 化学成分测定用试样的取样和制样方法》GB/T 20066 《碳素结构钢》GB/T 700 《建筑工程检测试验技术管理规范》JGJ 190 《钢结构工程施工质量验收规范》GB 50205	拉伸（屈服强度、抗拉强度、断后伸长率） 弯曲 冲击	（1）钢材应成批验收，每批由同一牌号、同一炉号、同一质量等级、同一尺寸、同一交货状态的钢筋组成。每批重量通常不大于60t。 （2）公称密度比较小的炼钢炉冶炼的钢扎成的钢材，同一冶炼、浇铸和脱氧方法、不同炉号、同一牌号的A级钢或B级钢，允许组成混合批，但每批各炉号含碳量之差不大于0.02%，含锰量之差不大于0.15%。 （3）钢材的夏比（V型缺口）冲击试验结果不符合规定时，再从该检验批的剩余部分取两个抽样产品，在每个抽样产品上各选取新的1组3个试件进行试验。 （4）抽样 表格： 序号 / 检验项目 / 取样数量 / 取样方法 1 拉伸 ／ 1（拉伸、弯曲合计） ／ GB/T 2975 2 弯曲 3 冲击 / 3 （5）如供方能保证冷弯试验符合要求，可不做检验。 （6）厚度不小于12mm或直径不小于16mm的钢材应做冲击试验，其他经供需双方协商可以做冲击试验。 （7）钢结构工程中属于下列情况之一的钢材，应进行抽样复验： 1）国外进口钢材。 2）钢材混批。 3）板厚度等于或大于40mm，且设计有Z向性能要求的厚板。 4）建筑结构安全等级为一级，大跨度钢结构中主要受力构件所采用的钢材。 5）设计有复验要求的钢材
5	低合金高强度结构钢 《低合金高强度结构钢》GB/T 1591 《钢及钢产品 力学性能试验取样位置及试样制备》GB 2975 《厚度方向性能钢板》GB/T 5313 《钢和铁 化学成分测定用试样的取样和制样方法》GB/T 20066 《建筑工程检测试验技术管理规范》JGJ 190	拉伸（屈服强度、抗拉强度、断后伸长率） 弯曲 冲击	（1）钢材应成批验收，每批由同一牌号、同一质量等级、同一炉罐号、同一品种、同一尺寸、同一热处理制度（指按热处理状态供应）的钢材组成，每批重量不大于60t。 （2）A级钢或B级钢允许同一牌号、同一质量等级、同一冶炼和浇铸方法、不同炉罐号组成混合批，每批不得多于6个炉罐号，且各炉罐号C含量之差不得大于0.02%，Mn含量之差不得大于0.15%。 （3）对于Z向钢的组批，应符合GB/T 5313的规定。 （4）抽样

序号	材料名称及相关标准、规范代号	主要检测参数	取样规则及取样方法			
5	低合金高强度结构钢 《低合金高强度结构钢》GB/T 1591 《钢及钢产品 力学性能试验取样位置及试样制备》GB 2975 《厚度方向性能钢板》GB/T 5313 《钢和铁 化学成分测定用试样的取样和制样方法》GB/T 20066 《建筑工程检测试验技术管理规范》JGJ 190	拉伸（屈服强度、抗拉强度、断后伸长率） 弯曲 冲击	序号 / 检验项目 / 取样数量 / 取样方法 1 / 拉伸 / 1/批 / GB/T 2975 2 / 弯曲 / 1/批 3 / 冲击试验 / 3/批 （5）钢结构工程中属于下列情况之一的钢材，应进行抽样复验： 1）国外进口钢材。 2）钢材混批。 3）板厚度等于或大于 40mm，且设计有 Z 向性能要求的厚板。 4）建筑结构安全等级为一级，大跨度钢结构中主要受力构件所采用的钢材。 5）设计有复验要求的钢材		
6	冷轧带肋钢筋 《冷轧带肋钢筋》GB 13788 《混凝土结构工程施工质量验收规范》GB 50204	拉伸（抗拉强度、伸长率） 弯曲或反复弯曲 重量偏差	（1）钢筋应按批进行检查和验收，每批应由同一牌号、同一外形、同一规格、同一生产工艺和同一交货状态的钢筋组成，每批不大于 60t。 （2）抽样 序号 / 检验项目 / 试验数量 / 取样方法 1 / 拉伸试验 / 每盘 1 个 / 在每（任）盘中随机切取 2 / 弯曲试验 / 每批 2 个 3 / 反复弯曲试验 / 每批 2 个 注：表中试验数量栏中的"盘"指生产钢筋的"原料盘"		
7	冷轧扭钢筋 《冷轧扭钢筋混凝土构件技术规程》JGJ 115 《混凝土结构工程施工质量验收规范》GB 50204	拉伸 冷弯 重量偏差	（1）冷轧扭钢筋验收批应由同一型号、同一强度等级、同一规格尺寸、同一台（套）轧机生产的钢筋组成，且每批不大于 20t，不足 20t 按 1 批计。 （2）抽样 序号 / 检验项目 / 试验数量（出厂检验） / 备注 1 / 拉伸试验 / 每批 2 根 2 / 180°弯曲试验 / 每批 1 根		
8	一般用途低碳钢丝 《一般用途低碳钢丝》YB/T 5294	抗拉强度 伸长率（标距 100mm） 180°弯曲试验次数	（1）每批钢丝应由同一尺寸、同一锌层级别、同一交货状态的钢丝组成。 （2）从每批中抽查 5%，但不少于 5 盘进行形状、尺寸和表面检查。 （3）从上述检查合格的钢丝中抽取 5%，优质钢抽取 10%，不少于 3 盘，拉伸试验、反复弯曲试验每盘各 1 个（任意端）		

9. 钢筋接头

钢筋接头试验主要参数、取样规则及取样方法，见表1-10。

钢筋接头试验主要参数、取样规则及取样方法　　　　　表1-10

序号	材料名称及相关标准、规范代号	主要检测参数	取样规则及取样方法
1	机械连接接头《钢筋机械连接技术规程》JGJ 107	抗拉强度	（1）钢筋连接工程开始前及施工过程中，应对不同钢筋生产厂的进场钢筋进行接头工艺检验；施工过程中，更换钢筋生产厂时，应补充进行工艺检验。工艺检验应符合下列规定： 　1）每种规格钢筋的接头试件不应少于3根。 　2）每根试件的抗拉强度和3根接头试件的残余变形的平均值应符合《钢筋机械连接技术规程》JGJ 107规定。 　3）接头试件在测量残余变形后可再进行抗拉强度试验，并宜按《钢筋机械连接技术规程》JGJ 107中附录A中的单向拉伸加载制度进行试验。 　4）第一次工艺检验中1根试件抗拉强度或3根试件的残余变形平均值不合格时，允许再抽3根试件进行复验，复验仍不合格时判为工艺检验不合格。 （2）接头的现场检验应按验收批进行。同一施工条件下采用同一批材料的同等级、同形式、同规格的接头，应以500个为1验收批进行检验与验收，不足500个接头也按1批计。 （3）对接头的每一验收批必须在工程结构中随机截取3个接头试件做抗拉强度试验，按设计要求的接头等级进行评定。当3个接头的试件的抗拉强度均符合《钢筋机械连接技术规程》JGJ 107中相应等级的强度要求时，该验收批合格。如有1个试件的强度不符合要求，应再取6个试件进行复验，复验中如仍有1个试件强度不符合要求，则该验收批评为不合格。 （4）现场检验连续10个验收批抽样试件抗拉强度试验1次合格率为100％时，验收批接头数量可扩大1倍
2	电阻点焊制品（钢筋焊接骨架和焊接网）《钢筋焊接及验收规程》JGJ 18	抗拉强度抗剪强度弯曲试验	（1）凡钢筋牌号、直径及尺寸相同的焊接骨架和焊接网应视为同一类制品，且每300件为1批，一周内不足300件亦应按1批计算。 （2）外观检验应按同一类型制品分批检查，每批抽查5％，且不得少于5件。 （3）试件应从成品中切取，当所切取试件的尺寸小于规定的试件尺寸时，或受力钢筋大于8mm时，可在生产过程中制作模拟焊接试验网片，从中切取试件。 （4）由几种钢筋直径组合的焊接骨架，应对每种组合做力学性能检验；热轧钢筋焊点，应做抗剪试验，试件数量3件；冷轧带肋钢筋焊点除做剪切试验外，尚应对纵向和横向冷轧带肋钢筋做拉伸试验，试件应各为1件。剪切试件纵筋长度应大于或等于290mm，横肋长度应大于或等于50mm；拉伸试件纵筋长度应大于或等于300mm。 （5）焊接网剪切试件应沿同一横向钢筋随机切取。 （6）切取剪切试件时，应使制品中的纵向钢筋成为试件的受拉钢筋

序号	材料名称及相关标准、规范代号	主要检测参数	取样规则及取样方法
3	钢筋闪光对焊焊头《钢筋焊接及验收规程》JGJ 18	抗拉强度弯曲试验	(1) 同一台班内，由同一焊工完成的300个同牌号、同直径钢筋焊接接头应作为1批。当同一台班内焊接接头数量较少，可在一周之内累计计算；累计仍不足300个接头，应按1批计算。 (2) 力学性能试验时，试件应从每批接头中随机切取6个接头，其中3个做拉伸试验，3个做弯曲试验。 (3) 焊接等长预应力钢筋（包括螺丝端杆与钢筋）时，可按生产时同等条件制作模拟试件。 (4) 螺丝端杆接头只可做拉伸试验。 (5) 封闭环式箍筋闪光对焊接头，以600个同牌号、同规格的接头作为1批，只做拉伸试验。 (6) 当模拟试件试验结果不符合要求时，应进行复验。复验应从现场焊接接头中切取，其数量及要求与初始试验相同
4	钢筋电弧焊接头《钢筋焊接及验收规程》JGJ 18	抗拉强度	(1) 在现浇混凝土结构中，应以300个同牌号钢筋、同形式接头作为一批；在房屋结构中，应在不超过2楼层中300个同牌号钢筋、同形式接头作为1批。每批随机切取3个接头，做拉伸试验。 (2) 在装配式结构中，可按生产条件制作模拟试件，每批3个，做拉伸试验。 (3) 钢筋与钢板电弧搭接焊接头可只进行外观检验。 (4) 在同一批中若有几种不同直径的钢筋焊接接头，应在最大直径钢筋接头中切取3个试件。 (5) 当模拟试件试验结果不符合要求时，应进行复验。复验应从现场焊接接头中切取，其数量及要求与初始试验相同
5	钢筋电渣压力焊《钢筋焊接及验收规程》JGJ 18	抗拉强度	(1) 在现浇混凝土结构中，应以300个同牌号钢筋、同形式接头作为一批；在房屋结构中，应在不超过2楼层中300个同牌号钢筋接头作为1批；当不足300个接头时，仍应作为1批。每批随机切取3个接头，做拉伸试验。 (2) 在同一批中若有几种不同直径的钢筋焊接接头，应在最大直径钢筋接头中切取3个试件
6	钢筋气压焊接头《钢筋焊接及验收规程》JGJ 18	抗拉强度弯曲试验（梁、板的水平钢筋连接）	(1) 在现浇混凝土结构中，应300个同牌号钢筋、同形式接头作为1批；在房屋结构中，应在不超过2楼层中300个同牌号钢筋接头作为1批；当不足300个接头时，仍应作为1批。 (2) 在柱、墙竖向钢筋连接中，应从每批接头中随机切取3个接头做拉伸试验；在梁、板的水平钢筋连接中，应另切取3个接头做弯曲试验。 (3) 在同一批中若有几种不同直径的钢筋焊接接头，应在最大直径钢筋接头中切取3个试件

序号	材料名称及相关标准、规范代号	主要检测参数	取样规则及取样方法
7	预埋件钢筋T型接头《钢筋焊接及验收规程》JGJ 18	抗拉强度	（1）预埋件钢筋T型接头的外观检查，应从同一台班内完成的同一类型预埋件中抽查5％，且不得少于10件。 （2）当进行力学性能检验时，应取300件同类型预埋件作为1批。一周内连续焊接时，可累计计算。当不足300件时，亦应按1批计。应从每批预埋件中随机切取3个接头做拉伸试验，试件的钢筋长度应大于或等于200mm，钢板的长度和宽度均应大于或等于60mm。 （3）当初试结果不符合规定时再取6个试件进行复试

10. 钢构件紧固件

钢构件紧固件试验主要参数、取样规则及取样方法，见表1-11。

钢构件紧固件试验主要参数、取样规则及取样方法　　　　表1-11

序号	材料名称及相关标准、规范代号	主要检测参数	取样规则及取样方法
1	螺栓《钢结构工程施工质量验收规范》GB 50205	螺栓实物最小载荷	同一规格螺栓抽查8个
2	扭剪型高强度螺栓连接副《钢结构工程施工质量验收规范》GB 50205《钢结构用扭剪型高强度螺栓连接副》GB/T 3632	预拉力（紧固轴力）	（1）同一材料、炉号、螺纹规格、长度、机械加工、热处理工艺及表面处理工艺的螺栓为同批；同一材料、炉号、螺纹规格、机械加工、热处理工艺及表面处理工艺的螺母为同批；同一材料、炉号、规格、机械加工、热处理工艺及表面处理工艺的垫圈为同批。分别由同批螺栓；螺母及垫圈组成的连接副为同批连接副。 （2）同批钢结构用扭剪型高强度螺栓连接副的最大数量为3000套。 （3）复验用的螺栓应在施工现场待安装的螺栓批中随机抽取，每批应抽取8套连接副进行复验。 （4）每套连接副只应做1次试验，不得重复使用。在紧固中垫圈发生转动时，应更换连接副重新试验
3	高强度大六角头螺栓连接副《钢结构工程施工质量验收规范》GB 50205《钢结构用高强度大六角头螺栓、大六角螺母、垫圈技术条件》GB/T 1231	扭矩系数	（1）同一性能等级、材料、炉号、螺纹规格、长度、机械加工、热处理工艺及表面处理工艺的螺栓为同批，同一性能等级、材料、炉号、螺纹规格、机械加工、热处理工艺及表面处理工艺的螺栓为同批；同一性能等级、材料、炉号、规格、机械加工、热处理工艺及表面处理工艺的垫圈为同批。分别由同批螺栓、螺母及垫圈组成的连接副为同批连接副。 （2）同批高强度螺栓连接副的最大数量为3000套。 （3）复验用螺栓应在施工现场待安装的螺栓批中随机抽取，每批应抽取8套连接副进行复验。 （4）每套连接副只应做1次试验，不得重复使用。在紧固中垫圈发生转动时，应更换连接副，重新试验

续表

序号	材料名称及相关标准、规范代号	主要检测参数	取样规则及取样方法
4	螺栓球节点钢网架高强度螺栓 《钢网架螺栓球节点用高强度螺栓》GB/T 16939 《钢结构工程施工质量验收规范》GB 50205 《建筑工程检测试验技术管理规范》JGJ 190	拉力荷载 表面硬度（建筑结构安全等级为1级，跨度≥40m的螺栓球节点钢网架结构）	（1）同一性能等级、材料牌号、炉号、规格、机械加工、热处理及表面处理工艺的螺栓为同批。最大批量：对于小于等于M36为5000件；对于大于M36为2000件。 （2）螺栓的尺寸、外观、机械性能及表面缺陷检验按GB 90规定；但对M39～M64×4螺栓的试验抽样方案按芯部硬度 $n=2$，$A_c=0$，实物拉力 $n=3$，$A_c=0$。 （3）螺纹规格为M39～M64×4的螺栓可用硬度试验代替拉力载荷试验，如对硬度试验有争议时，应进行螺栓实物的拉力载荷试验
5	高强度螺栓连接摩擦面 《钢结构工程施工质量验收规范》GB 50205	抗滑移系数检验	（1）制造批可按分部（子分部）工程划分规定的工程量每2000t为1批，不足2000t的可视为1批。 （2）选用两种及两种以上表面处理工艺时，每种处理工艺应单独检验。每批3组试件

11. 焊接材料

焊接材料试验主要参数、取样规则及取样方法，见表1-12。

焊接材料试验主要参数、取样规则及取样方法　　　　表1-12

序号	材料名称及相关标准、规范代号	主要检测参数	取样规则及取样方法
1	焊缝质量 《钢结构工程施工质量验收规范》GB 50205	内部缺陷 外观缺陷 焊缝尺寸	（1）内部缺陷检测当采用超声波检测时，一级焊缝100%检测，二级焊缝20%检测。 （2）外观缺陷及焊缝尺寸：每批同类构件抽查10%，且不应少于3件；被抽查构件中，每一类型焊缝按条数抽查5%，且不应少于1条；每条检查1处，总抽查数不应少于10处
2	气体保护电弧焊用碳钢、低合金钢焊丝 《气体保护电弧焊用碳钢、低合金钢焊丝》GB/T 8110	化学成分 熔敷金属拉伸试验 熔敷V型缺口冲击试验焊缝射线探伤	（1）每批焊丝应由同一炉号、同一尺寸、同一交货状态的焊丝组成，每批焊丝的最大重量符合下表规定 {表} 序号 | 焊丝型号 | 每批最大重量（t） 1 | ER50-X、ER49-1 | 200 2 | 其他型号 | 30 （2）盘（卷、桶）焊丝每批任选一盘（卷、桶），直条焊丝任选一最小包装单位，进行焊丝化学成分、熔敷金属力学性能、射线探伤、尺寸和表面质量等检验

序号	材料名称及相关标准、规范代号	主要检测参数	取样规则及取样方法
3	埋弧焊用低合金钢焊丝和焊剂 《埋弧焊用低合金钢焊丝和焊剂》GB/T 12470	焊丝化学成分 焊缝射线探伤试验 熔敷金属拉伸试验熔敷金属冲击试验	(1) 每批焊丝应由同一炉号、同一尺寸、同一交货状态的焊丝组成。 (2) 每一批焊剂应由同一批原材料，同一配方及制造工艺制成。每批焊剂最高重量不应超过60t。 (3) 焊丝取样，从每批焊丝中抽取3%，但不少于2盘（卷、桶），进行化学成分、尺寸和表面质量检验。 (4) 焊剂取样时，若焊剂散放时，每批焊剂抽样不少于6处。若从包装的焊剂中取样，每批焊剂至少抽取6袋，每袋抽取一定量的焊剂，总量不少于10kg。把抽取的焊剂混合均匀，用四分法取出5kg焊剂，供焊接试件用，余下5kg用于其他项目检验
4	熔化焊用钢丝 《熔化焊用钢丝》GB/T 14957	化学成分 表面尺寸	(1) 每批焊丝应由同一牌号、同一炉号（或同一生产批号）、同一形状、同一尺寸、同一交货状态的钢丝组成 (2) 抽样 | 序号	试验项目	取样部位	取样数量
1	化学成分	GB/T 222	3%，不小于2捆（盘）
2	表面	任一部位	逐捆（盘）
3	尺寸	任一部位	逐捆（盘）	
5	低碳合金钢焊条 《热强钢焊条》GB/T 5118	熔敷金属化学成分 熔敷金属拉伸试验 熔敷V型缺口冲击试验 焊缝射线探伤	(1) 每批焊条由同一批号焊芯、同一批号主要涂料原料、以同样涂料配方及制造工艺制成，每批焊条最高量应符合下表要求 	序号	焊条型号	每批最高量（t）
---	---	---
1	EXX03-X；EXX13-X	50
2	EXX00-X；EXX10-X；EXX11-X；EXX15-X；EXX16-X；EXX18-X；EXX20-X；EXX27-X	30	 (2) 每批焊条检验时，按照需要数量至少在3个部位平均取有代表性的样品

12. 沥青防水卷材

沥青防水卷材试验主要参数、取样规则及取样方法，见表1-13。

沥青防水卷材试验主要参数、取样规则及取样方法　　　　　　表1-13

序号	材料名称及相关标准、规范代号	主要检测参数	取样规则及取样方法
1	石油沥青纸胎油毯 《石油沥青纸胎油毡》GB 326	拉力（纵向）耐热度 柔度 不透水性	(1) 同一类型的1500卷卷材为1批，不足1000卷的也可作为1批。随机抽取5卷进行卷重、面积和外观检查。从上述合格的卷材中任取1卷进行物理性能试验。 (2) 将取样卷材切除距外层卷头2.5m后，顺纵向切取长度为600mm的全幅卷材试样2块，一块做物理性能检测，一块备用

序号	材料名称及相关标准、规范代号	主要检测参数	取样规则及取样方法
2	铝箔面石油沥青防水卷材《铝箔面石油沥青防水卷材》JC/T 504	拉力柔度耐热度	（1）以同一类型、同一规格 10000m² 或每班产量为 1 批，不足 10000m² 亦作为 1 批。（2）在每批产品中随机抽取 5 卷进行卷重、面积、外观检查，合格后，从中任选取一卷进行厚度和物理性能试验。（3）将取样卷材切除距外层卷头 2.5m 后，顺纵向切取长度为 500mm 的全幅卷材试样两块
3	石油沥青玻璃纤维胎油毡《石油沥青玻璃纤维胎防水卷材》GB/T 14686	拉力耐热性低温柔性不透水性	（1）以同厂家、同一类型、同一规格 10000m² 为 1 批，不足 10000m² 按 1 批计。（2）抽样：在每批产品中，随机抽取 5 进行尺寸偏差、外观、单位面积质量检查。在上述检查合格后，从中随机抽取 1 卷，将取样卷切除距外卷头 2500mm 后，沿纵向切取长度为 750mm 的全副卷材试样 2 块，1 块用作物料性能检测，另 1 块备用
4	石油沥青玻璃布胎油毡《石油沥青玻璃布胎油毡》JC/T 84	拉力柔度可溶物含量耐热度不透水性耐霉菌腐蚀性	（1）同一等级每 500 卷为 1 批，不足 500 卷者也按 1 批验收，在每批产品中随机抽取 3 卷进行卷重、面积、外观的检验。（2）取卷重、面积和外观检验合格的无接头的最轻的 1 卷作为检验物理性能的试样。（3）将取样的 1 卷油毡切除距外层卷头 2500mm 后，顺纵向截取长度为 600mm 全幅卷材 2 块，1 块做物理性能试验试件用，另 1 块备用

13. 高聚合物改性沥青防水卷材

高聚合物改性沥青防水卷材试验主要参数、取样规则及取样方法，见表 1-14。

高聚合物改性沥青防水卷材试验主要参数、取样规则及取样方法　　　　表 1-14

序号	材料名称及相关标准、规范代号	主要检测参数	取样规则及取样方法
1	改性沥青聚乙烯胎防水卷材《改性沥青聚乙烯胎防水卷材》GB 18967	拉力断裂延伸率低温柔性耐热性（地下工程除外）不透水性	（1）以同一厂家、同一类型、同一规格 10000m² 为 1 批。（2）不足 10000m² 亦作为 1 批。（3）在每批产品中随机抽取 5 卷进行单位面积质量、规格尺寸及外观检验。合格后，从中任选取 1 卷，将卷材切隙卷头 2.5m 后取至少 1.5m² 进行物理力学性能试验
2	弹性体改性沥青防水卷材《弹性体改性沥青防水卷材》GB 18242	拉力延伸率（G 类除外）低温柔性不透水性耐热性（地下工程除外）	（1）以同一类型、同一规格 10000m² 为 1 批，不足 10000m² 亦可作为 1 批。（2）单位面积重量、面积、厚度及外观检验时，随机需抽取 5 卷样品进行判定，合格后，从中任选取 1 卷进行物理力学性能试验。（3）将取样卷材切除距外层卷头 2.5m 后，取 1m 长的卷材

续表

序号	材料名称及相关标准、规范代号	主要检测参数	取样规则及取样方法
3	塑性体改性沥青防水卷材 《塑性体改性沥青防水卷材》GB 18243	拉力 延伸率（G 类除外） 低温柔性 不透水性 耐热性（地下工程除外）	（1）以同一厂家、同一类型、同一规格 10000m² 为 1 批，不足 10000m² 亦可作为 1 批。 （2）在每批产品中，随机需抽取 5 卷进行卷重、面积及外观检查。合格后，从中任取 1 卷进行材料性能试验。 （3）将取样卷材切除距外层卷头 2.5m 后，取 1m 长的卷材
4	沥青复合胎柔性防水卷材 《沥青复合胎柔性防水卷材》JC 690	最大拉力 低温柔性 不透水性 耐热性	（1）以同一类型、同一规格 10000m² 为 1 批，不足 10000m² 亦可作为 1 批。 （2）单位面积重量、面积、厚度及外观检验时，随机需抽取 5 卷样品进行判定，合格后任取 1 卷进行物理力学性能试验。 （3）将取样卷材切除距外层卷头 1m 后，取 1m 长的卷材
5	自粘聚合物改性沥青防水卷材 《自粘聚合物改性沥青防水卷材》GB 23441	拉力 最大拉力时延伸率 沥青断裂延伸率（适用于 N 类） 低温柔性 耐热性 不透水性	（1）以同一类型、同一规格 10000m² 或每班产量为 1 批，不足 10000m² 亦作为 1 批。 （2）在每批产品中随机抽取 5 卷进行厚度、面积、卷重及外观检查，合格后，从中任选取 1 卷进行物理力学性能试验。 （3）将被检测的卷材在距外层端部 500mm 处沿纵向裁取 1m 的全幅卷材进行物理力学性能试验。 （4）水蒸气透湿率性能在用于地下工程时要求试验。 （5）聚乙烯膜面、细砂面卷材不要求人工气候加速老化性能

14. 高分子防水卷材

高分子防水卷材试验主要参数、取样规则及取样方法，见表 1-15。

高分子防水卷材试验主要参数、取样规则及取样方法　　表 1-15

序号	材料名称及相关标准、规范代号	主要检测参数	取样规则及取样方法
1	高分子防水片材 《高分子防水材料　第 1 部分：片材》GB 18173.1	断裂拉伸强度 扯断伸长率 不透水性 低温弯折温度	（1）以同一类型、同一规格的 5000m² 片材（如日产量超过 8000m² 则以 8000m²）为 1 批。 （2）随机抽取 3 卷进行规格尺寸、外观质量检验，在上述检验合格的样品中再随机抽取足够的试样进行物理性能试验

续表

序号	材料名称及相关标准、规范代号	主要检测参数	取样规则及取样方法
2	聚氯乙烯防水卷材《聚氯乙烯（PVC）防水卷材》GB 12952	拉力（适合于L、W类）拉伸强度（适合于N类）断裂伸长率不透水性低温弯折性	（1）以同类同型的10000m²卷材为1批，不满10000m²也可作为1批。（2）在该批产品中随机抽取3卷进行尺寸偏差和外观检查，在上述合格的样品中任取1卷，在距外层端部500mm处截取3m（出厂检验为1.5m）进行理化性能检验
3	氯化聚乙烯防水卷材《氯化聚乙烯防水卷材》GB 12953	拉力（适合于L、W类）拉伸强度（适合于N类）断裂伸长率不透水性低温弯折性	（1）以同类同型的10000m²卷材为1批，不满10000m²也可作为一批。（2）在该批产品中随机抽取3卷进行尺寸偏差和外观检查，在上述合格的样品中任取1卷，在距外层端部500mm处截取3m（出厂检验为1.5m）进行理化性能检验
4	三元丁橡胶防水卷材《三元丁橡胶防水卷材》JC/T 645	纵向拉伸强度纵向断裂伸长率不透水性低温弯折性	（1）同规格、同等级的卷材300卷为1批，不足300卷亦可作为1批，从每批产品中任取3卷进行检验。（2）检查3卷的规格尺寸、外观全部合格后，再从中任选1卷进行物理力学性能检验。（3）从被检测厚度的卷材上取0.5m的样品。注：检测厚度须截掉端部3m
5	氯化聚乙烯-橡胶共混防水卷材《氯化聚乙烯-橡胶共混防水卷材》JC/T 684	拉伸强度断裂伸长率不透水性脆性温度	（1）同规格同类型的卷材250卷为1批，不足250卷时亦可作为1批，从每批产品中任取3卷进行检验。（2）在规格尺寸与外观质量检查合格的卷材中任取1卷作物理性能检测

15. 预应力工程材料

预应力工程材料试验主要参数、取样规则及取样方法，见表1-16。

预应力工程材料试验主要参数、取样规则及取样方法 表1-16

序号	材料名称及相关标准、规范代号	主要检测参数	取样规则及取样方法			
1	预应力混凝土用钢绞线《预应力混凝土用钢绞线》GB/T 5224《金属材料 拉伸试验 第1部分：室温试验方法》GB/T 228.1	整根钢绞线的最大力规定非比例延伸力最大力总伸长率	（1）钢绞线应成批验收，每批钢绞线由同一牌号、同一规格、同一生产工艺捻制的钢绞线组成，每批重量不大于60t。（2）取样			
			序号	检验项目	取样数量	取样部位
			1	整根钢绞线的最大力	3根/每批	
			2	规定非比例延伸力	3根/每批	—
			3	最大力总伸长率	3根/每批	

续表

序号	材料名称及相关标准、规范代号	主要检测参数	取样规则及取样方法			
2	预应力混凝土用钢丝《预应力混凝土用钢棒》GB/T 5223《金属材料 拉伸试验 第1部分：室温试验方法》GB/T 228.1《金属材料 线材 反复弯曲试验方法》GB/T 238《钢丝验收、包装、标志及质量证明书的一般规定》GB/T 2103	抗拉强度断后伸长率弯曲	(1) 钢丝应成批验收，每批钢绞线由同一牌号、同一规格、同一生产工艺捻制的钢绞线组成，每批重量不大于60t。(2) 取样		
			序号	检验项目	取样数量	取样部位
			1	抗拉强度	1根/盘	在每（任一）盘卷中任意一端截取
			2	断后伸长率	1根/盘	
			3	弯曲	1根/盘	
3	中强度预应力混凝土用钢丝《中强度预应力混凝土用钢丝》YB/T 156《金属材料 拉伸试验 第1部分：室温试验方法》GB/T 228.1《金属材料 线材 反复弯曲试验方法》GB 238《钢丝验收、包装、标志及质量证明书的一般规定》GB/T 2103	抗拉强度伸长率反复弯曲	(1) 钢丝应成批验收，每批钢绞线由同一牌号、同一规格、同一生产工艺捻制的钢绞线组成，每批重量不大于60t。(2) 在每盘钢丝的两端取样进行抗拉强度、反复弯曲、伸长率的检验。(3) 规定非比例延伸应力和松弛试验每季度抽检1次，每次不得少于3根。每个交货批至少提供1个规定非比例延伸应力值		
4	预应力混凝土用钢棒《预应力混凝土用钢棒》GB/T 5223.3《金属材料 拉伸试验 第1部分：室温试验方法》GB/T 228.1《钢丝验收、包装、标志及质量证明书的一般规定》GB/T 2103	抗拉强度断后伸长率伸直性弯曲试验（螺旋槽钢棒、带肋钢棒除外）	(1) 钢棒应成批验收，每批钢绞线由同一牌号、同一规格、同一加工状态的钢棒组成，每批重量不大于60t。(2) 取样		
			序号	检验项目	取样数量	取样部位
			1	抗拉强度	1根/盘	在每（任一）盘卷中任意一端截取
			2	断后伸长率	1根/盘	
			3	伸直性	1根/5盘	
			4	弯曲性能	3根/每批	
			注：1. 当更换原料牌号、规格及不同厂家的原料时，均要做松弛试验。2. 对于直条钢棒，切断盘条的盘数为依据，并应按盘状取样		

续表

序号	材料名称及相关标准、规范代号	主要检测参数	取样规则及取样方法
5	预应力混凝土用低合金钢丝《低碳钢热轧圆盘条》GB/T 701 《预应力混凝土用低合金钢丝》YB/T 038	① 拔丝用盘条：抗拉强度伸长率冷弯 ② 钢丝：抗拉强度伸长率反复弯曲应力松弛	（1）拔丝用盘条 1）盘条应成批检查验收。每批应由同一牌号、同一炉罐号、同一规格、同一交货状态的盘条组成。 2）公称容量不大于 30t 冶炼炉冶炼制成的钢坯和连续坯轧制的盘条，允许由同一牌号、同一冶炼方法、同一浇铸方法的不同炉罐号组成的混合批，但每批不得多于 6 个炉罐号。各炉号含碳量之差不大于 0.02%，含锰量之差不大于 0.15%。 3）抽样 <table><tr><td>序号</td><td>检验项目</td><td>取样数量</td><td>取样部位</td></tr><tr><td>1</td><td>拉伸</td><td>1 个/批</td><td>GB 2975</td></tr><tr><td>2</td><td>弯曲</td><td>2 个/批</td><td>不同根盘条</td></tr></table> （2）钢丝 1）钢丝应组成批验收。每批钢丝同一牌号、同一炉号（或同一生产批号）、同一形状、同一尺寸及同一交货状态的钢丝组成。 2）抽样 <table><tr><td>序号</td><td>检验项目</td><td>取样数量</td><td>取样部位</td></tr><tr><td>1</td><td>拉伸试验</td><td>每盘 1 个</td><td>任意端</td></tr><tr><td>2</td><td>反复弯曲</td><td>5%且不少于 5 盘</td><td>去掉 500mm 后取样</td></tr><tr><td>3</td><td>松弛试验</td><td>每季度 1 个</td><td>—</td></tr></table>
6	预应力混凝土用螺纹钢筋《预应力混凝土用螺纹钢筋》GB/T 20065	化学成分 拉伸 松弛 疲劳 表面	（1）每批应由同一炉罐号、同一规格、同一交货状态的钢筋组成。 （2）对每批重量大于 60t 钢筋的部分，每增加 40t，增加 1 个拉伸试样。 （3）取样 <table><tr><td>序号</td><td>检验项目</td><td>取样数量</td><td>取样方法</td></tr><tr><td>1</td><td>化学成分</td><td>1</td><td>GB/T 20066</td></tr><tr><td>2</td><td>外形尺寸</td><td>2</td><td>任选两根钢筋</td></tr><tr><td>3</td><td>松弛</td><td>1/每 1000t</td><td>任选 1 根钢筋</td></tr><tr><td>4</td><td>疲劳</td><td>1</td><td>—</td></tr><tr><td>5</td><td>表面</td><td>逐支</td><td>—</td></tr></table>

续表

序号	材料名称及相关标准、规范代号	主要检测参数	取样规则及取样方法
7	钢绞线 《无粘结预应力钢绞线》JG 161	外观伸直性 直径 整根钢绞线的最大力 规定非比例延伸力 最大力总伸长率	钢绞线应成批验收，每批钢绞线由同一牌号、同一规格、同一生产工艺捻制的钢绞线组成，每批重量不大于 60t
8	预应力混凝土用金属波纹管 《预应力混凝土用金属波纹管》JG 225	外观 集中荷载下径向刚度 集中荷载作用后抗渗漏 弯曲后抗渗漏	（1）每批应由同一个钢带生产的同一批钢带所制造的预应力混凝土用金属波纹管组成。每半年或累计50000m 生产量为 1 批。 （2）取样（出厂检验内容）
9	预应力筋用锚具、夹具和连接器 《预应力筋用锚具、夹具和连接器》GB/T 14370 《建筑工程预应力施工规程》CECS 180	外观 硬度 静载性能检验	（1）组批原则 出厂检验时，每批零件产品的数量是指同一种产品，同一批原材料，用同一种工艺一次投料生产的数量。 （2）抽样 每个抽检组批不得超过 2000 件（套），对静载锚固性能试验，多孔锚具不应超过 1000 套（单孔锚具为2000 套），连接器不宜超过 500 套为 1 个检验批。外观检验从每批中抽取 10％且不应少于 10 套。对有硬度要求的零件做硬度检验，对新型锚具应从每批中抽取 5％不少于 5 套，对常用锚具每批中抽取 2％且不少于 3 套。静载试验用的锚具、夹具或连接器按成套产品抽样，应在外观及硬度检验合格后的产品中抽取，每生产组批抽取 3 个组装件的用量

序号 7 取样表：

序号	检验项目	取样数量	取样部位
1	表面	逐盘卷	—
2	外形尺寸	逐盘卷	—
3	钢绞线伸直性	3 根/每批	在每（任）盘卷中任意一端截取
4	整根钢绞线的最大力	3 根/每批	
5	规定非比例延伸力	3 根/每批	
6	最大力总伸长率	3 根/每批	
7	应力松弛性能	不得小于 1 根/每合同批*	

注：＊合同批为一个订货合同的总量。在特殊情况下，松弛试验可以由工厂连续检验提供同一原料、同一生产工艺数据所代替

序号 8 取样表：

序号	检验项目	取样数量
1	外观	全部
2	尺寸	3
3	集中荷载下径向刚度	3
4	集中荷载作用后抗渗漏	3
5	弯曲后抗渗漏	3

1.3 施工准备阶段（事前预控）基本监理要点

　　市政公用工程项目因专业、地域、地质条件、设计及功能等差异以及施工方法、材料、构配件、设备以及施工机械的不同，对工程项目的事前预控都有不同的要求，但也有通用的、原则性的、基本要求和做法。

　　有鉴于此，将市政公用工程施工准备阶段（事前预控）基本监理要点汇总为表 1-17，仅供读者参考，具体工程项目的施工事前预控还要结合相关法律法规、部门规章、相关专业标准规范、设计文件以及项目监理机构人员的岗位职责分工情况予以调整。

市政公用工程施工准备阶段（事前预控）基本监理要点　　　表 1-17

序号	项目	监 理 要 点	备注
1	图纸会审	（1）审查设计图纸是否满足项目立项的功能、技术可靠、安全、经济适用的需求。 （2）是否无证设计或越级设计，图纸是否经设计单位正式签署，是否经审查机构审核签字、盖章。 （3）地质勘探资料是否齐全，设计图纸与说明是否齐全，设计深度是否达到规范要求，有无分期供图的时间表。 （4）设计地震烈度是否符合当地要求。 （5）几个设计单位共同设计的图纸相互间有无矛盾；专业之间、平立剖面图之间有无矛盾；标注有无遗漏。 （6）总平面与施工图的几何尺寸、平面位置、标高等是否一致。 （7）防火、消防是否满足要求。 （8）各专业图纸本身是否有差错及矛盾，结构图与建筑、工艺图的平面尺寸及标高是否一致，建筑图与结构图的表示方法是否清楚，是否符合制图标准，预留、预埋件是否表示清楚，有无钢筋明细表，钢筋的构造要求在图中是否表示清楚。 （9）施工图中所列各种标准图册，施工单位是否具备。 （10）材料来源有无保证并能否代换，图中所要求的条件能否满足，新工艺、新材料、新技术的应用有无问题。 （11）地基处理方法是否合理，建筑与结构构造是否存在不能施工、不便于施工的技术问题，或容易导致出现质量、安全事故和工程费用增加等方面的问题。 （12）工艺管道、电气线路、设备装置、运输道路与建筑物之间或相互间有无矛盾，布置是否合理。 （13）施工安全、环境卫生有无保证	总监理工程师、项目监理机构各专业监理工程师参加
2	设计交底	监理工程师参加设计交底应着重了解的内容： （1）有关地形、地貌、水文气象、工程地质及水文地质等自然条件方面。 （2）主管部门及其他部门（如规划、环保、人防、农业、交通、旅游等）对本工程的要求、设计单位采用的主要设计规范、市场供应的建筑材料情况等。 （3）设计意图方面：诸如设计思想、设计方案比选的情况、基础开挖及基础处理方案、结构设计意图、设备安装和调试要求、施工进度与工期安排等。 （4）施工应注意事项方面：如基础处理的要求、对建筑材料方面的要求、主体工程设计中采用新结构或新工艺对施工提出的要求、对大型设备安装的要求、为实现进度安排而应采用的施工组织和技术保证措施等	

序号	项目	监　理　要　点	备注
3	分包单位资质	（1）按《建筑业企业资质管理规定》（住房和城乡建设部令第22号），查验经建设主管部门进行资质审查核发的，具有相应承包企业资质和建筑业劳务分包企业资质的《建筑业企业资质证书》和《企业法人营业执照》，以及《安全生产许可证》。注意拟承担分包工程内容与资质等级、营业执照是否相符。 （2）分包工程开工前，项目监理机构应审核施工单位报送的《分包单位资格报审表》及有关资料，专业监理工程师进行审核并提出审查意见，符合要求后，应由总监理工程师审核并签署意见。分包单位资格审核应包括的基本内容：①营业执照、企业资质等级证书；②安全生产许可文件；③类似工程业绩；④专职管理人员和特种作业人员的资格。 （3）专业监理工程师应在约定的时间内，对施工单位所报资料的完整性、真实性和有效性进行审查。在审查过程中需与建设单位进行有效沟通，必要时会同建设单位对施工单位选定的分包单位的情况进行实地考察和调查，核实施工单位申报材料与实际情况是否相符。 （4）总监理工程师对报审资料进行审核，在报审表上签署书面意见前需征求建设单位意见。如分包单位的资质材料不符合要求，施工单位应根据总监理工程师的审核意见，或重新报审，或另选择分包单位再报审。 （5）专业监理工程师对分包单位的各种资质文件要查看原件，审查证件的有效期及载明的经营范围和承包工程范围，并留存复印件，复印件上要加盖其单位公章（红色原印），法人代表要对施工现场的负责人出具法人授权委托书。 （6）对验证不合格或不符合的处理。项目监理机构查验施工单位相关证书时，发现如下不合格或不符合要求的，应分别予以处理： 1）对施工分包单位资质等级、承包范围不符合该单位在本工程中所承接的工程要求的，对缺少本工程必需的特殊施工（安装）许可证的，对缺少单位安全生产许可证的，总监理工程师应以《监理工作联系单》向建设单位书面提出更换施工单位的建议。 2）对施工分包单位资质证书超过其有效期限的，应要求其尽快办理延期换证手续并呈报项目监理机构复审，否则应向建设单位建议将其清退出场。 3）施工分包单位资质证书不符合要求的，不准其开工并应禁止其进行施工准备工作	总监理工程师组织审核，专业监理工程师执行，监理员辅助
4	进场人员资格	（1）工程开工前，专业监理工程师对人员持证上岗情况进行严格审核并现场验证。 （2）专业监理工程师在工程开工前验证关键岗位人员、特殊工种作业人员上岗证，对资质的承包范围是否与承接业务相符、单位资质和人员证件是否在有效期内进行审核验证。在施工期间应将承包方申报的人员资质与现场实际施工人员进行对照，同时将关键岗位人员与投标文件进行对照，并在施工过程中定期核验，确保持证上岗，人证合一，各类证件在有效期内。 专业监理工程师对审核验收合格的证件签署以下意见：原件已核、人证相符、证件有效。 （3）施工项目部关键岗位及相关人员应与投标文件或与报建设主管部门施工合同备案人员相一致，如果出现变动，必须符合建设主管部门对关键岗位及相关人员变动的规定。 （4）对施工单位管理人员无执业资格证、安全培训合格证，或其证书有效期过期的，应要求施工单位更换人员或尽快补办延期手续后呈报项目监理机构复审	同上

序号	项目		监 理 要 点	备注
4	进场人员资格		（5）对持证上岗作业人员的个人上岗证过期未办理复审延期或重新办证的、对人证不符的、对应持证上岗而无证作业的，应下达"监理工程师通知单"，要求施工单位将其清退出场并更换持有效证件人员上岗作业。 （6）对工程进程中施工单位补增或调换的需持证上岗作业人员，如监理工程师核查其无证或持过期证件的，也应按上述办法处理	同上
5	施工质量管理		工程开工前，项目监理机构应审查施工单位现场的质量管理组织机构、管理制度及专职管理人员和特种作业人员的资格，主要内容包括： （1）项目部质量管理体系。 （2）现场质量责任制。 （3）主要专业工种操作岗位证书。 （4）分包单位管理制度。 （5）图纸会审记录。 （6）地质勘察资料。 （7）施工技术标准。 （8）施工组织设计编制及审批。 （9）物资采购管理制度。 （10）施工设施和机械设备管理制度。 （11）计量设备配备。 （12）检测试验管理制度。 （13）工程质量检查验收制度等	总监理工程师组织，专项监理工程师执行
6	安全生产管理体系		项目监理机构应检查施工单位的安全生产管理制度并将其留存备案，重点从以下几个方面检查： （1）总包单位有关制度： 1）安全生产责任制。 2）安全生产教育培训制度。 3）操作规程。 4）安全生产检查制度。 5）机械设备（包括租赁设备）管理制度。 6）安全施工技术交底制度。 7）消防安全管理制度。 8）安全生产事故报告处理制度。 （2）督促施工总包单位检查施工分包单位安全生产规章制度的建立和落实情况。 （3）抽查施工单位相关制度的落实情况，并填写安全监理巡视检查记录	总监理工程师组织，专项监理工程师执行
7	施工组织设计	基本内容	（1）编审程序应符合相关规定。 （2）施工进度、施工方案及工程质量保证措施应符合施工合同要求。 （3）资金、劳动力、材料、设备等资源供应计划应满足工程施工需要。 （4）安全技术措施应符合工程建设强制性标准。 （5）施工总平面布置应科学合理	总监理工程师组织审查，专业监理工程师执行，监理员辅助

序号	项目		监 理 要 点	备注
7	施工组织设计	程序及要求	（1）施工单位编制的施工组织设计经施工单位技术负责人审核签认后，与《施工组织设计报审表》一并报送项目监理机构。 （2）总监理工程师应及时组织专业监理工程师进行审查，需要修改的，由总监理工程师签发书面意见退回修改；符合要求的，由总监理工程师签认。 （3）已签认的施工组织设计由项目监理机构报送建设单位。 （4）施工组织设计在实施过程中，施工单位如需做较大的变更，应经总监理工程师审查同意。 项目监理机构还应审查施工组织设计中的生产安全事故应急预案，重点审查应急组织体系、相关人员职责、预警预防制度、应急救援措施	同上
		审查要点	（1）受理施工组织设计。施工组织设计的审查必须是在施工单位编审手续齐全（即有编制人、施工单位技术负责人的签名和施工单位公章）的基础上，由施工单位填写施工组织设计报审表，并按合同约定时间报送项目监理机构。 （2）总监理工程师应在约定的时间内，组织各专业监理工程师进行审查，专业监理工程师在报审核上签署审查意见后，总监理工程师审核批准。需要施工单位修改施工组织设计时，由总监理工程师在报审表上签署意见，发回施工单位修改。施工单位修改后重新报审，总监理工程师应组织审查。 （3）施工组织设计应符合国家的技术政策，充分考虑施工合同约定的条件、施工现场条件及法律法规的要求；施工组织设计应针对工程的特点、难点及施工条件，具有可操作性，质量措施切实能保证工程质量目标，采用的技术方案和措施先进、适用、成熟。 （4）项目监理机构宜将审查施工单位施工组织设计的情况，特别是要求发回修改的情况及时向建设单位通报，应将已审定的施工组织设计及时报送建设单位。涉及增加工程措施费的项目，必须与建设单位协商，并征得建设单位的同意。 （5）经审查批准的施工组织设计，施工单位应认真贯彻实施，不得擅自任意改动。若需进行实质性的调整、补充或变动，应报项目监理机构审查同意。如果施工单位擅自改动，监理机构应及时发出监理通知单，要求按程序报审	同上
8	专项施工方案	程序性审查	应重点审查施工方案的编制人、审批人是否符合有关权限规定的要求。根据相关规定，通常情况下，施工方案应由项目技术负责人组织编制，并经施工单位技术负责人审批签字后提交项目监理机构。项目监理机构在审批施工方案时，应坚持施工单位的内部审批程序是否完善、签章是否齐全，重点核对审批人是否为施工单位技术负责人	同上
		内容性审查	（1）应重点审查施工方案是否具有针对性、指导性、可操作性。 （2）现场施工管理机构是否建立了完善的质量保证体系。 （3）是否明确工程质量要求及目标。 （4）是否健全了质量保证体系组织机构及岗位职责、是否配备了相应的质量管理人员。 （5）是否建立了各项质量管理制度和质量管理程序等。 （6）施工质量保证措施是否符合现行的规范、标准等，特别是与工程建设强制性标准的符合性。如：施工方案编审及技术交底制度、重点部位与关键工序的质量技术措施、隐蔽工程的质量保证措施等	

续表

序号	项目		监 理 要 点	备注
8	专项施工方案	施工安全方案	(1) 审查施工安全组织机构（安全组织机构形式、安全职责和权限、安全管理人员、安全管理规章制度）和安全资源配置等是否齐全、完善，对新工艺、新施工方法和使用新材料的部位或工作是否有岗前培训计划；审查有重大质量安全隐患的工程施工方案是否安排了专家论证。 (2) 审查施工单位的安全生产许可证、现场相关管理人员的安全生产考核合格证料及特种作业人员的特种作业证与所报资料是否相符。 (3) 审查安全技术措施是否依据工程性质和结构特征及施工特征等有针对性的编制，并是否符合国家建设工程强制性标准。 (4) 审查应急预案的针对性、有效性	同上。
		施工环保、节能、绿色施工方案	(1) 审查施工环保、节能、绿色施工目标是否符合有关法规和当地政府的规定，是否有相应的环保组织机构。 (2) 审查确定的施工环保、节能、绿色施工事项内容，是否与工程性质、建造地点特征及施工特征相符，对施工现场防治扬尘、噪声、固体废物、水污染采取的环境保护措施是否切实可行。 (3) 审查在组织上是否建立了一套环保自我监控体系；责任是否落实到人。 (4) 审查施工现场主要道路是否进行硬化处理；施工现场是否有覆盖、固化、绿化、洒水等有效措施。 (5) 审查建筑物内的施工垃圾清运是否采用封闭式专用垃圾道或封闭式容器吊运的技术措施。 (6) 审查从事土方、渣土和施工垃圾的运输，是否使用密闭式运输车辆；施工现场出入口处是否设置冲洗车辆的设施。 (7) 审查市政道路施工铣刨作业时，是否有冲洗等控制扬尘污染措施。 (8) 审查现场存放油料，是否对库房进行防漏处理，储存和使用是否有防止油料泄漏、污染土壤水体的措施；化学用品、外加剂等是否妥善保管，库内存放是否有防止污染环境的措施。 (9) 审查工地临时厕所、化粪池是否有防止渗漏、防蝇、灭蛆等防止污染水体和环境的措施；审查中心城市施工现场的水冲式厕所是否有防止污染水体和环境保护措施。 (10) 审查施工现场是否遵循《建筑施工场界环境噪声排放标准》GB 12523—2011 制定降噪措施	同上。
9	施工试验室		(1) 试验室的资质等级及试验范围。实验室应具有政府主管部门颁发的资质证书及相应的试验范围，试验室的资质等级和试验范围必须满足工程需要。 (2) 试验设备应由法定计量部门出具符合规定要求的计量检定证明。 (3) 试验室管理制度。试验室还应具有相关管理制度，以保证试验、检测过程和结果的规范性、准确性、有效性、可靠性及可追溯性，试验室管理制度应包括：实验人员工作纪律、人员考核及培训制度、资料管理制度、原始记录管理制度、试验检测报告管理制度、样品管理制度、仪器设备管理制度、安全环保管理制度、外委试验管理制度、对比试验及能力考核管理制度、施工现场（搅拌站）试验管理制度、检查评比制度、工作会议制度以及报表制度等。 (4) 实验人员资格证书。从事试验、检测工作的人员应按规定具备相应的上岗资格证书。专业监理工程师应对以上制度逐一进行检查，符合要求后予以签认。 (5) 仪器设备及环境条件 1) 逐项核查仪器设备的数量、规格、安装是否满足规范要求。 2) 抽查仪器设备运行使用状况。 3) 核查仪器设备的鉴定校准（含自检、自校）情况。 4) 试验检测场地面积和环境条件是否满足规范要求。 5) 样品的管理条件是否符合要求。 6) 核查交通工具。 7) 项目监理机构应核查仪器设备配置齐全情况	专业监理工程师执行，监理员协助

序号	项目		监 理 要 点	备注
10	施工机械设备	施工机械设备的进场	（1）施工机械设备进场前，要求施工单位向监理机构报送"进场施工机械设备报验单"，列出进场机械设备的型号、用途、规格、数量、技术性能（技术参数）、设备状况、进场时间，并给项目监理机构留有充足的审核时间。 （2）施工机械设备的选型。主要核查施工机械的技术性能、工作能力、设备质量（可靠性及维修难易度、能源消耗）、设备数量及安全性等，确保施工机械设备满足对施工质量、安全、进度等方面的需要。 （3）机械设备进场后，根据施工单位报送的清单，监理工程师进行现场核对，核查是否和施工组织设计中所列内容或与施工单位投标书附表所列清单相符	专业监理工程执行，监理员辅助，并负责检查主要设备的使用及运行状况
		机械设备安装、拆卸和工作状态	专业监理工程师应核查作业机械的安装、拆卸、使用、保养记录，检查其工作状况；重要的工程机械，专业监理工程师还应经常了解施工作业中机械设备的工作状况，防止带病运行。发现问题，指令施工单位及时修理，以保持良好的作业状态。对核查工作应有监理工作记录。 （1）核查起重机械安装、拆卸专项施工方案及施工方案审批程序是否符合和关规定。 （2）监督施工单位执行起重机械设备等安装、拆卸专项施工方案的执行情况。 （3）起重机械第一次在现场安装完成后，必须经过当地质量技术监督检验部门的鉴定，取得机械安全检验合格证后方可允许投入使用。 （4）监督检查建筑起重机械的使用情况，发现存在生产安全事故隐患的，要求限期整改，拒不整改的，及时向建设单位报告	同上
		建筑起重机械等设备安全运行	对于建筑起重机械设备和直升式架设设施等有特殊安全要求的设备，进入现场后在使用前，必须经检验检测，监理工程师核实符合要求并办好和关备案手续后方可允许施工单位投入使用。 项目监理机构应查验施工单位拟在工程项目中使用的施工起重机械设备、整体提升脚手架、模板等自升式架设设施和安全设施的相关证件和资料是否符合规定。审查施工起重机械设备、整体提升脚手架、模板等自升式架设设施的检验检测报告和进场验收手续。参与施工起重机械设备、整体提升脚手架、模板等自升式架设设施的试运行和安装验收，督促施工单位及时办理相关设备设施的使用登记手续	同上
11	材料、构件、设备	基本内容和程序	项目监理机构收到施工单位报送的《工程材料、构配件、设备报审表》后，应审查施工单位报送的用于工程的材料、构配件、设备的质量证明文件，并应按有关规定、建设工程监理合同约定，对用于工程的材料进行见证取样。用于工程的材料、构配件、设备的质量证明文件包括出厂合格证、质量检验报告、性能检测报告以及施工单位的质量抽检报告等。对于工程设备应同时附有设备出厂合格证、技术说明书、质量检验证明、有关图纸、配件清单及技术资料等。对已进场经检验不合格的工程材料、构配件、设备，应要求施工单位限期将其撤出施工现场	专业监理工程师执行，监理员协助
		保证资料	（1）对用于工程的主要材料，进场时专业监理工程师应核查厂家生产许可证、出厂合格证、材质化验单及性能检测报告，审查不合格者一律不准用于工程。 （2）在现场配制的材料，施工单位应进行级配设计与配合比试验，经试验合格后才能使用。 （3）对于进口材料、构配件和设备，专业监理工程师应要求施工单位报送进口商检证明文件，并会同建设、承包、供货等相关单位按合同约定进行联合检查验收。联合检查由施工单位提出申请，项目监理机构组织，建设单位主持。 （4）对于工程采用新设备、新材料，还应核查相关部门鉴定证书或工程应用的证明材料、实地考察报告或专题论证材料	同上

序号	项目		监 理 要 点	备注
11	材料、构件、设备	质量的检验	1) 对用于工程的主要材料,在材料进场时专业监理工程师应核查厂家生产许可证、出厂合格证、材质化验单及性能检测报告,审查不合格者一律不准用于工程。专业监理工程师应参与建设单位组织的对施工单位负责采购的原材料、半成品、构配件的考察,并提出考察意见。对于半成品、构配件和设备,应按经过审批认可的设计文件和图纸要求采购订货,质量应满足有关标准和设计的要求。 2) 在现场配制的材料,施工单位应进行级配与配合比试验,经试验合格后才能使用。 3) 对于进口材料、构配件和设备,专业监理工程师应要求施工单位报送进口商检证明文件,并会同建设单位、施工单位、供货单位等相关单位有关人员按合同约定进行联合检查验收。联合检查由施工单位提出申请,项目监理机构组织,建设单位主持。 4) 对于工程采用新设备、新材料,还应核查相关部门鉴定证书或工程应用的证明材料、实地考察报告或专题论证材料。 5) 原材料、(半)成品、构配件进场时,专业监理工程师应检查其尺寸、规格、型号、产品标志、包装等外观质量,并判定其是否符合设计、规范、合同等要求。 6) 工程设备验收前,设备安装单位应提交设备验收方案,包括验收方法、质量标准、验收的依据,经专业监理工程师审查同意后实施。 7) 对进场的设备,专业监理工程师应会同设备安装单位、供货单位等的有关人员进行开箱检验,检查其是否符合设计文件、合同文件和规范等所规定的厂家、型号、规格、数量、技术参数等,检查设备图纸、说明书、配件是否齐全。 8) 由建设单位采购的主要设备则由建设单位、施工单位、项目监理机构进行开箱检查,并由三方在开箱检查记录上签字。 9) 质量合格的材料、构配件进场后,到其使用或安装时通常要经过一定的时间间隔。在此时间里,专业监理工程师应对施工单位在材料、半成品、构配件的存放、保管及使用期限实行监控	同上
		堆放	专业监理工程师应对施工单位材料、成品、半成品、构配件的存放、保管条件及时间进行审查。应当根据它们的特点、特性以及对防潮、防晒、防锈、防腐蚀、通风、隔热以及温度、湿度等方面的不同要求,审查存放条件,以保证存放质量。如果存放、保管条件不良,监理工程师应要求施工单位加以改善并达到要求	同上
12	开工条件	开工条件和程序	总监理工程师应组织专业监理工程师审查施工单位报送的工程开工报审表及相关资料,同时具备下列条件时,应由总监理工程师签署审查意见,并应报建设单位批准后,总监理工程师签发工程开工令: 1) 设计交底和图纸会审已完成。 2) 施工组织设计已由总监理工程师签认。 3) 施工单位现场质量、安全生产管理体系已建立,管理及施工人员已到位,施工机械具备使用条件,主要工程材料已落实。 4) 进场道路及水、电、通信等已满足开工要求	总监理工程师应组织,专业监理工程师执行
		审核内容	(1) 建设单位是否已办理了施工许可证。 (2) 经审查的设计文件及图纸、勘探资料、图纸会审记录等是否完整,建设单位是否已组织设计技术交底。 (3) 建设单位是否已组织召开第一次工地会议,所负责的施工条件在征地拆迁工作方面是否满足工程进度的需要。 (4) 施工单位提交的施工组织设计、(专项)施工方案是否已通过项目监理机构的审查并得到批准。 (5) 施工单位承包资质是否已通过审查,关键岗位人员及特殊工种人员持证上岗是否通过验证,现场管理人员是否已到位,施工人员是否已进场	同上

序号	项目		监 理 要 点	备注
12	开工条件	审核内容	（6）施工单位开工时所需专业分包施工的分包单位资质是否已通过审查。 （7）施工单位施工用建筑机械设备使用计划是否已通过审查，开工时所需机械设备是否已进场。 （8）施工单位质量管理与保证体系、安全生产管理与保证体系、技术管理体系是否已报审并得到批准。 （9）建设单位负责提供的进场道路及水电通信等施工条件以及施工单位场内"三通一平"是否满足开工要求。 （10）建设单位对水准点和坐标点是否已向施工单位交桩，施工单位是否已报送《施工测量成果报验表》并已签认。 专业监理工程师应审核测量成果及现场查验桩、线的准确性及桩点桩位保护措施的有效性，符合规定方可签认。 （11）施工单位开工时所需用的工程材料是否报验，主要工程材料是否已落实。 （12）施工单位开工时所需要的施工试验室是否已报验等。 （13）现场施工用临时用房是否已经搭建，且通过专业检测机构检测合格，检测资料齐全。 （14）危险作业中工作人员的意外伤害保险是否已办理	同上
13	计量设备的检查		计量设备是指施工中使用的衡器、量具、计量装置等设备。施工单位应按有关规定定期对计量设备进行检查、检定，确保计量设备的精确性和可靠性。 专业监理工程师应审查施工单位定期提交影响工程质量的计量设备的检查和检定报告	专业监理工程师执行，监理员辅助
14	施工控制测量成果		专业监理工程师应检查、复核施工单位报送的施工控制测量成果及保护措施，签署意见，并应对施工单位在施工过程中报送的施工测量放线成果进行查验。 施工控制测量结果及保护措施的检查、复核，应包括下列内容： （1）施工单位测量人员的资格证书及测量设备检定证书。 （2）施工平面控制网、高程控制网和临时水准点的测量成果及控制桩的保护措施。 项目监理机构收到施工单位报送的《施工控制测量成果报验表》后，由专业监理工程师审查。专业监理工程师应审查施工单位的测量依据、测量人员资格和测量成果是否符合规范及标准要求，符合要求的，予以签认。 专业监理工程师应从施工单位的测量人员和仪器设备两个方面来检查、复核施工单位测量人员的资格证书和测量设备检定证书。根据相关规定，从事工程测量的技术人员应取得合法有效的相关资格证书，用于测量的仪器和设备也应具备有效的检定证书。专业监理工程师应按照相应测量标准的要求对施工平面控制网、高程控制网和临时水准点的测量成果及控制桩的保护措施进行检查、复核。例如，场区控制网点位，应选择在通视良好、便于施测、利于长期保存的地点，并埋设相应的标石，必要时还应增加强制对中装置。标石埋设深度，应根据地冻线和场地设计标高确定。施工中，当少数高程控制点标石不能保存时，应将其引测至稳固的建（构）筑物上，引测精度不应低于原高程点的精度等级	同上

注：1. 表中内容，依据现行国家标准《建设工程监理规范》GB/T 50319—2013 规定的"监理人员的职责"编写，在建设工程监理实施过程中，项目监理机构还应针对建设工程实际情况进行必要的调整。

2. 本书随后章节中各项施工准备阶段监理要点，可参照本表内容并结合施工实际予以确定检查、审核的具体项目和内容。对于本表之外的和需要着重检查、审核的项目和内容在各章节中也有相应的表述。

习　题

1. 材料、构配件及设备质量控制依据有哪些?
2. 材料、构配件及设备质量检验方法有哪些?
3. 必须实施见证取样和送检的试块、试件和材料有哪些?

2 城镇道路工程施工监理

2.1 基本监理要点

2.1.1 施工质量验收的规定

城镇道路工程施工质量的控制、检查、验收，应符合现行行业标准《城镇道路工程施工与质量验收规范》CJJ 1—2008 及相关标准的规定。

1. 基本规定

（1）施工单位应具备相应的城镇道路工程施工资质。

（2）施工单位应建立健全施工技术、质量、安全生产管理体系，制定各项施工管理制度，并贯彻执行。

（3）施工前，施工单位应组织有关施工技术管理人员深入现场调查，了解掌握现场情况，做好充分的施工准备工作。

（4）工程开工前，施工单位应根据合同文件、设计文件和有关的法规、标准、规范、规程，并根据建设单位提供的施工界域内地下管线等构筑物资料、工程水文地质资料等踏勘施工现场，依据工程特点编制施工组织设计，并按其管理程序进行审批。

（5）施工单位应按合同规定的、经过审批的有效设计文件进行施工。严禁按未经批准的设计变更、工程洽商进行施工。

（6）施工中应对施工测量进行复核，确保准确。

（7）施工中必须建立安全技术交底制度。并对作业人员进行相关的安全技术教育与培训。作业前主管施工技术人员必须向作业人员进行详尽的安全技术交底，并形成文件。

（8）遇冬、雨期等特殊气候施工时，应结合工程实际情况，制定专项施工方案，并经审批程序批准后实施。

（9）施工中，前一分项工程未经验收合格严禁进行后一分项工程施工。

（10）与道路同期施工，敷设于城镇道路下的新管线等构筑物，应按先深后浅的原则与道路配合施工。施工中应保护好既有及新建地上杆线、地下管线等构筑物。

（11）道路范围（含人行步道、隔离带）内的各种检查井井座应设于混凝土或钢筋混凝土井圈上，井盖宜能锁固。检查井的井盖、井座应与道路交通等级匹配。

（12）施工中应按合同文件的要求，根据国家现行有关标准的规定，进行施工过程与成品质量控制。

（13）道路工程应划分为单位工程、分部工程、分项工程和检验批，作为工程施工质量检验和验收的基础。

（14）单位工程完成后，施工单位应进行自检，并在自检合格的基础上，将竣工资料、自检结果报监理工程师，申请预验收。监理工程师应在预验合格后报建设单位申请正式验收。建设单位应依相关规定及时组织相关单位进行工程竣工验收，并应在规定时间内报建设行政主管部门备案。

2. 分部（子分部）工程、分项工程、检验批的划分

开工前，施工单位应会同建设单位、监理工程师确认构成建设项目的单位工程、分部工程、分项工程和检验批，作为施工质量检验、验收的基础，并应符合下列规定：

（1）建设单位招标文件确定的每一个独立合同应为一个单位工程。

当合同文件包含的工程内涵较多，或工程规模较大或由若干独立设计组成时，宜按工程部位或工程量、每一独立设计将单位工程分成若干子单位工程。

（2）单位（子单位）工程应按工程的结构部位或特点、功能、工程量划分分部工程。

分部工程的规模较大或工程复杂时宜按材料种类、工艺特点、施工工法等，将分部工程划为若干子分部工程。

（3）分部工程（子分部工程）可由一个或若干个分项工程组成，应按主要工种、材料、施工工艺等划分分项工程。

（4）分项工程可由一个或若干检验批组成。检验批应根据施工、质量控制和专业验收需要划定。各地区应根据城镇道路建设实际需要，划定适应的检验批。

（5）各分部（子分部）工程相应的分项工程、检验批应按表 2-1 的规定执行。未规定时，施工单位应在开工前会同建设单位、监理工程师共同研究确定。

城镇道路分部（子分部）工程与相应的分项工程、检验批　　　　表 2-1

分部工程	子分部工程	分项工程	检验批
路基	—	土方路基	每条路或路段
		石方路基	每条路或路段
		路基处理	每条处理段
		路肩	每条路肩
基层	—	石灰土基层	每条路或路段
		石灰粉煤灰稳定砂砾（碎石）基层	每条路或路段
		石灰粉煤灰钢渣基层	每条路或路段
		水泥稳定土类基层	每条路或路段
		级配砂砾（砾石）基层	每条路或路段
		级配碎石（碎砾石）基层	每条路或路段
		沥青碎石基层	每条路或路段
		沥青贯入式基层	每条路或路段
面层	沥青混合料面层	透层	每条路或路段
		粘层	每条路或路段
		封层	每条路或路段
		热拌沥青混合料面层	每条路或路段
		冷拌沥青混合料面层	每条路或路段

续表

分部工程	子分部工程	分项工程	检验批
面层	沥青贯入式与沥青表面处治面层	沥青贯入式面层	每条路或路段
		沥青表面处治面层	每条路或路段
	水泥混凝土面层	水泥混凝土面层（模板、钢筋、混凝土）	每条路或路段
	铺砌式面层	料石面层	每条路或路段
		预制混凝土砌块面层	每条路或路段
广场与停车场	—	料石面层	每个广场或划分的区段
		预制混凝土砌块面层	每个广场或划分的区段
		沥青混合料面层	每个广场或划分的区段
		水泥混凝土面层	每个广场或划分的区段
人行道	—	料石人行道铺砌面层（含盲道砖）	每条路或路段
		混凝土预制块铺砌人行道面层（含盲道砖）	每条路或路段
		沥青混合料铺筑面层	每条路或路段
人行地道结构	现浇钢筋混凝土人行地道结构	地基	每座通道
		防水	每座通道
		基础（模板、钢筋、混凝土）	每座通道
		墙与顶板（模板、钢筋、混凝土）	每座通道
	预制安装钢筋混凝土人行地道结构	墙与顶部构件预制	每座通道
		地基	每座通道
		防水	每座通道
		基础（模板、钢筋、混凝土）	每座通道
		墙板、顶板安装	每座通道
	砌筑墙体、钢筋混凝土顶板人行地道结构	顶部构件预制	每座通道
		地基	每座通道
		防水	每座通道
		基础（模板、钢筋、混凝土）	每座通道
		墙体砌筑	每座通道或分段
		顶部构件、顶板安装	每座通道或分段
		顶部现浇（模板、钢筋、混凝土）	每座通道或分段
挡土墙	现浇钢筋混凝土挡土墙	地基	每道挡土墙地基或分段
		基础	每道挡土墙基础或分段
		墙（模板、钢筋、混凝土）	每道墙体或分段
		滤层、泄水孔	每道墙体或分段
		回填土	每道墙体或分段
		帽石	每道墙体或分段
		栏杆	每道墙体或分段

分部工程	子分部工程	分项工程	检验批
挡土墙	装配式钢筋混凝土挡土墙	挡土墙板预制	每道墙体或分段
		地基	每道挡土墙地基或分段
		基础（模板、钢筋、混凝土）	每道基础或分段
		墙板安装（含焊接）	每道墙体或分段
		滤层、泄水孔	每道墙体或分段
		回填土	每道墙体或分段
		帽石	每道墙体或分段
		栏杆	每道墙体或分段
	砌筑挡土墙	地基	每道墙体地基或分段
		基础（砌筑、混凝土）	每道基础或分段
		墙体砌筑	每道墙体或分段
		滤层、泄水孔	每道墙体或分段
		回填土	每道墙体或分段
		帽石	每道墙体或分段
	加筋土挡土墙	地基	每道挡土墙地基或分段
		基础（模板、钢筋、混凝土）	每道基础或分段
		加筋挡土墙砌块与筋带安装	每道墙体或分段
		滤层、泄水孔	每道墙体或分段
		回填土	每道墙体或分段
		帽石	每道墙体或分段
		栏杆	每道墙体或分段
附属构筑物	—	路缘石	每条路或路段
		雨水支管与雨水口	每条路或路段
		排（截）水沟	每条路或路段
		倒虹管及涵洞	每座结构
		护坡	每条路或路段
		隔离墩	每条路或路段
		隔离栅	每条路或路段
		护栏	每条路或路段
		声屏障（砌体、金属）	每处声屏障墙
		防眩板	每条路或路段

3. 施工质量控制、过程检验、验收

施工中应按下列规定进行施工质量控制，并应进行过程检验、验收：

（1）工程采用的主要材料、半成品、成品、构配件、器具和设备应按相关专业质量标准进行进场检验和使用前复验。现场验收和复验结果应经监理工程师检查认可。凡涉及结构安全和使用功能的，监理工程师应按规定进行平行检测或见证取样检测，并确认合格。

（2）各分项工程应按《城镇道路工程施工与质量验收规范》CJJ 1—2008 进行质量控制，各分项工程完成后应进行自检、交接检验，并形成文件，经监理工程师检查签认后，方可进行下个分项工程施工。

4. 施工质量验收合格标准

（1）工程施工质量应按下列要求进行验收：

1）工程施工质量应符合《城镇道路工程施工与质量验收规范》CJJ 1—2008 和相关专业验收规范的规定。

2）工程施工应符合工程勘察、设计文件的要求。

3）参加工程施工质量验收的各方人员应具备规定的资格。

4）工程质量的验收均应在施工单位自行检查评定合格的基础上进行。

5）隐蔽工程在隐蔽前，应由施工单位通知监理工程师和相关单位人员进行隐蔽验收，确认合格，并形成隐蔽验收文件。

6）监理工程师应按规定对涉及结构安全的试块、试件和现场检测项目，进行平行检测、见证取样检测并确认合格。

7）检验批的质量应按主控项目和一般项目进行验收。

8）对涉及结构安全和使用功能的分部工程应进行抽样检测。

9）承担复验或检测的单位应为具有相应资质的独立第三方。

10）工程的外观质量应由验收人员通过现场检查共同确认。

（2）隐蔽工程应由专业监理工程师负责验收。检验批及分项工程应由专业监理工程师组织施工单位项目专业质量（技术）负责人等进行验收。关键分项工程及重要部位应由建设单位项目负责人组织总监理工程师、施工单位项目负责人和技术质量负责人、设计单位专业设计人员等进行验收。分部工程应由总监理工程师组织施工单位项目负责人和技术质量负责人等进行验收。

（3）检验批合格质量应符合下列规定：

1）主控项目的质量应经抽样检验合格。

2）一般项目的质量应经抽样检验合格；当采用计数检验时，除有专门要求外，一般项目的合格点率应达到 80％及以上，且不合格点的最大偏差值不得大于规定允许偏差值的 1.5 倍。

3）具有完整的施工原始资料和质量检查记录。

（4）分项工程质量验收合格应符合下列规定：

1）分项工程所含检验批均应符合合格质量的规定。

2）分项工程所含检验批的质量验收记录应完整。

（5）分部工程质量验收合格应符合下列规定：

1）分部工程所含分项工程的质量均应验收合格。

2）质量控制资料应完整。

3）涉及结构安全和使用功能的质量应按规定验收合格。

4）外观质量验收应符合要求。

（6）单位工程质量验收合格应符合下列规定：

1）单位工程所含分部工程的质量均应验收合格。

2）质量控制资料应完整。

3）单位工程所含分部工程验收资料应完整。

4）影响道路安全使用和周围环境的参数指标应符合设计规定。

5）外观质量验收应符合要求。

（7）单位工程验收应符合下列要求：

1）施工单位应在自检合格基础上将竣工资料与自检结果，报监理工程师申请验收。

2）监理工程师应约请相关人员审核竣工资料进行预检，并据结果写出评估报告，报建设单位。

3）建设单位项目负责人应根据监理工程师的评估报告组织建设单位项目技术质量负责人、有关专业设计人员、总监理工程师和专业监理工程师、施工单位项目负责人参加工程验收。该工程的设施运行管理单位应派员参加工程验收。

5. 工程竣工验收

（1）工程竣工验收，应由建设单位组织验收组进行。验收组应由建设、勘察、设计、施工、监理、设施管理等单位的有关负责人组成，亦可邀请有关方面专家参加。验收组组长由建设单位担任。

工程竣工验收应在构成道路的各分项工程、分部工程、单位工程质量验收均合格后进行。当设计规定进行道路弯沉试验、荷载试验时，验收必须在试验完成后进行。道路工程竣工资料应于竣工验收前完成。

（2）工程竣工验收应符合下列规定：

1）质量控制资料应符合《城镇道路工程施工与质量验收规范》CJJ 1—2008 相关的规定。

检查数量：全部工程。

检查方法：查质量验收、隐蔽验收、试验检验资料。

2）安全和主要使用功能应符合设计要求。

检查数量：全部工程。

检查方法：查相关检测记录，并抽检。

3）观感质量检验应符合《城镇道路工程施工与质量验收规范》CJJ 1—2008 要求。

检查数量：全部。

检查方法：目测并抽检。

（3）竣工验收时，应对各单位工程的实体质量进行检查。

（4）当参加验收各方对工程质量验收意见不一致时，应由政府行业行政主管部门或工程质量监督机构协调解决。

（5）工程竣工验收合格后，建设单位应按规定将工程竣工验收报告和有关文件。报政府行政主管部门备案。

2.1.2 主要材料质量控制

钢筋、混凝土材料、石料等材料的质量控制见本书 1.1.3。

1. 道路石油沥青

（1）沥青材料应附有炼油厂的沥青质量检验单。运至拌合厂的沥青材料必须按照《公路工程沥青及沥青混合料试验规程》JTG E20—2011 进行检验，经评定合格后方可使用。

（2）沥青材料的选择应根据交通量、气候条件、施工方法、沥青面层类型、材料来源、设计、标书要求等情况确定。当采用改性沥青时应进行试验，并根据试验结果对照相应技术要求确定方案。

（3）沥青混合料拌合厂应将不同来源、不同标号的沥青分开存放，不得混杂。在使用期间，储存沥青的沥青灌或储油池中的沥青不宜低于 130℃，并不得高于 180℃。

在冬期停止施工期间，沥青可在低温状态下存放。经较长时间存放的沥青在使用前应抽样检验，不符合质量要求的不得使用。同一工程使用不同沥青时，应明确记录各种沥青所使用的路段及部位。

（4）道路石油沥青在存储、使用及存放过程中应采取防水措施，并避免雨水或加热管导热油渗漏进入沥青罐中。

2. 改性沥青

（1）高速公路、一级公路或某些特殊重要工程的沥青面层当采用改性沥青时，其基质沥青应采用符合《公路沥青路面施工技术规范》JTG F40—2004 的规定。

（2）改性剂生产者或供应商应提供产品的名称、代号、标号与质量检验单，以及运输、储存、使用方法和涉及健康、环保、安全等有关资料。

（3）根据需要，在改性沥青中还可加入稳定剂类、分散剂类等辅助外加剂。

（4）制备改性沥青可采用一种改性剂，也可以同时采用几种不同的改性剂进行复合改性。

（5）现场制造的改性沥青宜随配随用；短时间保存时，应保持适宜的温度，并进行不间断地搅拌或泵送循环，以保证改性沥青具有足够的稳定性和使用质量。

（6）成品改性沥青应附产品说明书，注明产品名称、代号、标号、运输与存放条件、使用方法、生产工艺、安全须知等。

（7）外购的成品改性沥青，在使用前应取样融化检验是否有离析现象，确认无明显的分离、凝聚等现象，且各项性能指标均符合《城镇道路工程施工与质量验收规范》CJJ 1—2008 要求时，方可使用。

（8）改性剂应按产品所规定的条件储存在室内，保持干燥，注意通风和防火，并按进库顺序使用，不超过保质期。

（9）现场加工改性沥青成品的储存应符合规定的要求，储存时间不得超过保质期。经检验，确认已经发生离析的改性沥青不得使用。

3. 乳化石油沥青

（1）乳化石油沥青的质量要求，应符合有关规范的规定。乳化沥青适用于沥青路面的透层、粘层与封层。

（2）乳化沥青可利用胶体磨或匀油机等乳化机械在沥青拌合现场制备，乳化剂用量（按有效含量计）宜为沥青质量的 0.3%。制备现场乳化沥青的温度，应通过试验确定，乳化剂水溶液的温度宜为 40～70℃，石油沥青宜加热至 120～160℃。乳化沥青制造后应及时使用。经较长时间存放的乳化沥青在使用前应抽样检验，离析冻结破乳质量不符合技术要求的不准使用，存放期以不离析、不冻结、不破乳为度。

4. 液体石油沥青

液体石油沥青的质量应符合《公路沥青路面施工技术规范》JTG F40—2004 的有关规定。使用前应由试验确定掺配比例。

5. 煤沥青

(1) 煤沥青的质量应符合《公路沥青路面施工技术规范》JTG F40—2004 的有关规定。

(2) 煤沥青使用期间在储油池或沥青罐中储存温度宜为 70～90℃，并应避免长期储存。经较长时间存放的煤沥青在使用前应抽样检测，质量不合格不得使用。

6. 粗集料

(1) 用于沥青面层的粗集料，由具有生产许可证的采石场生产。

(2) 粗集料的粒径规格应按照规定选用，当生产的粗集料与其他材料配合后的级配符合各类沥青面层的矿料使用要求时，可以使用。

(3) 粗集料应洁净、干燥、无风化、无杂质，并具有足够的强度和耐磨耗性。

(4) 粗集料应具有良好的颗粒形状。

(5) 路面抗滑表层粗集料，应选择坚硬、耐磨、冲击性好的碎石，其磨光值应符合规范要求。

7. 细集料

(1) 沥青面层的细集料可采用天然砂、机制砂及石屑，其规格应分别符合规范要求。

(2) 细集料应洁净、干燥、无风化、无杂质，并有适当的颗粒级配，其质量应符合规范要求。

(3) 热拌沥青混合料的细集料，宜采用优质的天然砂或机制砂。

(4) 细集料应与沥青有良好的粘结能力。

8. 填料

(1) 沥青混合料的填料，宜采用石灰岩或岩浆岩中的强基性岩等憎水性石料，经磨细得到的矿粉。矿粉要求干燥、洁净、无泥土等杂质，其质量应符合《公路工程沥青及沥青混合料试验规程》JTG E20—2011 要求。当采用水泥、石灰（消石灰或生石灰粉）作填料时，其用量不宜超过矿料总量的 2%。

(2) 采用沥青混合料拌合厂的回收粉尘作填料时，回收粉尘必须洁净、无杂质、塑性指数小于 4，其用量不得超过填料的 50%，其余质量要求与矿粉相同。

9. 接缝材料

(1) 胀缝接缝板应选用能适应混凝土面板膨胀收缩、施工时不变形、弹性复原率高、耐久性良好的材料。

(2) 填缝材料宜使用树脂类、橡胶类的填缝材料及其制品，各种性能应符合有关规程要求。

10. 路缘石、预制混凝土路缘石

路缘石主要包括立缘石、平缘石、专用缘石，宜用石材或混凝土制作，应有出厂合格证。施工前应根据设计图纸要求，选择符合规定的石材或预制混凝土路缘石。安装前应按产品质量标准进行现场检验，合格后方可使用。

2.1.3　施工测量监理要点

（1）施工单位测量人员上岗证需经复验，复印件有备案，由总监签认。

（2）测量仪器设备需经检测检定合格，施工单位上报"主要施工机械设备报审表"，并由总监理工程师复核签认，后附测量仪器设备检定报告；严禁使用未经计量检定、校准及超过检定有效期或检定不合格的仪器、设备、工具。

（3）完成各结构层的各项检测试验结果合格并报审批签认，完成各项原材料的检测并报验经审查批准使用，面层配合化试验完成并报审查批准。

（4）交桩点已经过测量复核，施工单位上报"施工单位报审表"，并由测量监理工程师复测签认，后附相关施工记录表。

（5）施工单位上报由监理复核人员及测量监理工程师签认的结构层中心桩位置、高程、平整度、横坡、宽度的"测量报审表"，及相关施工记录表。

（6）施工单位自检合格，上报"结构层中心桩位置、高程测量报审表"，后附相关施工记录表。

（7）监理员复核上报内容填写完善，数据计算无误，现场复测中心桩允许偏差，中线高程允许偏差；根据复核结果，合格后由复核人员及测量监理工程师签认。

（8）审查施工单位上报的施工测量方案和测量复核报告，履行审批手续后作为施工控制桩放线测量、建立施工控制网、线、点的依据。

（9）检查施工单位内业计算：必须使用监理工程师认可的表式。计算步骤应清晰、有条理，成果合格后必须报监理工程师确认。

（10）检查控制桩是否采取有效保护措施。

（11）测量资料应及时整理，原始测量数据应保留原件，需要使用时可采用复印件。

2.2　路基工程监理要点

2.2.1　一般要点

1. 施工准备

（1）交桩点已经过测量复核，施工单位上报施工单位报审表，并由监理工程师复核签认，后附相关施工记录表。

（2）完成各类原材料检测并报验经过审查批准，已完成所需原材料、材料配合比试验，并经审查批准。

（3）施工准备阶段其他监理要点，参见表1-17中相关内容。

2. 施工测量

（1）填方段路基每填一层恢复一次中线、边线并进行高程测设。在距路床顶1.5m内，应按设计纵、横断面数据控制；达到路床设计高程后应准确放样路基中心线及两侧边线，并将路基顶设计高程准确测设到中心及两侧桩位上，按设计中线、宽度、坡度、高程控制并自检，自检合格并报监理工程师。

监理员复核上报内容填写完善，数据计算无误，现场复核中心桩允许偏差 5mm。根据复核结果，合格后由复核人员及专业监理工程师签认。确认后，方可进行下道工序施工。

（2）路基挖方段应按设计高程及边坡坡度计算并放出上口开槽线；每挖深一步恢复一次中线、边线并进行高程测设；高程点应布设在两侧护壁处或其他稳定可靠的部位。挖至路床顶 1m 左右时，高程点应与附近的高级水准点联测。

（3）直线上中桩测设的间距不应大于 50m，平曲线上宜为 20m；当地势平坦且曲线半径大于 800m 时，其中桩间距可为 40m。当公路曲线半径为 30～60m、缓和曲线长度为 30～50m 时，其中桩间距不应大于 10m。当公路曲线半径和缓和曲线长度小于 30m 或采用回头曲线时，中桩间距不应大于 5m。

（4）根据工程需要，可测设线路起终点桩、百米桩、平曲线控制桩和断链桩，并应根据竖曲线的变化情况加桩。

（5）在桥台两侧台背回填范围内，应在台背上标出分层填筑标高线。

（6）对于管涵等构筑物应首先测设其开槽中心线及边线；达到槽底高程后，检测高程并恢复中心线；管基础完成后，检测管基顶面高程，在管基顶面精确测设并弹出中心线或结构边线。

3. 施工试验

（1）中心试验室按照设计文件及监理工程师的要求，对取自挖方、借土场、料场的填方材料及路基基底进行土工试验，试验内容主要有：液限、塑限、塑性指数、天然稠度或液性指数；颗粒大小分析试验；含水量试验；密度试验；相对密度试验；土的击实试验；土的强度试验（CBR 值）；有机质含量试验及易溶盐含量试验。

（2）将试验结果提交监理工程师，批准后方可采用。

4. 试验路段

（1）开工之前，应选择试验路段进行填筑压实试验，以确定土方、石方工程的正确压实方法、为达到规定的压实度所需要的压实设备的类型及其组合工序、各类压实设备在最佳组合下的各自压实遍数以及能被有效压实的压实层厚度等，从中选出路基施工的最佳方案以指导全线施工。

（2）在开工前至少 28d 完成试验路段的压实试验，并以书面形式向监理工程师按试验情况提出拟在路堤填料分层平行摊铺和压实所用的设备类型及数量清单，所用设备的组合及压实遍数、压实厚度、松铺系数，供监理工程师审批。

（3）试验段的位置由监理工程师现场选定，长度为不小于 200m 的全幅路基为宜。采用监理批准的压实设备、筑路材料进行试验。压实试验进行到达到规定的压实度所必需的施工程序为止，并记录压实设备的类型和工序及碾压遍数。对同类材料以此作为现场控制的依据。

（4）不同的筑路材料应单独做试验段。

（5）对于工程地质不良地段，必须会同设计人员和监理进行现场查看，指定科学合理的施工方案，施工时认真执行。

2.2.2 土方路基监理要点

1. 场地清理

（1）在路基填筑前，将取土场和路基范围内的树木、垃圾、有机物残渣及原地面杂草等不适用材料清除，并排除地面积水。对妨碍视线、影响行车的树木、灌木丛等会同有关部门协商后在施工前进行砍伐、移植处理。

（2）路基范围内的树根要全部挖除，清除下来的垃圾、废料、树根及表土等不适用材料堆放在监理工程师指定的地点。

（3）凡监理工程师指定要保留的植物与构造物，要妥善加以保护。

（4）对路基范围内的树根坑、障碍物及建筑物移去后的坑穴，用经设计与监理工程师批准的材料回填至周围标高。回填分层压实，密实度不小于95％。

2. 挖方与填方

（1）在施工测量完成前不得进行施工。如果遇到不适用的材料，要予以挖除。在挖除之前，对不适用材料的范围先行测量，经监理工程师确认批准后方可施工，并在开挖完成后及回填之前重新测量。

（2）人机配合土方作业。必须设专人指挥。机械作业时，配合作业人员严禁处在机械作业和走行范围内。配合人员在机械走行范围内作业时，机械必须停止作业。

（3）使用房渣土、粉砂土等作为填料时，应经试验确定。

（4）挖方施工是否符合以下规定：

1）挖土时应自上向下分层开挖，严禁掏洞开挖。作业中断或作业后，开挖面应做成稳定边坡。

2）机械开挖作业时，必须避开构筑物、管线，在距管道边1m范围内应采用人工开挖；在距直埋缆线2m范围内必须采用人工开挖。

3）严禁挖掘机等机械在电力架空线路下作业。需在其一侧作业时，垂直及水平安全距离应符合设计或相关规范的规定。

（5）弃土、暂存土均不得妨碍各类地下管线等构筑物的正常使用与维护，且应避开建筑物、围墙、架空线等。严禁占压、损坏、掩埋各种检查井、消火栓等设施。

（6）填方材料的强度（CBR值）应符合设计要求，其最小强度值应符合设计或规范的规定。不应使用淤泥、沼泽土、泥炭土、冻土、有机土以及含生活垃圾的土做路基填料。

（7）填方中使用房渣土、工业废渣等需经过试验，确认可靠并经建设单位、设计单位同意后方可使用。

（8）路基填方高度应按设计标高增加预沉量值。预沉量应根据工程性质、填方高度、填料种类、压实系数和地基情况与建设单位、监理工程师、设计单位共同商定确认。

（9）填土应分层进行。下层填土验收合格后，方可进行上层填筑。路基填土宽度每侧应比设计规定宽50cm。

（10）路基填、挖接近完成时，应恢复道路中线、路基边线，进行整形，并碾压成活。压实度应符合设计或规范的有关规定。

3. 碾压检查

（1）监理人员应掌握路基试验段确定的冲击碾压各项参数。

（2）填土的压实遍数，应按压实度要求，经现场试验确定。

（3）压实过程中应采取措施保护地下管线、构筑物安全。

（4）施工过程中，冲击碾行走的速度与碾压遍数应符合设计规定。若设计无明确规定，应按试验段确定的冲击碾压速度和碾压遍数控制。

2.2.3 石方路基监理要点

（1）复核并确定路基承载力满足设计和规范要求。对路基基底强度不符合要求的原状土进行换填，并分层压实。压实度符合有关规定要求。

（2）复核石料的抗压强度和路床顶面填土强度 CBR 值，并进行其他土工试验项目的复核。

（3）开工前选择长度不小于 200m 的全幅路基作为试验路段，以确定能达到最大压实干密度的松铺厚度与压实机械组合，及相应的压实遍数、沉降差等施工参数。

施工单位编制试验段总结报告并上报监理审批，根据试验数据制定填石路基施工措施，从而指导大面积填石路基施工。

（4）对路堤填筑的边线进行抽检核查，确保路基填筑的宽度符合设计及规范要求。

（5）填筑施工过程中要注意对填料粒径进行控制，最大粒径应不大于 500mm，并不宜超过层厚的 2/3，路床底面以下 400mm 范围内，填料粒径应小于 150mm，路床填料粒径应小于 100mm，压实机械宜选用自重不小于 18t 的振动压路机，在填石路堤顶面与细粒土填土层之间应设过渡层。

（6）修筑填石路堤时，应进行地表清理，逐层水平填筑石块，摆放平稳，码砌边部。填筑层厚度及石块尺寸应符合设计和施工规范规定。填石空隙用石渣、石屑嵌压稳定。上、下路床填料和石料最大尺寸应符合规范规定。采用振动压路机分层碾压，压至填筑层顶面石块稳定，20t 以上压路机振压两遍无明显标高差异。

（7）填石路基施工应按试验路段确定的松铺厚度、压实机械型号及组合、压实速度及压实遍数、沉降差等参数进行控制。

（8）路基压实度检测与验收：采用 12t 以上振动压路机进行压实试验，按照试验段确定的遍数和摊铺厚度，当压实层顶面稳定，碾压无轮迹时，可判断为密实状态；否则应重新碾压。合格后经有关方面签认，方可进行下一层填筑施工。

（9）填石路基填筑至路床设计顶面下 0.5m 时，监理员参与填石路基验收。

（10）施工过程中为保证填筑的边坡外观质量，应注意采用辅助人工进行边坡码砌，码砌的边表面应紧贴、密实，无明显孔洞、松动，砌块间承接面向内倾斜，坡面平顺。

（11）填石路基施工过程中，应注意采用机械或人工捡拾粒径过大及材质不符合规范要求的填料。

（12）应注意岩性相差较大的填料应分层或分段填筑。严禁将软质石料与硬质石料混合使用。

（13）每层填料在按试验段确定的碾压遍数碾压结束后，应观察碾压的轮迹并采用水准仪检测其沉降差，实测的沉降差应小于或等于试验段确定的沉降差参数。

2.2.4 软土路基监理要点

1. 一般要点

（1）进行详细的现场调查，依据工程地质勘察报告核查特殊土的分布范围、埋置深度和地表水、地下水状况，根据设计文件、水文地质资料编制专项施工方案。

（2）做好路基施工范围内的地面、地下排水设施，并保证排水通畅。

（3）进行土工试验，提供施工技术参数。

（4）软土路基施工应列入地基固结期。应按设计要求进行预压，预压期内除补填因加固沉降引起的补填土方外，严禁其他作业。

（5）施工前应修筑路基处理试验路段，以获取各种施工参数。

2. 置换土

（1）填筑前，检查是否排除地表水并清除腐殖土、淤泥。

（2）填料宜采用透水性土。处于常水位以下部分的填土，不得使用非透水性土壤。

（3）填土应由路中心向两侧按要求分层填筑并压实，层厚宜为 15cm。

（4）分段填筑时，接槎应按分层做成台阶形状，台阶宽不宜小于 2m。

3. 抛石挤淤

（1）当原地基的淤泥范围、深度较大，软土层厚度小于 3.0m，且位于水下或为含水量极高的淤泥时，可使用抛石挤淤。

（2）对软基处理的边线进行抽检核查，确保软基处置的宽度符合设计及规范要求。

（3）施工过程中监理人员要注意对片石的材质进行控制，应选用不易风化的片石，石料中尺寸小于 30cm 粒径的含量不得超过 20％。

（4）抛填方向应根据道路横断面下卧软土地层坡度而定。坡度平坦时自地基中部渐次向两侧扩展；坡度陡于 1∶10 时，自高侧向低侧抛填，并在低侧边部多抛投，使低侧边部约有 2m 宽的平台顶面。

（5）抛石露出水面或软土面后，应用较小石块填平、碾压密实，再铺设反滤层填土压实。

4. 砂垫层置换

（1）在路基施工范围内遇到原地基部分位置土质湿度过大，且位于地下水最高水位以下时，宜采用排水性能好，被水浸泡仍能保持足够承载力的砂或砂砾换填。

（2）根据设计和监理工程师的要求，在清理的基底上分层铺筑符合要求的砂或砂砾，分层铺筑松铺厚度不得超过 300mm，并逐层压实至规定的压实度。

（3）砂垫层应宽出路基边脚 0.5～1.0m，两侧以片石护砌。

5. 灰土换填

（1）在路基施工范围内遇到原地基部分位置含水量较大、但未受地下水影响时，宜在土中掺入生石灰拌合均匀后分层填筑压实。

（2）施工时应按设计要求的石灰含量将灰土拌合均匀，控制含水量，如土料水分过多或不足时应晾干或洒水润湿，以达到灰土最佳含水量。掌握分层松铺厚度，按采用的压实机具现场试验来确定，一般情况下松铺厚度不大于 300mm，分层压实厚度不大于 200mm。

（3）压实后的灰土应采取排水措施，3d 内不得受水浸泡。灰土层铺筑完毕后，要防止日晒雨淋，及时铺筑上层。

6. 碎石桩处治软土地基

（1）进场碎石材料应符合设计要求，采用含泥砂量小于 10％、粒径 19～63mm 的碎石或砾石作桩料，并随时控制记录现场材料数量。

（2）施工前应进行成桩试验，确定控制水压、电流和振冲器的振留时间等参数。

（3）应严格按试桩结果控制电流和振冲器的留振时间。分批加入碎石，注意振密挤实效果，防止发生"断桩"或"颈缩桩"。在碎石桩施工中应根据沉管和挤密情况，重点控制碎石用量，通过控制桩管提升高度及速度和压入深度及速度，挤密次数和时间、电机的工作电流等，以保证挤密均匀和桩身的连续性。

（4）应分层加入碎石（砾石）料，观察振实挤密效果，防止断桩、缩颈。

（5）桩距、桩长、灌石量等应符合设计规定。

（6）施工过程中作好原始记录，详细记录每根桩的桩长、投料量、提升高度和速度、挤压次数、振动电流强度、留振时间和投料高度等施工参数。

（7）控制好施工顺序，严格按现场布好的桩位打桩，不能任意移位。

（8）做好沉降观测。

7. 塑料排水板处治

（1）塑料排水板露天堆放要遮盖，不得长时间暴晒，防止损坏滤膜。

（2）塑料排水板超过孔口的长度应能伸入砂垫层不小于 500mm，预留段及时弯折埋设于砂垫层中，与砂垫层贯通，并采取保护措施。

（3）塑料排水板不得搭接，施工中防止泥土等杂物进入套管内，一旦发现应及时清除；打设形成的孔洞应用砂回填，不得用土块堵塞。塑料水板下沉时不得出现扭结、断裂现象。

（4）施工时应加强检查，保证板距、垂直度、板长、跟带长度等符合规范要求，否则应予重打，重打的桩位与原桩位置不大于板距的 15％，对于施工段地表的硬壳（一般约在 0.5～1.0m）当插入杆起后所留杆孔，不能用粘土块或其他材料堵塞，必须用砂灌满，以防堵塞排水通道使处理失败，埋设沉降观测板进行沉降观测。

8. 砂桩处理

（1）砂宜采用含泥量小于 3％的粗砂或中砂。

（2）检查砂的含水量：应根据成桩方法选定填砂的含水量。

（3）砂桩应砂体连续、密实。

（4）检查桩长、桩距、桩径、填砂量应符合设计规定。

9. 粉喷桩处治

（1）工艺性成桩试验桩数不宜少于 5 根，以获取钻进速度、提升速度、搅拌、喷气压力与单位时间喷入量等参数。

（2）检查柱距、桩长、桩径、承载力等应符合设计规定。

（3）粉喷桩必须根据试验确定的技术参数进行施工，操作人员应如实记录压力、喷粉量、钻进速度、提升速度、钻入深度及每根桩的钻进时间等，监理人员应随时检查记录施工异常情况。

（4）要控制粉喷桩到每一段的水泥喷洒量都比较均匀，且无断桩，无泥土的隔断层。

10. 土工材料处理

（1）土工合成材料质量应符合设计要求，无老化，外观无破损，无污染。其抗拉强度、顶破强度、负荷延伸率等均应符合设计及有关产品质量标准的要求。

（2）根据设计图表恢复路线中桩、边桩，定出路堤坡脚；土工合成材料的边缘线、锚固沟边线、路基填土标高线。在边桩放样时，应考虑预加沉落度，在进行边坡放样时，采用挂线法或坡度样板法，放样同时也须考虑沉降对边坡坡比的影响。

（3）检查并记录基层是否平整，严禁表面有碎、块石等坚硬的凸出物，摊铺时应紧贴基层，在原地基上铺设一层 30～50cm 厚的砂垫层。铺设土工材料后，运、铺料等施工机具不得在其上直接行走。

（4）按设计和施工要求铺设、张拉、固定，不得扭曲、折皱，在斜坡上时保持一定的松紧度。接缝搭接、粘结强度和长度应符合设计要求，上、下层土工合成材料搭接缝应交替错开。

（5）每压实层的压实度、平整度经检验合格后，方可于其上铺设土工材料。土工材料应完好，发生破损应及时修补或更换。

（6）铺设土工材料时，应将其沿垂直于路轴线展开，并视填土层厚度选用符合要求的锚固钉固定、拉直，不得出现扭曲、折皱等现象。

土工材料纵向搭接宽度不应小于 30cm，采用锚接时其搭接宽度不得小于 15cm；采用胶结时胶接宽度不得小于 5cm，其胶结强度不得低于土工材料的抗拉强度。

相邻土工材料横向搭接宽度不应小于 30cm。

（7）路基边坡留置的回卷土工材料，其长度不应小于 2m。

（8）土工材料铺设完后，应立即铺筑上层填料，其间隔时间不应超过 48h。

（9）双层土工材料上、下层接缝应错开，错缝距离不应小于 50cm。

（10）施工过程中出现破损的土工合成材料时，应及时修补或更换并进行记录。

2.2.5 湿陷黄土路基监理要点

1. 土料试验项目

确定取土场，并对路堤填料进行复查和取样。对用作填料的土进行试验项目：

（1）液限、塑限、塑性指数、天然稠度或液性指数。

（2）颗粒大小分析试验。

（3）含水量试验。

（4）密度试验。

（5）相对密度试验。

（6）土的击实试验。

（7）土的强度试验（CBR 值）。

（8）土的有机质含量试验及易溶盐含量试验。

（9）黄土的湿陷性判定、黄土的自重湿陷性判定及湿陷等级。

2. 试验段施工

（1）应采用不同的施工方案做试验路段，从中选出路基施工的最佳方案，指导全线施工。

（2）试验路段位置应选择在地质条件、断面形式均具有代表性的地段，路段长度不宜小于100m。

（3）试验段所有的材料和机具应与将来全线施工所用的材料和机具相同。通过试验来确定不同填料采用不同机具压实的最佳含水量、适宜的松铺厚度和相应的碾压遍数、最佳的机械组合和施工组织。一般按松铺厚度300mm进行试验，以确保压实层的均匀。

（4）试验路段施工中应加强对有关指标的检测；完成后，应及时写出试验报告。如发现路基设计有缺陷时，应提出变更设计意见。

（5）黄土陷穴的处理方案、工作量等应由施工单位会同建设、设计及监理单位认可，并履行相关手续后执行。

3. 换填法处理

（1）换填材料可选用黄土、其他黏性土或石灰土，其填筑压实检查要点同土方路基。

（2）换填宽度应宽出路基坡脚0.5～1.0m。

（3）填筑用土中大于10cm的土块必须打碎，并应在接近土的最佳含水量时碾压密实。

4. 强夯处理

（1）夯实施工前，必须查明场地范围内的地下管线等构筑物的位置及标高，严禁在其上方采用强夯施工，靠近其施工必须采取保护措施，消除强夯对邻近建筑物的有害影响。

（2）施工前应按设计要求在现场选点进行试夯，通过试夯确定施工参数，如夯锤质量、落距、夯点布置、夯击次数和夯击遍数等。

（3）夯击前应对夯点放样进行复核，夯完后检查夯坑位置，发现偏差或漏夯应督促施工单位及时纠正。

（4）地基处理范围不宜小于路基坡脚外3m。

（5）应划定作业区，并应设专人指挥施工。

（6）施工过程中应检查和督促施工单位做好施工记录，应记录每个夯点的夯沉量，原始记录应完整、齐全。当参数变异时，应及时采取措施处理。

（7）强夯施工应按设计规定的夯击顺序进行；如设计无规定，则应按由内而外，隔行跳夯的原则完成全部夯点的施工。

（8）强夯施工完成后，应通过标准贯入、静力触探等原位测试，测量地基的夯后承载能力是否达到设计要求。

（9）按设计铺筑垫层，并分层碾压密实。

（10）路堤边坡应整平夯实，并应采取防止路面水冲刷措施。

2.3 基层工程监理要点

2.3.1 一般要点

1. 施工准备

（1）路基、路床的轴线、高程、平整度、横坡、宽度施工单位上报施工单位报审表，并由监理工程师复核签认，后附相关施工记录。

（2）完成基层检测并报验经过审查批准，做好基层的干密度试验，试验结果并经专业监理工程师审查批准。

（3）对各类原材料进场验收，并签认；对所需原材料复测检验并取得试验报告；检查各种混合料配合比设计。

（4）石灰、粉煤灰类混合料应拌合均匀，色泽调和一致，砂砾（碎石）最大粒径不大于 50mm，大于 20mm 的灰块不得超过 10%，石灰中严禁含有未消解颗粒，如由厂家供应则应提供营业资质合格证及相应备案证书和试验报告。

（5）施工准备阶段其他监理要点，参见表 1-17 中相关内容。

2. 试验路段

试验段施工选取 100～200m 的具有代表性的路段，并采用计划用于主体工程的材料、配合比、压实设备和施工工艺进行实地铺筑试验，已确定在不同压实条件下达到设计压实度时的松铺厚度、压实系数、压实机械组合、最少压实遍数和施工工艺流程等。

3. 路面基层施工测量

（1）路面基层施工前，应复核所有路基高程，并与设计高程对比，以供高程调整。

（2）路面基层施工测量重点在控制各层厚度与宽度。平面测设时，应定出该层的中心与边线桩位。边线桩位放样时应比该层设计宽度大 100mm，以保证压实后该层的设计宽度。

（3）高程测设时，应将设计高程按一定下反数测设到中线与边线高程控制桩上；在使用摊铺机作业时，此时高程控制桩应采用可调式托盘；且桩位间距不应大于 10m，在匝道处可加密至 5m。在摊铺机行进中，应有专人看管托盘，若发现托盘移动或钢丝绳从托盘掉下时，应立即重测该处高程。

（4）当分段施工时，平面及高程放样应进入相邻施工段 50～100m，以保证分段衔接处线型的平顺美观。

（5）在匝道出入口或其他不规则地段，高程放样应根据设计提供的方格网进行。

2.3.2　石灰稳定土类基层监理要点

1. 混合料拌制（厂拌）

（1）水泥、石灰、粉煤灰经进场检验、取样复试合格。产品合格证、出厂检验报告、复试检测报告等文件齐全。

（2）在石灰稳定土层施工前，应取有代表性的土样进行下列土工试验：

1）颗粒分析。

2）液限和塑性指数。

3）击实试验。

4）砾石的压碎值试验。

5）有机质含量（必要时做）。

6）硫酸盐含量（必要时做）。

（3）石灰应做有效氧化钙和氧化镁含量试验、细度和含水量等试验。

（4）水泥应检验强度等级、凝结时间和安定性等指标。

（5）检查石灰稳定土配合比、混合料的最佳含水量、最大干密度、压实度是否符合设计要求。

（6）土质或粒料应符合设计和施工规范要求，土块应经粉碎，石灰必须充分消解，矿渣应分解稳定后才能使用。

（7）对拌合站的水泥、集料等原材料进行检查，核查新进场材料的名称、规格、来源、进场数量、抽检是否合格等。对有疑问的原材料要进行复检，合格后方可使用。

（8）石灰土搅拌前，应先筛除集料中不符合要求的颗粒，使集料的级配和最大粒径符合要求。

（9）宜采用强制式搅拌机进行搅拌。配合比应准确，搅拌应均匀；含水量宜略大于最佳值；石灰土应过筛（20mm方孔）。

（10）检查并记录拌合设备状态、打印设备情况，应特别注意检查冷料仓皮带传动轮转速与料仓斗门尺寸是否同确定生产配合比时确定的参数一致。检查电子计量设备是否正常，检查设备合格期标定是否在有效期内。

（11）应根据土和石灰的含水量变化、集料的颗粒组成变化，及时调整搅拌用水量。

（12）在拌合混合料过程中，应按规定频率对拌制的混合料进行抽检，记录抽检的时间、灰剂量、含水量等。检查督促施工人员对每车混合料的出场时间、车辆编号、使用的结构层位等进行详细的记录，根据铺筑现场监理的需要及时提供混合料出场记录信息。

（13）拌成的石灰土应及时运送到铺筑现场。运输中应采取防止水分蒸发和防扬尘措施。

（14）搅拌厂应向现场提供石灰土配合比，R7强度标准值及石灰中活性氧化物含量的资料。

（15）出厂检验：稳定土要及时进行外观、石灰（水泥）剂量和含水量检验，稳定土颜色均匀一致，无灰条灰团，无明显粗细集料离析现象，石灰（水泥）剂量要符合设计要求。

2. 摊铺、碾压与养生

（1）检查下承层：其表面应平整、坚实，压实度、平整度、纵断高程、中线偏差、宽度、横坡度、边坡等各项指标必须符合有关规定。

（2）恢复施工段的中线，直线段每20m设一中桩，平曲线每10m设一中桩。

（3）相关地下管线的预埋及回填等已完成并经验收合格。

（4）施工前进行100～200m试验段施工，确定机械设备组合效果、压实虚铺系数和施工方法。

（5）厂拌石灰土摊铺检查要点：

1）施工前对下承层进行清扫，并适当洒水润湿。

2）压实系数应经试验确定。现场人工摊铺时，压实系数宜为1.65～1.70。

3）石灰土宜采用机械摊铺。每次摊铺长度宜为一个碾压段。

4）摊铺掺有粗集料的石灰土时，粗集料应均匀。

（6）碾压检查要点：

1）铺好的石灰土应当天碾压成活。

2）碾压时的含水量宜在最佳含水量的允许偏差范围内。

3）直线和不设超高的平曲线段，应由两侧向中心碾压；设超高的平曲线段，应由内侧向外侧碾压。

4）初压时，碾速宜为 20～30m/min，灰土初步稳定后，碾速宜为 30～40m/min。

5）人工摊铺时，宜先用 6～8t 压路机碾压，灰土初步稳定，找补整形后，方可用重型压路机碾压。

6）当采用碎石嵌丁封层时，嵌丁石料应在石灰土底层压实度达到 85％时撒铺，然后继续碾压，使其嵌入底层，并保持表面有棱角外露。

（7）纵、横接缝均应设直槎。接缝检查要点：

1）纵向接缝宜设在路中线处。接缝应做成阶梯形，梯级宽不应小于 1/2 层厚。

2）横向接缝应尽量减少。

（8）石灰土养护检查要点：

1）石灰土成活后应立即洒水（或覆盖）养护，保持湿润，直至上层结构施工为止。

2）石灰土碾压成活后可采取喷洒沥青透层油养护，并宜在其含水量为 10％左右时进行。

3）石灰土养护期应封闭交通。

2.3.3 水泥稳定土类基层监理要点

1. 混合料拌制（厂拌）

（1）水泥、土、水经进场检验、取样复试合格。产品合格证、出厂检验报告、复试检测报告等文件齐全。

（2）在水泥稳定土层施工前，应取有代表性的土样进行下列土工试验：

1）颗粒分析。

2）液限和塑性指数。

3）击实试验。

4）砾石的压碎值试验。

5）有机质含量（必要时做）。

6）硫酸盐含量（必要时做）。

（3）石灰应做有效氧化钙和氧化镁含量试验、细度和含水量等试验。

（4）水泥应检验强度等级、凝结时间和安定性等指标。

（5）检查水泥稳定土配合比、混合料的最佳含水量、最大干密度、压实度是否符合设计要求。

（6）集中搅拌水泥稳定土类材料是否符合以下规定：

1）集料应过筛，级配应符合设计要求。

2）混合料配合比应符合要求，计量准确；含水量应符合施工要求，并搅拌均匀。

3）搅拌厂应向现场提供产品合格证及水泥用量、粒料级配、混合料配合比、R7 强度标准值。

4）水泥稳定土类材料运输时，应采取措施防止水分损失。

（7）其他要点参见"混合料拌制（厂拌）"中相关内容。

2. 摊铺、碾压与养生

(1) 水泥稳定土的下承层已施工完毕并交验。

(2) 检查水泥土基层的下承层：表面应平整、坚实，各项检测必须符合有关规定。检测项目包括压实度、弯沉、平整度、纵断高程、中线偏差、宽度、横坡度、边坡等。

(3) 按施工要求在老路面或土基上恢复中线，加密坐标点、水准点控制网。直线段每10m设一桩，曲线段每5m设一桩，并在两侧路肩边缘外设指示桩，确定平面位置和高程。

(4) 大面积施工前应完成100~200m试验段施工，以确定合理的机械组合、碾压遍数、施工含水量、虚铺厚度以及生产能力等工艺指标，用以指导下步施工。

(5) 土质或粒料应符合设计和施工规范要求，土块应经粉碎，石灰必须充分消解，矿渣应分解稳定后才能使用。

(6) 水泥用量和矿料级配应按设计控制准确，摊铺时应消除离析现象。

(7) 检查并记录下承层病害或缺陷（如翻浆、冒浆、松散、积水、较为密集的裂缝等）处理情况。

(8) 对摊铺前基层（底基层）的纵、横接缝（如有）处理情况，中断或结束施工后纵、横接缝的处理情况进行检查。

(9) 摊铺施工过程中对运料车辆配置数量、运输距离、运输时间、覆盖情况、等待卸料车辆数量等进行监控，混合料从拌合到碾压终了的时间不应超过3~4h，并应短于水泥的终凝时间；对拌合至摊铺碾压的时间段如超出规定时间的，要予以铲除废弃并进行记录。

(10) 在基层（底基层）铺筑施工时，要对混合料的含水量、松铺厚度进行检测记录，如摊铺后含水量过高或含水量不足，应要求施工技术人员采取相应措施，保证在最佳含水量规定的范围内及时进行碾压施工。碾压时应先用轻型压路机稳压，后用重型压路机碾压至要求的压实度。

(11) 摊铺检查要点：

1) 施工前应通过试验确定压实系数。水泥土的压实系数宜为1.53~1.58；水泥稳定砂砾的压实系数宜为1.30~1.35。

2) 宜采用专用摊铺机械摊铺。

3) 水泥稳定土类材料自搅拌至摊铺完成，不应超过3h。应按当班施工长度计算用料量。

4) 分层摊铺时，应在下层养护7d后，方可摊铺上层材料。

(12) 在混合料摊铺与碾压施工过程中，对摊铺机和压路机的行走速度进行观测记录，应注意监控施工时机械的组合情况、压实遍数、轮迹重叠宽度等情况。对摊铺后出现的集料离析、拉痕等问题，应督促施工人员在碾压前及时进行处理。

(13) 碾压检查要点：

1) 应在含水量等于或略大于最佳含水量时进行。

2) 宜采用12~18t压路机作初步稳定碾压，混合料初步稳定后用大于18t的压路机碾压，压至表面平整、无明显轮迹，且达到要求的压实度。

3) 水泥稳定土类材料，宜在水泥初凝前碾压成活。

4）当使用振动压路机时，应符合环境保护和周围建筑物及地下管线、构筑物的安全要求。

（14）在碾压完成后应及时进行压实度抽检，对抽检的压实度与厚度进行记录。对压实度不足的段落应在规定的时间内及时进行补压并达到合格。

（15）纵、横接缝均应设直槎。接缝检查要点：

1）纵向接缝宜设在路中线处。接缝应做成阶梯形，梯级宽不应小于1/2层厚。

2）横向接缝应尽量减少。

（16）碾压完成后，对基层（底基层）表面外观质量情况及采取的养生措施等进行记录。

（17）养护是否符合以下规定：

1）基层宜采用洒水养护，保持湿润。采用乳化沥青养护，应在其上撒布适量石屑。

2）养护期间应封闭交通。

3）常温下成活后应经7d养护，方可在其上铺筑面层。

2.3.4 石灰、粉煤灰稳定砂砾基层监理要点

1. 混合料拌制（厂拌）

（1）水泥、石灰、粉煤灰、砂砾经进场检验、取样复试合格。产品合格证、出厂检验报告、复试检测报告等文件齐全。

（2）检查石灰、粉煤灰、砂砾（碎石）配合比、混合料的最佳含水量、最大干密度、压实度是否符合设计要求。

（3）宜采用强制式搅拌机拌制，并应符合下列要求：

1）搅拌时应先将石灰、粉煤灰搅拌均匀，再加入砂砾（碎石）和水搅拌均匀。混合料含水量宜略大于最佳含水量。

2）拌制石灰粉煤灰砂砾均应做延迟时间试验，以确定混合料在贮存场存放时间及现场完成作业时间。

3）混合料含水量应视气候条件适当调整。

（4）搅拌厂应向现场提供产品合格证及石灰活性氧化物含量、粒料级配、混合料配合比及 R7 强度标准值的资料。

2. 摊铺、碾压与养生

（1）认真审核设计图纸，编制路面基层施工方案已经审批，并向有关人员进行技术交底。

（2）大面积施工前应完成试验段施工，通过试验段确定合理的机械组合、碾压遍数、施工含水量、虚铺厚度以及生产能力等工艺指标。

（3）检查下承层表面要平整、坚实，具有规定的路拱，宽度、高程、平整度、压实度、弯沉或 CBR 值符合要求。下承层已经过检查验收，并办理交接手续。

（4）当下承层为新施工的水泥稳定或石灰稳定层时，应确保其养生7d以上。当下承层为土基时，必须用10t以上压路机碾压3～4遍，过干或表层松散时应适当洒水，对过湿有弹簧现象应挖开晾晒、换土或掺石灰、水泥处理。当下承层为老路面时，应将老路面的低注、坑洞、搓板、辙槽及松散处处理好。

（5）摊铺检查要点：

1）混合料在摊铺前其含水量宜在最佳含水量的允许偏差范围内。

2）混合料每层最大压实厚度应为 20cm，且不宜小于 10cm。

3）摊铺中发生粗、细集料离析时，应及时翻拌均匀。

4）其他检查要点，参见本书 2.3.2 中相关内容。

（6）碾压检查要点，参见本书 2.3.2 中相关内容。

（7）养护是否符合以下规定：

1）混合料基层，应在潮湿状态下养护。养护期视季节而定，常温下不宜少于 7d。

2）采用洒水养护时，应及时洒水，保持混合料湿润；采用喷洒沥青乳液养护时，应及时在乳液面撒嵌丁料。

3）养护期间宜封闭交通。需通行的机动车辆应限速，严禁履带车辆通行。

2.3.5 石灰、粉煤灰、钢渣稳定土类基层监理要点

1. 混合料拌制（厂拌）

（1）石灰、粉煤灰、钢渣经进场检验、取样复试合格。产品合格证、出厂检验报告、复试检测报告等文件齐全。

（2）检查石灰、粉煤灰、钢渣混合料配合比设计、混合料的最佳含水量、最大干密度、压实度是否符合设计要求。

（3）其他检查要点，参见本书 2.3.4 相关内容。

2. 摊铺、碾压与养生

（1）检查下承层：其表面应平整、坚实，压实度、平整度、纵断高程、中线偏差、宽度、横坡度、边坡等各项指标应符合设计要求和有关规范规定。

（2）恢复施工段的中线，直线段每 20m 设一中桩，平曲线每 10m 设一中桩。

（3）拌合设备的预拌调试：通过预拌，并对混合料进行石灰剂量、强度、筛分、击实、含水量等指标的测试，以完成对拌合站控制参数的调试。

（4）完成试验段施工，编制试验段总结报告并履行审批手续或批复完成。正式施工作业以前，要选择具有代表性的路段，进行 200m 左右的试验段施工，以确定虚铺系数和施工设备的组合、数量以及摊铺压实工艺等。

（5）其他检查要点，参见本书 2.3.4 中相关内容。

2.3.6 级配砂砾及级配砾石基层监理要点

（1）级配砂砾及级配砾石质量检查：

1）天然砂砾应质地坚硬，含泥量不应大于砂质量（粒径小于 5mm）的 10%，砾石颗粒中细长及扁平颗粒的含量不应超过 20%。

2）级配砾石用于城市次干路及其以下道路底基层时，级配中最大粒径宜小于 53mm，做基层时最大粒径不应大于 37.5mm。

3）级配砂砾及级配砾石的颗粒范围和技术指标宜符合《城镇道路工程施工与质量验收规范》CJJ 1—2008 的规定。

4）集料压碎值应符合《城镇道路工程施工与质量验收规范》CJJ 1—2008 的规定。

（2）级配碎（砾）石的下承层表面应平整、坚实，并验收合格。检测项目包括压实度、弯沉（封顶层）、平整度、纵断高程、中线偏差、宽度、横坡度等。

（3）摊铺检查要点：

1）压实系数应通过试验段确定。每层摊铺虚厚不宜超过 30cm。

2）砂砾应摊铺均匀一致，发生粗、细骨料集中或离析现象时，应及时翻拌均匀。

3）摊铺长度至少为一个碾压段 30～50m。

（4）碾压成活检查要点：

1）碾压前应洒水，洒水量应使全部砂砾湿润，且不导致其层下翻浆。

2）碾压过程中应保持砂砾湿润。

3）碾压时应自路边向路中倒轴碾压。采用 12t 以上压路机进行，初始碾速宜为 25～30m/min；砂砾初步稳定后，碾速宜控制在 30～40m/min。碾压至轮迹不应大于 5mm，砂石表面应平整、坚实，无松散和粗、细集料集中等现象。

4）上层铺筑前，不得开放交通。

2.3.7　级配碎石及级配碎砾石基层监理要点

（1）级配碎石及级配碎砾石材料质量检查：

1）轧制碎石的材料可为各种类型的岩石（软质岩石除外）、砾石。轧制碎石的砾石粒径应为碎石最大粒径的 3 倍以上，碎石中不应有黏土块、植物根叶、腐殖质等有害物质。

2）碎石中针片状颗粒的总含量不应超过 20％。

3）级配碎石及级配碎砾石颗粒范围和技术指标应符合《城镇道路工程施工与质量验收规范》CJJ 1—2008 的规定。

4）级配碎石及级配碎砾石石料的压碎值应符合《城镇道路工程施工与质量验收规范》CJJ 1—2008 的规定。

5）碎石或碎砾石应为多棱角块体，软弱颗粒含量应小于 5％；扁平细长碎石含量应小于 20％。

（2）检查下承层：表面应平整、坚实，并验收合格。检测项目包括压实度、弯沉（封顶层）、平整度、纵断高程、中线偏差、宽度、横坡度等。

（3）运输、摊铺、碾压等设备及施工人员已就位；拌合及摊铺设备已调试运转良好。

（4）施工现场运输道路畅通。

（5）级配碎（砾）石已检验、试验合格。

（6）施工方案编制、审查已完成。

（7）试验段施工选取 100～200m 的具有代表性的路段，并采用计划用于主体工程的材料、配合比、压实设备和施工工艺进行实地铺筑试验，已确定在不同压实条件下达到设计压实度时的松铺厚度、压实系数、压实机械组合、最少压实遍数和施工工艺流程等。

（8）摊铺施工监理要点：

1）宜采用机械摊铺符合级配要求的厂拌级配碎石或级配碎砾石。

2）压实系数应通过试验段确定，人工摊铺宜为 1.40～1.50；机械摊铺宜为 1.25～1.35。

3）摊铺碎石每层应按虚厚一次铺齐，颗粒分布应均匀，厚度一致，不得多次找补。

4）已摊平的碎石，碾压前应断绝交通，保持摊铺层清洁。

（9）碾压除应遵守《城镇道路工程施工与质量验收规范》CJJ 1—2008 第 7.2 节的有关规定外，是否符合以下规定：

1）碾压前和碾压中应适量洒水。

2）碾压中对有过碾现象的部位，应进行换填处理。

（10）成活检查要点：

1）碎石压实后及成活中应适量洒水。

2）视压实碎石的缝隙情况撒布嵌缝料。

3）宜采用 12t 以上的压路机碾压成活，碾压至缝隙嵌挤应密实，稳定坚实，表面平整，轮迹小于 5mm。

4）未铺装上层前，对已成活的碎石基层应保持养护，不得开放交通。

2.4 沥青混合料面层监理要点

2.4.1 一般要点

1. 施工准备

（1）基层高程、宽度、横坡、轴线已经过测量复核，施工单位上报施工单位报审表，并由监理工程师复核签认，后附相关施工记录。

（2）进场的沥青摊铺机、压路机等设备已报验并经专业监理工程师签认。

（3）完成各类原材料检测并报验经过审查批准（见证取样，专业监理工程师审批）已完成所需原材料，沥青面层配合比试验，并经专业监理工程师核准配合比是否正常，厂家应提供资质证书及备案证书。

（4）施工准备阶段其他监理要点，参见表 1-17 中相关内容。

2. 旧路面处理

（1）当采用旧沥青路面作为基层加铺沥青混合料面层时，应对原有路面进行处理、整平或补强，符合设计要求，是否符合以下规定：

1）符合设计强度、基本无损坏的旧沥青路面经整平后可作基层使用。

2）旧路面有明显损坏，但强度能达到设计要求的，应对损坏部分进行处理。

3）填补旧沥青路面，凹坑应按高程控制、分层铺筑，每层最大厚度不宜超过 10cm。

（2）旧路面整治处理中刨除与铣刨产生的废旧沥青混合料应集中回收，再生利用。

（3）当旧水泥混凝土路面作为基层加铺沥青混合料面层时，应对原水泥混凝土路面进行处理，整平或补强，并检查是否符合以下规定：

1）对原混凝土路面应作弯沉试验，符合设计要求，经表面处理后，可作基层使用。

2）对原混凝土路面层与基层间的空隙，应填充处理。

3）对局部破损的原混凝土面层应剔除，并修补完好。

4）对混凝土面层的胀缝、缩缝、裂缝应清理干净，并应采取防反射裂缝措施。

2.4.2 热拌沥青混合料面层监理要点

1. 沥青混合料拌制、运输

（1）沥青、碎石、矿粉、砂、改性剂、稳定剂、木质素纤维、乳化剂等应有产品合格证或质量检验报告，进厂后应按有关规定取样复试。

（2）检查沥青混合料集中搅拌站的资质。

（3）自行设置集中搅拌站的检查要点：

1）搅拌站的设置必须符合国家有关环境保护、消防、安全等规定。

2）搅拌站与工地现场距离应满足混合料运抵现场时，施工对温度的要求，且混合料不离析。

3）搅拌站贮料场及场内道路应做硬化处理，具有完备的排水设施。

4）各种集料（含外掺剂、混合料成品）必须分仓贮存，并有防雨设施。

5）搅拌机必须设二级除尘装置。矿粉料仓应配置振动卸料装置。

6）采用连续式搅拌机搅拌时，使用的集料料源应稳定不变。

7）采用间歇式搅拌机搅拌时，搅拌能力应满足施工进度要求。冷料仓的数量应满足配合比需要，通常不宜少于 5～6 个。

8）沥青混合料搅拌设备的各种传感器必须按规定周期检定。

9）集料与沥青混合料取样应符合现行试验规程的要求。

（4）搅拌设备检查要点：

1）检查冷料仓皮带传动轮转速与料仓斗门尺寸是否同确定生产配合比时确定的参数一致，还应重点检查热料仓各筛孔的孔径是否符合要求，检查筛孔的磨损状况，对磨损严重的要督促及时进行更换。

2）检查搅拌机配备计算机控制系统：应在生产过程中应逐盘采集材料用量和沥青混合料搅拌量、搅拌温度等各种参数，利于指导生产。

3）检查电子计量设备是否正常，检验设备合格期标定是否在有效期内。

（5）对拌合站的沥青、矿粉、碎石等原材料进行检查，核查新进场材料的名称、规格、来源、进场数量、抽检是否合格等。对有疑问的原材料要进行复检，合格后方可使用，特别是沥青进场的检测，要做到车车检测，并留样备查。要特别注意检查沥青、油料等材料物资的存放位置及安全防范措施到位情况。注意矿粉的防雨、防潮措施，做好对回收废料（回收矿粉等）的处理情况的检查与记录，不得将回收废料再次使用。

（6）沥青混合料的矿料质量及矿料级配应符合设计要求和施工规范要求。

（7）对沥青混合料拌制过程中打印的配合比同生产配合比进行对比，检验其符合性并予以记录。

（8）严格控制各种矿料和沥青用量及各种材料和沥青混合料的加热温度，沥青材料及混合料的各项指标应符合设计和《城镇道路工程施工与质量验收规范》CJJ 1—2008 的要求。

（9）控制沥青混合料搅拌时间：应经试拌确定，以沥青均匀裹覆集料为度。间歇式搅拌机每盘的搅拌周期不宜少于 45s，其中干拌时间不宜少于 5～10s。改性沥青和 SMA 混合料的搅拌时间应适当延长。

（10）生产添加纤维的沥青混合料时，搅拌机应配备同步添加投料装置，搅拌时间宜延长 5s 以上。

（11）检查沥青混合料的贮存：用成品仓贮存沥青混合料，贮存期混合料降温不得大于 10℃。贮存时间普通沥青混合料不得超过 72h；改性沥青混合料不得超过 24h；SMA 混合料应当日使用；OGFC 应随拌随用。

（12）拌合后的沥青混合料应均匀一致，无花白，无粗细料分离和结团成块现象。

（13）在沥青拌合混合料过程中，应按规定频率对拌制的混合料进行抽检，记录抽检的时间、油石比、沥青加热温度、出料温度等。

（14）检查督促施工人员对每车混合料的车辆编号、出场时间、出场温度、覆盖情况、使用的结构层位等进行详细的记录，根据铺筑现场监理的需要及时提供混合料出场记录信息。

（15）废料应在指定地点堆放和处理，不得随意堆弃，防止造成环境污染。

（16）沥青混合料出厂时，应逐车检测沥青混合料的质量和温度，并附带载有出厂时间的运料单。不合格品不得出厂。

（17）热拌沥青混合料的运输检查要点：

1）热拌沥青混合料宜采用与摊铺机匹配的自卸汽车运输。

2）运料车装料时，应防止粗细集料离析。

3）运料车应具有保温、防雨、防混合料遗撒与沥青滴漏等功能。

4）沥青混合料运输车辆的总运力应比搅拌能力或摊铺能力有所富余。

5）沥青混合料运至摊铺地点，应对搅拌质量与温度进行检查，合格后方可使用。

2. 沥青混合料的摊铺、压实

（1）审查施工单位编制的沥青混凝土路面施工计划和施工方案，并检查其交底情况。

（2）热拌沥青混合料铺筑前，监理人员应复查基层和附属构筑物质量，确认符合要求，并对施工机具设备进行检查，确认处于良好状态。

（3）检查下承层或基层，必须碾压密实，表面干燥、清洁、无浮土，其平整度和路拱度应符合要求。检查并记录封层、透层、粘层油洒布情况。

（4）沥青混凝土下面层必须在基层验收合格并清扫干净、喷洒乳化沥青 24h 后方可进行施工。

（5）沥青混凝土下面层施工应在路缘石安装完成并经监理验收合格后进行。路缘石与沥青混合料接触面应涂刷粘结油。

（6）沥青混凝土中、表面层施工前，应对下面层和桥面混凝土铺装进行质量检测汇总。对存在缺陷部分进行必要的铣刨处理。

（7）沥青混凝土中、表面层施工应在下面层及桥面防水层施工完成经监理验收合格后进行。对中、下面层表面泥泞、污染等必须清理干净并喷洒粘层油。

（8）各层沥青混合料应满足所在层位的功能性要求，便于施工，不得离析。各层应连续施工并连结成一体。

（9）对摊铺前沥青面层的纵、横接缝（如有）处理情况，中断或结束施工后纵、横接缝的处理情况进行检查。要注意检查和控制横向接缝处路面的平整度，督促施工技术人员用直尺检测并对影响接缝处平整度的部分进行切割，在切割的垂直面涂刷沥青处理。

（10）摊铺施工过程中对运料车辆配置数量、运输距离、运输时间、覆盖情况、等待卸料车辆数量等进行监控。

（11）城市快速路、主干路宜采用两台以上摊铺机联合摊铺。每台机器的摊铺宽度宜小于 6m。表面层宜采用多机全幅摊铺，减少施工接缝。

（12）摊铺沥青混合料应均匀、连续不间断，不得随意变换摊铺速度或中途停顿。摊铺速度宜为 2～6m/min。摊铺时螺旋送料器应不停顿地转动，两侧应保持有不少于送料器高度 2/3 的混合料，并保证在摊铺机全宽度断面上不发生离析。熨平板按所需厚度固定后不得随意调整。

（13）摊铺层发生缺陷应找补，并停机检查，排除故障。

（14）路面狭窄部分、平曲线半径过小的匝道小规模工程可采用人工摊铺。

（15）在沥青面层铺筑施工时，应严格控制摊铺厚度和平整度，避免离析。

（16）对摊铺时出现的集料花白、结团、离析、拉痕等问题，应督促施工人员在碾压前及时进行处理。

（17）注意控制摊铺温度和碾压温度，对混合料到场温度、摊铺温度、碾压温度、松铺厚度、摊铺机行走速度等均要认真检测并记录，对温度超出设计或 CJJ 1 规定的混合料要予以废弃或铲除并进行记录。

（18）热拌沥青混合料的压实检查要点：

1）应选择合理的压路机组合方式及碾压步骤，以达到最佳碾压结果。沥青混合料压实宜采用钢筒式静态压路机与轮胎压路机或振动压路机组合的方式压实。

2）压实应按初压、复压、终压（包括成形）三个阶段进行。压路机应以慢而均匀的速度碾压，压路机的碾压速度宜符合设计或 CJJ 1 的规定。

3）保证沥青混合料在规定的温度范围内及时进行压实至设计或规范要求的密实度。

4）在沥青混合料压压施工过程中，对压路机的行走速度进行观测记录，应注意监控施工时机械的组合情况、压实遍数、轮迹重叠宽度等情况。

（19）接缝施工检查要点：

1）沥青混合料面层的施工接缝应紧密、平顺。

2）上、下层的纵向热接缝应错开 15cm；冷接缝应错开 30～40cm。相邻两幅及上、下层的横向接缝均应错开 1m 以上。

3）表面层接缝应采用直槎，以下各层可采用斜接槎，层较厚时也可做阶梯形接槎。

4）对冷接槎施作前，应在槎面涂少量沥青并预热。

（20）对路面与路缘石结合部要注意检查，保证压实机械碾压到位，机械碾压不上的必须采取其他措施保证结合部的压实，对因机械挤靠而造成路缘石移位的段落，应要求施工单位随后重新进行安装处理并进行记录。

（21）在碾压完成后应检测路面温度，热拌沥青混合料路面应待摊铺层自然降温至表面温度低于 50℃后。方可开放交通。

2.4.3　冷拌沥青混合料面层监理要点

（1）冷拌沥青混合料宜采用乳化沥青或液体沥青拌制，也可采用改性乳化沥青。

（2）冷拌沥青混合料宜采用密级配，当采用半开级配的冷拌沥青碎石混合料路面时，应铺筑上封层。

(3) 冷拌沥青混合料宜采用厂拌，施工时，应采取防止混合料离析的措施。

(4) 检查并记录生产设备状态、打印设备情况、沥青加热温度是否符合设计和 CJJ 1 的要求。

(5) 检查沥青等材料物资的存放位置及安全防范措施到位情况。注意腐蚀性原料的人身安全及操作过程中的注意事项等。

(6) 当采用阳离子乳化沥青搅拌时，宜先用水湿润集料。

(7) 混合料的搅拌时间应通过试拌确定。机械搅拌时间不宜超过 30s，人工搅拌时间不宜超过 60s。

(8) 已拌好的混合料应立即运至现场摊铺，并在乳液破乳前结束。在搅拌与摊铺过程中已破乳的混合料，应予废弃。

(9) 在乳化沥青制备过程中，应按规定对生产的乳化沥青进行抽检，记录抽检的时间、沥青（或改性沥青）温度、乳化剂添加量、皂液温度、皂液 pH 值、成品乳化沥青温度等。对乳化沥青生产过程中打印的配方要求同设计配方要求进行对比，检验其符合性并予以记录。

(10) 对于生产出的乳化沥青，在测试其指标合格后方可使用。对于不符合标准的不合格乳化沥青，要确定为废料并予以记录。废料应在指定地点堆放和处理，不得随意堆弃，防止造成环境污染。

(11) 冷拌沥青混合料摊铺后宜采用 6t 压路机初压初步稳定，再用中型压路机碾压。当乳化沥青开始破乳，混合料由褐色转变成黑色时，应改用 12～15t 轮胎压路机复压，将水分挤出后暂停碾压，待水分基本蒸发后继续碾压至轮迹小于 5mm，表面平整，压实度符合要求为止。

(12) 冷拌沥青混合料路面的上封层应在混合料压实成型，且水分完全蒸发后施工。

(13) 冷拌沥青混合料路面施工结束后宜封闭交通 2～6h，并应做好早期养护。开放交通初期车速不得超过 20km/h，不得在其上刹车或掉头。

(14) 其他检查要点，参见本书 2.4.2 中相关内容。

2.4.4 沥青透层、粘层与封层监理要点

当气温低于 10℃时，不得进行透层、粘层及封层施工，风力大于 5 级或即将降雨时，不得浇洒透层油，当路面潮湿时不得浇洒粘层沥青。透层、粘层及封层施工前，下承层必须经监理工程师验收。

1. 透层

(1) 用作透层油的基质沥青的针入度不宜小于 100。液体沥青的黏度应通过调节稀释剂的品种和掺量经试验确定。

(2) 透层油的用量与渗透深度宜通过试洒确定，不宜超出设计或 CJJ 1 的规定。

(3) 用于石灰稳定土类或水泥稳定土类基层的透层油宜紧接在基层碾压成形后表面稍变干燥，但尚未硬化的情况下喷洒，洒布透层油后，应封闭各种交通。

(4) 透层油宜采用沥青洒布车或手动沥青洒布机喷洒。洒布设备喷嘴应与透层沥青匹配，喷洒应呈雾状，洒布管高度应使同一地点接受 2～3 个喷油嘴喷洒的沥青。

（5）透层油应洒布均匀，有花白遗漏应人工补洒，喷洒过量的应立即撒布石屑或砂吸油，必要时作适当碾压。

（6）透层油洒布后的养护时间应根据透层油的品种和气候条件由试验确定。液体沥青中的稀释剂全部挥发或乳化沥青水分蒸发后，应及时铺筑沥青混合料面层。

2. 粘层

（1）双层式或多层式热拌热铺沥青混合料面层之间应喷洒粘层油，或在水泥混凝土路面、沥青稳定碎石基层、旧沥青路面层上加铺沥青混合料层时，应在既有结构和路缘石、检查井等构筑物与沥青混合料层连接面喷洒粘层油。

（2）粘层油宜采用快裂或中裂乳化沥青、改性乳化沥青，也可采用快、中凝液体石油沥青，检查其规格和用量，应符合设计或 CJJ 1 的规定。所使用的基质沥青标号宜与主层沥青混合料相同。

（3）检查粘层油品种和用量：应根据下卧层的类型通过试洒确定，并应符合设计或 CJJ 1 的规定。当粘层油上铺筑薄层大孔隙排水路面时，粘层油的用量宜增加到 $0.6\sim$ $1.01/m^2$。沥青层间兼做封层的粘层油宜采用改性沥青或改性乳化沥青，其用量不宜少于 $1.01/m^2$。

（4）粘层油宜在摊铺面层当天洒布。

（5）粘层沥青应均匀洒布或涂刷，浇洒过量处应予刮除，洒布不到部分，采用人工进行补洒。在路缘石、雨水口、检查井等局部应用刷子人工涂刷。

（6）粘层油喷洒监理要点，参见上述"透层"相关内容。

3. 封层

（1）封层油宜采用改性沥青或改性乳化沥青。

（2）检查集料质量：应质地坚硬、耐磨、洁净、粒径级配应符合要求。

（3）用于稀浆封层的混合料其配合比应经设计、试验，符合要求后方可使用。

（4）下封层宜采用层铺法表面处治或稀浆封层法施工。沥青（乳化沥青）和集料用量应根据配合比设计确定。

（5）沥青应洒布均匀、不露白，封层应不透水。

2.5　沥青贯入式与沥青表面处治监理要点

2.5.1　沥青贯入式面层监理要点

（1）检查已验收合格的基层及安砌的侧石、缘石窨井、雨水井等其他附属构筑物是否符合要求。

（2）检测面层的施工放样，边线及中线的控制高程。

（3）各层沥青的洒布监理要点，参见上述"透层"中相关内容。

（4）在主层集料撒布时，监理工程师应检查其松铺厚度、平整度及均匀度。使之随喷洒沥青油，随撒布嵌缝料，随扫填均匀，不得有重叠现象，个别有不均匀处，应及时找补。

（5）监理工程师应检查浇洒透层油的用量、厚度及均匀度。

（6）控制沥青或乳化沥青的浇洒温度，应根据沥青标号及气温情况选择。采用乳化沥青时，应在碾压稳定后的主集料上先撒布一部分嵌缝料，当需要加快破乳速度时，可将乳液加温，乳液温度不得超过 60℃。每层沥青完成浇洒后，应立即撒布相应的嵌缝料，嵌缝料应撒布均匀。使用乳化沥青时，嵌缝料撒布应在乳液破乳前完成。

（7）控制初碾压遍数：嵌缝料撒布后应立即用 8～12t 钢筒式压路机碾压，碾压时应随压随扫，使嵌缝料均匀嵌入。至压实度符合设计要求、平整度符合规定为止。压实过程中严禁车辆通行。

（8）终碾后即可开放交通，且应设专人指挥交通，以使面层全部宽度均匀压实。面层完全成型前，车速度不得超过 20km/h。

2.5.2　沥青表面处治面层监理要点

（1）检查基层整修是否平整完好，杂物浮土是否清除干净。

（2）检验石料规格及技术指标，并对沥青针入度、软化点等技术性能进行抽检。

（3）检查喷洒沥青的速度和喷洒量，洒布宽度范围内喷洒应均匀，不得有油包、油丁、波浪、泛油现象，不得污染其他构筑物。

（4）严格控制沥青表面处治施工各工序应紧密衔接，撒布各层沥青后均应立即用集料撒布机撒布相应的集料。每个作业段长度应根据施工能力确定，并在当天完成。人工撒布集料时，应等距离划分段落备料。

（5）控制沥青表面处治面层的沥青洒布温度，应根据气温及沥青标号选择，石油沥青宜为 130～170℃，乳化沥青乳液温度不宜超过 60℃。洒布车喷洒沥青纵向搭接宽度宜为 10～15cm，洒布各层沥青的搭接缝应错开。

（6）摊铺与碾压监理要点，参见本书 2.3.7 中相关内容。嵌缝料应采用轻、中型压路机边碾压、边扫墁，及时追补集料，集料表面不得洒落沥青。

（7）沥青表面处治成型后，及时进行外观检查，并应做好初期养护工作。

2.6　水泥混凝土面层监理要点

2.6.1　一般要点

（1）基层高程、宽度、横坡、轴线已经过测量复核，施工单位上报施工单位报审表，并由监理工程师复核签认，后附相关施工记录。

（2）进场的混凝土搅拌机、振动梁、提浆泵等设备已报验并经专业监理工程师签认。

（3）完成各类原材料检测并报验经过审查批准（见证取样，专业监理工程师审批），已完成所需原材料，混凝土面层配合比试验，并经专业监理工程师核准配合比是否正常，如由厂家供应则应提供资质、备案证书并报验。

（4）基层质量必须符合规定要求，并应对基层的中心线、标高、宽度、坡度、平整度、回弹弯沉值、强度进行检测，验算的基层整体模量应满足设计要求。

（5）检查下承层病害或缺陷处理情况，检查、确认现场是否具备混凝土路面浇筑施工的条件。

（6）施工准备阶段其他监理要点，参见表 1-17 中相关内容。

2.6.2 模板与钢筋监理要点

1. 模板检查与安装

（1）模板应与混凝土的摊铺机械相匹配。模板高度应为混凝土板设计厚度。

（2）钢模板应直顺、平整，每 1m 设置 1 处支撑装置。

（3）木模板直线部分板厚不宜小于 5cm，每 0.8～1m 设 1 处支撑装置；弯道部分板厚宜为 1.5～3cm，每 0.5～0.8m 设 1 处支撑装置，模板与混凝土接触面及模板顶面应刨光。

（4）支模前应核对路面标高、面板分块、胀缝和构造物位置。

（5）模板应安装稳固、顺直、平整，无扭曲，相邻模板连接应紧密平顺，不应错位。

（6）严禁在基层上挖槽嵌入模板。

（7）使用轨道摊铺机应采用专用钢制轨模。

（8）模板安装完毕，应进行检验，合格后方可使用。

2. 钢筋加工与安装

（1）钢筋安装前应检查其原材料品种、规格与加工质量，确认符合设计规定。

（2）钢筋网、角隅钢筋等安装应牢固、位置准确。钢筋安装后应进行检查，合格后方可使用。

（3）传力杆安装应牢固、位置准确。胀缝传力杆应与胀缝板、提缝板一起安装。

（4）钢筋加工：实测钢筋网的长度与宽度、钢筋网眼尺寸、钢筋骨架宽度及高度、钢筋骨架长度的允许偏差应符合设计或 CJJ 1 的规定。

（5）钢筋安装：实测受力钢筋排拒和间距、钢筋弯起点位置、箍筋和横向钢筋间距、钢筋预埋位置、钢筋保护层的允许偏差应符合设计或 CJJ 1 的规定。

2.6.3 混凝土搅拌与运输监理要点

（1）混凝土搅拌检查要点：

1）混凝土的搅拌时间应按配合比要求与施工对其工作性要求经试拌确定最佳搅拌时间。每盘最长总搅拌时间宜为 80～120s。

2）外加剂宜稀释成溶液，均匀加入进行搅拌。

3）混凝土应搅拌均匀，出仓温度应符合施工要求。

4）当钢纤维体积率较高，搅拌物较干时，搅拌设备一次搅拌量不宜大于其额定搅拌量的 80%。

5）钢纤维混凝土的投料次序、方法和搅拌时间，应以搅拌过程中钢纤维不产生结团和满足使用要求为前提，通过试拌确定。

6）钢纤维混凝土严禁用人工搅拌。

（2）施工中应根据运距、混凝土搅拌能力、摊铺能力确定运输车辆的数量与配置。

（3）不同摊铺工艺的混凝土搅拌物从搅拌机出料到运输、铺筑完毕的允许最长时间应符合 CJJ 1 的规定。

（4）严格控制混凝土配合比，进行砂、碎石、水泥的计量和坍落度试验。

（5）混凝土运输中不得离析。

2.6.4　混凝土铺筑监理要点

（1）混凝土铺筑前应检查项目：

1）基层或砂垫层表面、模板位置、高程等符合设计要求。模板支撑接缝严密、模内洁净、隔离剂涂刷均匀。

2）钢筋、预埋胀缝板的位置正确，传力杆等安装符合要求。

3）混凝土搅拌、运输与摊铺设备，状况良好。

（2）三辊轴机组铺筑检查要点：

1）卸料应均匀，布料应与摊铺速度相适应。

2）设有接缝拉杆的混凝土面层，应在面层施工中及时安设拉杆。

3）三辊轴整平机分段整平的作业单元长度宜为 20～30m，振捣机振实与三辊轴整平工序之间的时间间隔不宜超过 15min。

4）在一个作业单元长度内，应采用前进振动、后退静滚方式作业，最佳滚压遍数应经过试铺确定。

（3）采用轨道摊铺机铺筑检查要点：

1）最小摊铺宽度不宜小于 3.75m。

2）坍落度宜控制在 20～40mm。

3）轨道摊铺机应配备振捣器组，当面板厚度超过 150mm、坍落度小于 30mm 时，必须插入振捣。

4）轨道摊铺机应配备振动梁或振动板对混凝土表面进行振捣和修整。使用振动板振动提浆饰面时，提浆厚度宜控制在（44±1）mm。

5）面层表面整平时，应及时清除余料，用抹平板完成表面整修。

（4）人工小型机具施工检查要点：

1）混凝土松铺系数宜控制在 1.10～1.25。

2）摊铺厚度达到混凝土板厚的 2/3 时，应拔出模内钢钎，并填实钎洞。

3）混凝土面层分两次摊铺时，上层混凝土的摊铺应在下层混凝土初凝前完成，且下层厚度宜为总厚的 3/5。

4）混凝土摊铺应与钢筋网、传力杆及边缘角隅钢筋的安放相配合。

5）一块混凝土板应一次连续浇筑完毕。

6）混凝土使用插入式振捣器振捣时，不应过振，且振动时间不宜少于 30s，移动间距不宜大于 50cm。使用平板振捣器振捣时应重叠 10～20cm，振捣器行进速度应均匀一致。

（5）真空脱水作业检查要点：

1）真空脱水应在面层混凝土振捣后、抹面前进行。

2）开机后应逐渐升高真空度，当达到要求的真空度，开始正常出水后，真空度应保持稳定，最大真空度不宜超过 0.085MPa，待达到规定脱水时间和脱水量时，应逐渐减小真空度。

3）真空系统安装与吸水垫放置位置，应便于混凝土摊铺与面层脱水，不得出现未经吸水的脱空部位。

4）混凝土试件，应与吸水作业同条件制作、同条件养护。

5）真空吸水作业后，应重新压实整平，并拉毛、压痕或刻痕。

（6）面层成活检查要点：

1）现场应采取防风、防晒等措施；抹面拉毛等应在跳板上进行，抹面时严禁在板面上洒水、撒水泥粉。

2）采用机械抹面时，真空吸水完成后即可进行。先用带有浮动圆盘的重型抹面机粗抹，再用带有振动圆盘的轻型抹面机或人工细抹一遍。

3）混凝土抹面不宜少于 4 次，先找平抹平，待混凝土表面无泌水时再抹面，并依据水泥品种与气温控制抹面间隔时间。

（7）混凝土面层应拉毛、压痕或刻痕，其平均纹理深度应为 1～2mm。

（8）横缝施工检查要点：

1）胀缝间距应符合设计规定，缝宽宜为 20mm。在与结构物衔接处、道路交叉和填挖土方变化处，应设胀缝。

2）胀缝上部的预留填缝空隙，宜用提缝板留置。提缝板应直顺，与胀缝板密合、垂直于面层。

3）缩缝应垂直板面，宽度宜为 4～6mm。切缝深度：设传力杆时，不应小于面层厚的 1/3，且不得小于 70mm；不设传力杆时不应小于面层厚的 1/4，且不应小于 60mm。

4）机切缝时，宜在水泥混凝土强度达到设计强度 25%～30% 时进行。

（9）当施工现场的气温高于 30℃、搅拌物温度在 30～35℃、空气相对湿度小于 80% 时，混凝土中宜掺缓凝剂、保塑剂或缓凝减水剂等。切缝应视混凝土强度的增长情况，比常温施工适度提前。铺筑现场宜设遮阳棚。

（10）控制拆模时间：混凝土抗压强度达 8.0MPa 及以上方可拆模。当缺乏强度实测数据时，侧模允许最早拆模时间宜符合设计或 CJJ 1 的规定。

2.6.5 面层养护与填缝监理要点

（1）水泥混凝土面层成活后，应及时养护。可选用保湿法和塑料薄膜覆盖等方法养护。气温较高时，养护不宜少于 14d；低温时，养护期不宜少于 21d。

（2）昼夜温差大的地区，应采取保温、保湿的养护措施。

（3）养护期间应封闭交通，不应堆放重物；养护终结，应及时清除面层养护材料。

（4）混凝土板在达到设计强度的 40% 以后，方可允许行人通行。

（5）混凝土板养护期满后应及时填缝，缝内遗留的砂石、灰浆等杂物，应剔除干净。

（6）应按设计要求选择填缝料，并根据填料品种制定工艺技术措施。

（7）浇注填缝料必须在缝槽干燥状态下进行，填缝料应与混凝土缝壁粘附紧密，不渗水。

（8）填缝料的充满度应根据施工季节而定，常温施工应与路面平，冬期施工，宜略低于板面。

（9）在面层混凝土弯拉强度达到设计强度，且填缝完成前，不得开放交通。

2.7 铺砌式面层监理要点

2.7.1 料石面层监理要点

（1）基层高程、宽度、横坡、轴线已经过测量复核，施工单位上报施工单位报审表，并由监理工程师复核签认，后附相关施工记录。

（2）开工前，应选用符合设计要求的料石。当设计无要求时，宜优先选择花岗岩等坚硬、耐磨、耐酸石材，石材应表面平整、粗糙，表面纹理垂直于板边沿，不得有斜纹、乱纹现象，边沿直顺、四角整齐，不得有凹凸不平现象。

1）检查料石石材的物理性能和外观质量，应符合 CJJ 1 的规定。

2）检查料石加工尺寸允许偏差，应符合 CJJ 1 的规定。

（3）对基层进行验收，经签认合格。

（4）铺砌应采用干硬性水泥砂浆，虚铺系数应经试验确定。砂浆平均抗压强度等级应符合设计规定，任一组试件抗压强度最低值不应低于设计强度的 85％。

（5）铺砌控制基线的设置距离，直线段宜为 5～10m，曲线段应视情况适度加密。

（6）当采用水泥混凝土做基层时，铺砌面层胀缝应与基层胀缝对齐。

（7）铺砌中砂浆应饱满，且表面平整、稳定、缝隙均匀。与检查井等构筑物相接时，应平整、美观，不得反坡。不得采用在料石下填塞砂浆或支垫方法找平。

（8）伸缩缝材料应安放平直，并应与料石粘贴牢固。

（9）在铺装完成并检查合格后，应及时灌缝。表面应平整、稳固、无翘动，缝线直顺、灌缝饱满，无反坡积水现象。

（10）铺砌面层完成后，必须封闭交通，并应湿润养护，当水泥砂浆达到设计强度后。方可开放交通。

2.7.2 预制混凝土砌块面层监理要点

（1）基层高程、宽度、横坡、轴线已经过测量复核，施工单位上报施工单位报审表，并由监理工程师复核签认，后附相关施工记录。

（2）核查混凝土预制砌块的出厂合格证、生产日期和混凝土原材料、配合比、弯拉、抗压强度试验结果资料。

（3）对基层进行验收，经签认合格。

（4）铺装前应进行外观检查与强度试验抽样检验（含见证抽样）。

（5）预制砌块表面应平整、粗糙。

（6）复查砌块的弯拉或抗压强度，应符合设计规定。当砌块边长与厚度比小于 5 时应以抗压强度控制。

（7）复查砌块的耐磨性试验，磨坑长度不得大于 35mm，吸水率应小于 8％，其抗冻性应符合设计规定。

（8）检查砌块加工尺寸与外观质量，允许偏差应符合 CJJ1 的规定。

（9）砂浆平均抗压强度等级应符合设计规定，任一组试件抗压强度最低值不应低于设计强度的 85%。

（10）混凝土砌块铺砌与养护应符合本书 2.7.1 中相关内容。

2.8　人行道、广场与停车场监理要点

2.8.1　人行道铺装监理要点

1. 料石与预制砌块铺砌人行道面层

（1）基层高程、宽度、横坡、轴线已经过测量复核，施工单位上报施工单位报审表，并由监理工程师复核签认，后附相关施工记录。

（2）核查料石、混凝土预制砌块的出厂合格证、生产日期和混凝土原材料、配合比、强度、耐磨性能试验结果资料。

（3）对基层进行验收，经签认合格。

（4）检查料石，应表面平整、粗糙，色泽、规格、尺寸，应符合设计要求，其抗压强度不宜小于 80MPa，且应符合 CJJ 1 的要求。料石加工尺寸允许偏差应符合 CJJ 1 的规定。

（5）检查水泥混凝土预制人行道砌块的抗压强度，应符合设计规定，设计未规定时，不宜低于 30MPa。砌块应表面平整、粗糙、纹路清晰、棱角整齐，不得有蜂窝、露石、脱皮等现象；彩色道砖应色彩均匀。预制人行道砌块加工尺寸与外观质量允许偏差应符合 CJJ 1—2008 表 11.2.1 的规定。

（6）人行道应与相邻构筑物接顺，不得反坡。

（7）盲道铺砌除应符合"铺砌式面层"的相关内容外，尚应遵守下列规定：

1）行进盲道砌块与提示盲道砌块不得混用。

2）盲道必须避开树池、检查井、杆线等障碍物。

（8）路口处盲道应铺设为无障碍形式。

2. 沥青混合料铺筑人行道面层

（1）基层高程、宽度、横坡、轴线已经过测量复核，施工单位上报施工单位报审表，并由监理工程师复核签认，后附相关施工记录。

（2）检查沥青混凝土铺装层厚度，不应小于 3cm，沥青石屑、沥青砂铺装层厚不应小于 2cm。

（3）检查沥青混凝土铺装层压实度不应小于 95%。表面应平整，无明显轮迹。

（4）其他监理要点，参见本书 2.4 中相关内容。

2.8.2　广场与停车场铺装监理要点

（1）基层高程、宽度、横坡、轴线已经过测量复核，施工单位上报施工单位报审表，并由监理工程师复核签认，后附相关施工记录。

（2）核查石材、混凝土预制砌块的出厂合格证、生产日期和混凝土原材料、配合比、

强度、耐磨性能试验结果资料。

（3）复核石材的品种、规格、数量等是否符合设计要求。

（4）检查石材外观质量，对有裂纹、缺棱、掉角、有色差和表面有缺陷的石材予以剔除。

（5）对混凝土基层施工验收合格，经签认合格。

（6）检查混凝土基层，表面应平整、坚实、粗糙、清洁，表面的浮土、浮浆及其他污染物清理干净并充分湿润，无积水。

（7）检查坡度：施工中宜以广场与停车场中的雨水口及排水坡度分界线的高程控制面层铺装坡度。面层与周围构筑物、路口应接顺，不得积水。

（8）广场与停车场的路基，应符合本书2.3中相关内容。

（9）广场与停车场的基层，应符合本书2.3中相关内容。

（10）采用铺砌式面层，应符合本书2.7中相关内容。

（11）采用沥青混合料面层，应符合本书2.4中相关内容。

（12）采用现浇混凝土面层，应符合本书2.6中的关内容。

（13）广场中盲道铺砌，应符合本书2.8.1中相关内容。

2.9　挡土墙监理要点

2.9.1　一般要点

（1）审查挡土墙基槽测量放线定位，复测基槽轴线坐标和基底标高。

（2）检查挡土墙基槽周边的排水措施，保持基槽和边坡面的干燥。

（3）验收挡土墙基槽的规格、尺寸和槽底土质以及地基承载力。

（4）检查挡土墙泄水孔、反滤层的设置是否符合设计要求。

（5）检查挡土墙背回填土施工情况，要求做到分层夯实，选料及密实度符合设计要求。

（6）基坑开挖至基底设计标高并清理后，参加施工单位、勘察、设计、建设等单位共同进行验槽，合格后方能进行基础工程施工。基槽开挖后，应检验下列内容：

1）核对基坑的位置、平面尺寸、坑底标高。

2）核对坑底土质和地下水情况。

3）空穴、古墓、古井、防空掩体及地下埋设物的位置、深度、形状。

2.9.2　现浇钢筋混凝土挡土墙监理要点

1. 模板及预埋件

（1）检查模板安装尺寸是否满足设计要求

（2）检查模板安装是否严密，支撑是否牢固，其刚度和稳定性是否能可靠地承受浇筑混凝土的侧压力和施工荷载。

（3）检查预埋件和预留孔的位置和数量是否满足设计要求。

（4）检查模板内杂物是否清理干净，浇筑前，木模板应浇水湿润，但不致基槽积水。

2. 混凝土施工

（1）检查进场商品混凝土所附配合比设计单。

（2）现场进行商品混凝土坍落度试验，对每车混凝土均需进行坍落度试验，并做好现场检测记录。

（3）混凝土浇筑前，钢筋、模板应经验收合格。模板内污物、杂物应清理干净，积水排干，缝隙堵严。

（4）浇筑混凝土自由落差不得大于 2m。侧墙混凝土宜分层对称浇筑，两侧墙混凝土高差不宜大于 30cm，宜一次浇筑完成。浇筑混凝土应分层进行，浇筑厚度应符合设计或 CJJ 1 的规定。

（5）混凝土浇筑过程中，应随时对混凝土进行振捣并保证使其均匀密实。

（6）当插入式振捣器以直线式行列插入时，移动距离不应超过作用半径的 1.5 倍；以梅花式行列插入时，移动距离不应超过作用半径的 1.75 倍；振捣器不得触碰钢筋。

（7）振捣器宜与模板保持 5～10cm 净距。

（8）在下层混凝土尚未初凝前，应完成上层混凝土的振捣。振捣上层混凝土时振捣器应插入下层 5～10cm。

（9）现场需留置施工缝时，宜留置在结构剪力较小且便于施工的部位。施工缝应在留槎混凝土具有一定强度后进行凿毛处理（人工凿毛时强度宜为 2.5MPa，风镐凿毛时强度宜为 10MPa）。

（10）检查施工缝的留设位置和处理措施是否符合经审查的施工技术方案的要求。

（11）现场见证制作混凝土抗压强度试块。

2.9.3 装配式钢筋混凝土挡土墙监理要点

（1）复查挡土墙板应有生产日期、检验合格出厂标识及相应的钢筋、混凝土原材料检测、试验资料。

（2）预制挡土墙板质量检查要点：

1）混凝土的原材料、配合比应符合规范规定，强度应符合设计要求。

2）墙板外露面光洁、色泽一致，不得有蜂窝、露筋、缺边、掉角等。

3）墙板有硬伤、裂缝时不得使用（经设计和有关部门鉴定，并采取措施者除外）。

（3）预制钢筋混凝土墙板、顶板、梁、柱等构件应有生产日期、出厂检验合格标识与产品合格证及相应的钢筋、混凝土原材料检测、试验资料。安装前应进行检验，确认合格。

（4）检查地基承载力必须符合设计要求。地基承载力应经检验确认合格。

（5）检查基础结构下的混凝土垫层强度和厚度：垫层混凝土宜为 C15 级，厚度宜为 10～15cm。

（6）检查基础杯口混凝土强度，应达到设计强度的 75% 以后，方可允许施工单位进行安装。

（7）安装前，监督施工单位将构件与连接部位凿毛并清扫干净，杯槽应按高程要求铺设水泥砂浆。

（8）构件安装时，检查混凝土的强度：应符合设计规定，且不应低于设计强度的75%；预应力混凝土构件和孔道灌浆的强度应符合设计规定，设计未规定时，不应低于砂浆设计强度的75%。

（9）在有杯槽基础上安装墙板就位后，监督施工单位使用楔块固定。无杯槽基础上安装墙板，墙板就位后，监督施工单位采用临时支撑固定牢固。

（10）墙板安装应位置准确、直顺并与相邻板板面平齐，板缝与变形缝一致。

（11）预制墙板的拼缝应与基础变形缝吻合。

（12）墙板与基础采用焊接连接时，安装前应检查预埋件位置；墙板安装定位后，应及时焊接牢固，并对焊缝进行防腐处理。

（13）检查板缝及杯口混凝土达到规定强度或墙板与基础焊接牢固合格，且盖板安装完毕后，方可拆除支撑。

（14）墙板灌缝应插捣密实，板缝外露面宜用相同强度的水泥砂浆勾缝，勾缝应密实、平顺。

（15）杯口浇筑宜在墙体接缝填筑完毕后进行。杯口混凝土达到设计强度的75%以上，且保护防水层砌体的砂浆强度达到3MPa后，方可回填土。

2.9.4 砌体挡土墙监理要点

（1）检查并复核施工单位的施工放样。

（2）检查砌块（石料）、砂浆原材料材质、尺寸、外观质量等是否符合设计要求，审查复测报告。

（3）检查基底地质情况，并对承包人的基底承载力检测进行旁站，符合设计要求并经监理工程师同意后方可进行下道工序施工。

（4）施工中宜采用立杆、挂线法控制砌体的位置、高程与垂直度。

（5）砌筑砂浆的强度应符合设计要求。

（6）墙体每日连续砌筑高度不宜超过1.2m。分段砌筑时，分段位置应设在基础变形缝部位。相邻砌筑段高差不宜超过1.2m。

（7）沉降缝嵌缝板安装应位置准确、牢固，缝板材料符合设计规定。

（8）砌块应上下错缝、丁顺排列、内外搭接，砂浆应饱满。

（9）各砌层的砌块（石料）应安放稳固，砌块间应砂浆饱满，粘结牢固，不得直接贴靠或脱空。砌筑时底浆应铺满，竖缝砂浆应先在已砌砌块（石料）侧面铺放一部分，然后于砌块（石料）放好后填满捣实。

（10）砌筑上层砌块（石料）时，应避免振动下层砌块（石料）。砌筑工作中断后恢复砌筑时，需清扫和湿润新旧砌体接合面。

（11）沉降缝的施工，监理工程师要严格督促要求承包人按设计进行。

2.9.5 加筋土挡土墙监理要点

（1）检查加筋土、筋带、墙面预制混凝土块、面板填缝材料、砂浆原材料等质量等是否符合设计要求，审查复测报告。

（2）加筋土应按设计规定选土，不得采用白垩土、硅藻土及腐殖土等。施工前应对所用土料进行物理、力学试验，确定加筋土的最大干密度和最佳含水量，作为压实过程的压实度控制标准。当料场变化时，按新料场重新试验。填料不得含有冻块、有机料及垃圾。填料粒径不宜大于填料压实厚度的 2/3，且最大粒径不得大于 150mm。

（3）检查施工测量：中线测量、恢复原有中线桩，测定加筋土工程的墙面板基线，直线段 20m 设一桩，曲线段 10m 设一桩，还可根据地形适当加桩，并应设置施工用固定桩；水平测量、测量中线桩和加筋土工程基础标高，并设置施工水准点；复测中线桩核对横断面并按需要增补横断面测量。

（4）现浇混凝土基础施工监理检查，应符合本书 2.9.2 的相关内容。

（5）检查预制挡土墙板尺寸及外观质量，确认合格。

（6）检查预制挡土墙板起吊点应符合设计规定，设计未规定时，应经计算确定。构件起吊时，绳索与构件水平面所成角度不宜小于 60°。

（7）施工前应对筋带材料进行拉拔、剪切、延伸性能复试，其指标符合设计规定方可使用。采用钢质拉筋时，应按设计规定作防腐处理。

（8）安装挡墙板，应向路堤内倾斜，检查其斜度应符合设计要求。

（9）施工中应控制加筋土的填土层厚及压实度。每层虚铺厚度不宜大于 25cm，压实度应符合设计规定，且不得小于 95%。

（10）筋带位置、数量必须符合设计规定。填土中设有土工布时，土工布搭接宽度宜为 30~40cm，并应按设计要求留出折回长度。

（11）施工中应对每层填土检测压实度，并按施工方案要求观测挡墙板位移。

（12）挡土墙投入使用后，应对墙体变形进行观测，确认符合要求。

2.10 道路附属物监理要点

2.10.1 路缘石监理要点

（1）道路基层经验收合格。

（2）对隐蔽工程进行验收，经签认合格。

（3）检查路缘石生产厂家提供产品强度、规格尺寸等技术资料及产品合格证。安装前应按产品质量标准进行现场检验，合格后方可使用。

（4）预制混凝土路缘石的混凝土强度等级应符合设计要求。设计未规定时，不应小于 C30。

（5）预制混凝土路缘石加工尺寸允许偏差应符合 CJJ 1 的规定。

（6）预制混凝土路缘石外观质量允许偏差应符合 CJJ 1 的规定。

（7）检查其他原材料合格证及复试报告单、砂浆配合比经试验室确定。

（8）检查安装路缘石的控制桩，直线段桩距宜为 10~15m；曲线段桩距宜为 5~10m；路口处桩距宜为 1~5m。

（9）对道路中心线及纵坡高程进行复测，控制好允许误差。

（10）对排砌的平侧石、路缘石均应抽检其线形及高程，目测发现的突折点必须整改。

（11）路缘石安砌检查要点：

1）路缘石应以干硬性砂浆铺砌，砂浆应饱满、厚度均匀。

2）路缘石砌筑应稳固、直线段顺直、曲线段圆顺、缝隙均匀。

3）路缘石灌缝应密实，平缘石表面应平顺、不阻水。

（12）路缘石背后宜浇筑水泥混凝土支撑，并还土夯实。还土夯实宽度不宜小于50cm，高度不宜小于15cm，压实度不得小于90％。

（13）路缘石宜采用 M10 水泥砂浆灌缝。灌缝后，常温期养护不应少于 3d。

2.10.2 雨水支管与雨水口监理要点

（1）根据设计文件和图纸规定，检测井位、支管的定位、定向和高程。雨水支管、雨水口位置应符合设计规定，且满足路面排水要求。当设计规定位置不能满足路面排水要求时，应在施工前办理变更设计。

（2）检查所使用的井框、井篦子及支管的材质、尺寸、外观质量、出厂合格证及相关检测说明资料，由监理工程师签认。

（3）检查施工砂浆配合比设计及有关强度试验报告，并做平行试验合格。

（4）检查雨水支管、雨水口基底是否坚实，现浇混凝土基础应振捣密实，强度符合设计要求。

（5）砌筑雨水口施工检查要点：

1）雨水管端面应露出井内壁，其露出长度不应大于 2cm。

2）雨水口井壁，应表面平整，砌筑砂浆应饱满，勾缝应平顺。

3）雨水管穿井墙处，管顶应砌砖券。

4）井底应采用水泥砂浆抹出雨水口泛水坡。

（6）检查雨水支管敷设质量，应直顺，不应错口、反坡、凹兜。检查检查井、雨水口内的外露管端面是否完好，不应将断管端置入雨水口。

（7）雨水支管与雨水口四周回填应密实。处于道路基层内的雨水支管应做 360°混凝土包封。且在包封混凝土达至设计强度 75％前不得放行交通。

（8）侧立式雨水口的进水篦口设置在侧石或路缘石的位置上，应与侧石或路缘石齐顺，雨水口盖座面应与人行道面平齐。

（9）平卧式雨水口一般设置在平石位置上，座面应与路面及平石平齐。盖座外缘应与侧石紧靠，并必须稳固地安放在井身上。

（10）雨水支管与既有雨水干线连接时，宜避开雨期。施工中，需进入检查井时，必须监督施工单位采取防缺氧、防有毒和有害气体的安全措施。

2.10.3 排（截）水沟监理要点

（1）检查所使用的砌块、混凝土、预制盖板等材料和配件的出厂合格证及相关检测说明资料，由监理工程师签认。

（2）检查施工砂浆配合比设计及有关强度试验报告，并做平行试验合格。

（3）检查排水沟或截水沟的位置、高程应符合设计要求。

（4）检查土沟不得超挖，沟底、边坡应夯实，严禁用虚土贴底、贴坡。

（5）检查砌体和混凝土排水沟、截水沟的土基是否夯实。

（6）检查砌体沟是否坐浆饱满、勾缝密实，是否有通缝；沟底是否平整，无反坡、凹兜现象；边坡、侧墙是否应表面平整，与其他排水设施的衔接是否平顺。

（7）检查混凝土排水沟、截水沟的混凝土是否振捣密实，强度是否符合设计要求，外露面是否平整。

（8）检查盖板沟的预制盖板，混凝土振捣是否密实，混凝土强度是否符合设计要求，配筋位置是否准确，表面是否无蜂窝、无缺损。

2.10.4 护坡监理要点

（1）检查所使用的砌块、石料、混凝土、预制盖板等材料和配件的出厂合格证及相关检测说明资料，由监理工程师签认。

（2）检查砌块、石料的规格、外形、外观质量是否符合设计要求。

（3）检查施工砂浆配合比设计及有关强度试验报告，并做平行试验合格。

（4）检验已测量放线的构筑物位置尺寸、高程和基底处理情况。

（5）随时抽检所使用的石料规格及外形尺寸，检测砂浆的稠度等技术指标。

（6）检查砌筑的施工质量、灌浆饱满度，沉降缝分段位置、泄水孔、预埋件，反滤层及防水设施等是否符合设计规定或规范要求。

（7）砌体工程完成时，应及时对断面尺寸、顶面高程、墙面垂直度、轴线位移、平整度等方面进行检查，发现缺陷，及时通知施工单位进行补修完整，并进行检查验收。

2.10.5 护栏监理要点

（1）检查护栏的出厂合格证及相关技术资料。护栏应由有资质的工厂加工。护栏的材质、规格形式及防腐处理应符合设计要求。加工件表面不得有剥落、气泡、裂纹、疤痕、擦伤等缺陷。

（2）对钢制构件表面和焊接钢管的质量进行外观检查。

（3）护栏架设应连续、平顺，与道路竖曲线相协调。立柱必须垂直。

（4）护栏高度应符合设计和交通安全设施的有关要求。

（5）镀锌保护层已被磨损的金属外露面、所有锚固件的螺纹部分及螺栓的切断断头都应按设计要求进行防护。

（6）护栏立柱应埋置于坚实的基础内。埋设位置应准确，深度应符合设计规定。

（7）护栏的波形梁的起讫点和道口处应按设计要求进行端头处理。

2.10.6 声屏障与防眩板监理要点

1. 声屏障

（1）检查声屏障所用材质与单体构件的结构形式、外形尺寸、隔声性能是否符合设计要求。

（2）当砌体声屏障处于潮湿或有化学侵蚀介质环境中时，砌体中的钢筋应采取防腐措施。

（3）检查金属声屏障焊接是否符合设计要求和国家现行有关标准的规定。焊接不应有裂缝、夹渣、未熔合和未填满弧坑等缺陷。

（4）检查屏体与基础的连接应牢固。

（5）检查钢化玻璃屏障的力学性能指标是否符合设计要求。屏障与金属框架应镶嵌牢固、严密。

（6）基础为砌体或水泥混凝土时，其施工监理要点参见本书2.9.3相关内容。

2. 防眩板

（1）检查防眩板的材质、规格、防腐处理、几何尺寸及遮光角是否符合设计要求。

（2）检查防眩板生产厂家资质、产品合格证。

（3）检查防眩板的镀锌量是否符合设计要求。

（4）检查防眩板外观质量，其表面应色泽均匀，不得有气泡、裂纹、疤痕、端面分层等缺陷。

（5）防眩板安装应位置准确，焊接或螺栓连接应牢固。

（6）防眩板与护栏配合设置时，混凝土护栏上预埋连接件的间距宜为50cm。

（7）路段与桥梁上防眩设施衔接应直顺。

（8）检查防眩板的金属镀层在施工中是否损伤，出现损伤应在24h之内进行修补。

习　题

1. 填方材料及路基基底进行土工试验内容有哪些？

2. 试验路段进行填筑压实试验用于确定哪些主要参数？

3. 湿陷黄土路基用作填料的土进行试验项目有哪些？

4. 石灰稳定土层施工前，取有代表性的土样进行哪些土工试验项目？

5. 热拌沥青混合料的运输检查要点有哪些？

6. 热拌沥青混合料的压实检查要点有哪些？

7. 水泥混凝土面层施工中模板检查有哪些注意事项？

8. 水泥混凝土面层施工中混凝土搅拌检查要点有哪些？

9. 水泥混凝土面层施工中混凝土铺筑前应检查项目有哪些？

10. 现浇钢筋混凝土挡土墙模板及预埋件检查要点有哪些？

11. 装配式钢筋混凝土挡土墙预制挡土墙板质量检查要点有哪些？

12. 砌筑雨水口施工检查要点有哪些？

3 城市桥梁工程施工监理

3.1 基本监理要点

城市桥梁工程施工质量的控制、检查、验收，应符合现行行业标准《城市桥梁工程施工与质量验收规范》CJJ 2—2008 及相关标准的规定。

3.1.1 施工质量验收的规定

1. 单位工程、分部工程、分项工程、检验批划分

开工前，施工单位应会同建设单位、监理单位将工程划分为单位、分部、分项工程和检验批，作为施工质量检查、验收的基础，并应符合下列规定：

（1）建设单位招标文件确定的每一个独立合同应为一个单位工程。当合同文件包含的工程内容较多，或工程规模较大、或由若干独立设计组成时，宜按工程部位或工程量、每一独立设计将单位工程分成若干子单位工程。

（2）单位（子单位）工程应按工程的结构部位或特点、功能、工程量划分分部工程。分部工程的规模较大或工程复杂时宜按材料种类、工艺特点、施工工法等，将分部工程划为若干子分部工程。

（3）分部工程（子分部工程）中，应按主要工种、材料、施工工艺等划分分项工程。分项工程可由一个或若干检验批组成。

（4）检验批应根据施工、质量控制和专业验收需要划定。

（5）各分部（子分部）工程相应的分项工程宜按表 3-1 的规定执行。未规定时，施工单位应在开工前会同建设单位、监理单位共同研究确定。

城市桥梁分部（子分部）工程与相应的分项工程、检验批对照表　　　　表 3-1

序号	分部工程	子分部工程	分项工程	检验批
1	地基与基础	扩大基础	基坑开挖、地基、土方回填、现浇混凝土（模板与支架、钢筋、混凝土）、砌体	每个基坑
		沉入桩	预制桩（模板、钢筋、混凝土、预应力混凝土）、钢管桩、沉桩	每根桩
		灌注桩	机械成孔、人工挖孔、钢筋笼制作与安装、混凝土灌注	每根桩
		沉井	沉井制作（模板与支架、钢筋、混凝土、钢壳）、浮运、下沉就位、清基与填充	每节、座
		地下连续墙	成槽、钢筋骨架、水下混凝土	每个施工段
		承台	模板与支架、钢筋、混凝土	每个承台

续表

序号	分部工程	子分部工程	分项工程	检验批
2	墩台	砌体墩台	石砌体、砌块砌体	每个砌筑段、浇筑段、施工段或每个墩台、每个安装段（件）
		现浇混凝土墩台	模板与支架、钢筋、混凝土、预应力混凝土	
		预制混凝土柱	预制柱（模板、钢筋、混凝土、预应力混凝土）、安装	
		台背填土	填土	
3	盖梁		模板与支架、钢筋、混凝土、预应力混凝土	每个盖梁
4	支座		垫石混凝土、支座安装、挡块混凝土	每个支座
5	索塔		现浇混凝土索塔（模板与支架、钢筋、混凝土、预应力混凝土）、钢构件安装	每个浇筑段、每根钢构件
6	锚锭		锚固体系制作、锚固体系安装、锚碇混凝土（模板与支架、钢筋、混凝土）、锚索张拉与压浆	每个制作件、安装件、基础
7	桥跨承重结构	支架上浇筑混凝土梁（板）	模板与支架、钢筋、混凝土、预应力钢筋	每孔、联、施工段
		装配式钢筋混凝土梁（板）	预制梁（板）（模板与支架、钢筋、混凝土、预应力混凝土）、安装梁（板）	每片梁
		悬臂浇筑预应力混凝土梁	0#段（模板与支架、钢筋、混凝土、预应力混凝土）、悬浇段（挂篮、模板、钢筋、混凝土、预应力混凝土）	每个浇筑段
		悬臂拼装预应力混凝土梁	0#段（模板与支架、钢筋、混凝土、预应力混凝土）、梁段预制（模板与支架、钢筋、混凝土）、拼装梁段、施加预应力	每个拼装段
		顶推施工混凝土梁	台座系统、导梁、梁段预制（模板与支架、钢筋、混凝土、预应力混凝土）、顶推梁段、施加预应力	每节段
		钢梁	现场安装	每个制作段、孔、联
		结合梁	钢梁安装、预应力钢筋混凝土梁预制（模板与支架、钢筋、混凝土、预应力混凝土）、预制梁安装、混凝土结构浇筑（模板与支架、钢筋、混凝土、预应力混凝土）	每段、孔
		拱部与拱上结构	浇筑拱圈、现浇混凝土拱圈、劲性骨架混凝土拱圈、装配式混凝土拱部结构、钢管混凝土拱（拱肋安装、混凝土压注）、吊杆、系杆拱、转体施工、拱上结构	每个砌筑段、安装段、浇筑段、施工段
		斜拉桥的主梁与拉索	0#段混凝土浇筑、悬臂浇筑混凝土主梁、支架上浇筑混凝土主梁、悬臂拼装混凝土主梁、悬拼钢箱梁、支架上安装钢箱梁、结合梁、拉索安装	每个浇筑段、制作段、安装段、施工段
		悬索桥的加劲梁与缆索	索鞍安装、主缆架设、主缆防护、索夹和吊索安装、加劲梁段拼装	每个制作段、安装段、施工段

序号	分部工程	子分部工程	分项工程	检验批
8		顶进箱涵	工作坑、滑板、箱涵预制（模板与支架、钢筋、混凝土）、箱涵顶进	每坑、每制作节、顶进节
9		桥面系	排水设施、防水层、桥面铺装层（沥青混合料铺装、混凝土铺装模板、钢筋、混凝土）、伸缩装置、地袱和缘石与挂板、防护设施、人行道	每个施工段、每孔
10		附属结构	隔声与防眩装置、梯道（砌体；混凝土模板与支架、钢筋、混凝土；钢结构）、桥头搭板（模板、钢筋、混凝土）、防冲刷结构、照明、挡土墙▲	每砌筑段、浇筑段、安装段、每座构筑物
11		装饰与装修	水泥砂浆抹面、饰面板、饰面砖和涂装	每跨、侧、饰面
12		引道▲		

注：表中"▲"项应符合现行行业标准《城镇道路工程施工与质量验收规范》CJJ 1 的有关规定。

2. 施工质量验收的基本规定

（1）施工中应按下列规定进行施工质量控制，并进行过程检验、验收：

1）工程采用的主要材料、半成品、成品、构配件、器具和设备应按相关专业质量标准进行验收和按规定进行复验，并经监理工程师检查认可。凡涉及结构安全和使用功能的，监理工程师应按规定进行平行检测、见证取样检测并确认合格。

2）各分项工程应按《城市桥梁工程施工与质量验收规范》CJJ 2—2008 进行质量控制，各分项工程完成后应进行自检、交接检验，并形成文件，经监理工程师检查签认后，方可进行下一个分项工程施工。

（2）工程施工质量应按下列要求进行验收：

1）工程施工质量应符合 CJJ 2—2008 和相关专业验收规范的规定。

2）工程施工应符合工程勘察、设计文件的要求。

3）参加工程施工质量验收的各方人员应具备规定的资格。

4）工程质量的验收均应在施工单位自行检查评定的基础上进行。

5）隐蔽工程在隐蔽前，应由施工单位通知监理工程师和相关单位进行隐蔽验收，确认合格后，形成隐蔽验收文件。

6）监理应按规定对涉及结构安全的试块、试件、有关材料和现场检测项目，进行平行检测、见证取样检测并确认合格。

7）检验批的质量应按主控项目和一般项目进行验收。

8）对涉及结构安全和使用功能的分部工程应进行抽样检测。

9）承担见证取样检测及有关结构安全检测的单位应具有相应资质。

10）工程的外观质量应由验收人员通过现场检查共同确认。

（3）隐蔽工程应由专业监理工程师负责验收。检验批及分项工程应由专业监理工程师组织施工单位项目专业质量（技术）负责人等进行验收。关键分项工程及重要部位应由建设单位项目负责人组织总监理工程师、专业监理工程师、施工单位项目负责人和技术质量负责人、设计单位专业设计人员等进行验收。分部工程应由总监理工程师组织施工单位项目负责人和技术质量负责人、专业监理工程师等进行验收。

3. 检验批、分项工程、分部工程、单位工程质量验收合格标准

（1）检验批合格质量应符合下列规定：

1）主控项目的质量应经抽样检验合格。

2）一般项目的质量应经抽样检验合格；当采用计数检验时，除有专门要求外，一般项目的合格点率应达到80%及以上，且不合格点的最大偏差值不得大于规定允许偏差值的1.5倍。

3）具有完整的施工操作依据和质量检查记录。

（2）分项工程质量验收合格应符合下列规定：

1）分项工程所含检验批均应符合合格质量的规定。

2）分项工程所含检验批的质量验收记录应完整。

（3）分部工程质量验收合格应符合下列规定：

1）分部工程所含分项工程的质量均应验收合格。

2）质量控制资料应完整。

3）涉及结构安全和使用功能的质量应按规定验收合格。

4）外观质量验收应符合要求。

（4）单位工程质量验收合格应符合下列规定：

1）单位工程所含分部工程的质量均应验收合格。

2）质量控制资料应完整。

3）单位工程所含分部工程中有关安全和功能的控制资料应完整。

4）影响桥梁安全使用和周围环境的参数指标应符合规定。

5）外观质量验收应符合要求。

（5）单位工程验收程序应符合下列规定：

1）施工单位应在自检合格基础上将竣工资料与自检结果，报监理工程师申请验收。

2）总监理工程师应约请相关人员审核竣工资料进行预检，并据结果写出评估报告，报建设单位组织验收。

3）建设单位项目负责人应根据监理工程师的评估报告组织建设单位项目技术质量负责人、有关专业设计人员、总监理工程师和专业监理工程师、施工单位项目负责人参加工程验收。

4. 竣工验收

工程竣工验收应由建设单位组织验收组进行。验收组应由建设、勘察、设计、施工、监理与设施管理等单位的有关负责人组成，亦可邀请有关方面专家参加。工程竣工验收应在构成桥梁的各分项工程、分部工程、单位工程质量验收均合格后进行。当设计规定进行桥梁功能、荷载试验时，必须在荷载试验完成后进行。桥梁工程竣工资料须于竣工验收前完成。

工程竣工验收内容应符合下列规定：

（1）桥下净空不得小于设计要求。

（2）单位工程所含分部工程有关安全和功能的检测资料应完整。

（3）桥梁实体检测允许偏差应符合表3-2的规定。

桥梁实体检测允许偏差   表 3-2

项目		允许偏差（mm）	检验频率		检验方法
			范围	点数	
桥梁轴线位移		10	每座或每跨、每孔	3	用经纬仪或全站仪检测
桥宽	车行道	±10		3	用钢尺量每孔3处
	人行道				
长度		+200，−100		2	用测距仪
引道中线与桥梁中线偏差		±20		2	用经纬仪或全站仪检测
桥头高程衔接		±3		2	用水准仪测量

注：1. 长度为桥梁总体检测长度；受桥梁形式、环境温度、伸缩缝位置等因素的影响，实际检测中通常检测两条伸缩缝之间的长度，或多条伸缩缝之间的累加长度。

2. 连续梁、结合梁两条伸缩缝之间长度允许偏差为±15mm。

（4）桥梁实体外形检查应符合下列要求：

1）墩台混凝土表面应平整，色泽均匀，无明显错台、蜂窝麻面，外形轮廓清晰。

2）砌筑墩台表面应平整，砌缝应无明显缺陷，勾缝应密实坚固、无脱落，线角应顺直。

3）桥台与挡墙、护坡或锥坡衔接应平顺，应无明显错台；沉降缝、泄水孔设置正确。

4）索塔表面应平整，色泽均匀，无明显错台和蜂窝麻面，轮廓清晰，线形直顺。

5）混凝土梁体（框架桥体）表面应平整、色泽均匀、轮廓清晰、无明显缺陷；全桥整体线形应平顺、梁缝基本均匀。

6）钢梁安装线形应平顺，防护涂装色泽应均匀、无漏涂、无划伤、无起皮，涂膜无裂纹。

7）拱桥表面平整，无明显错台；无蜂窝麻面、露筋或砌缝脱落现象，色泽均匀；拱圈（拱肋）及拱上结构轮廓线圆顺、无折弯。

8）索股钢丝应顺直、无扭转、无鼓丝、无交叉，锚环与锚垫板应密贴并居中，锚环及外丝应完好、无变形，防护层应无损伤，斜拉索色泽应均匀、无污染。

9）桥梁附属结构应稳固，线形应直顺，应无明显错台，无缺棱、掉角。

（5）工程竣工验收时可抽检各单位工程的质量情况。

（6）工程竣工验收合格后，建设单位应按规定将工程竣工验收报告和有关文件，报政府建设行政主管部门备案。

3.1.2 主要材料、成品、半成品及配件质量控制

钢筋、混凝土材料、石料等材料的质量控制，参见本书1.1.3。

沥青、粗集料、细集料、填料、路缘石、路缘石等材料的质量控制，参见本书2.1.2。

1. 预应力锚具、夹具、连接器

（1）预应力钢绞线或钢丝：应根据设计规定的规格型号和技术措施来选用。进场时应有供货单位出具的产品合格证和出厂检验报告，同时，应按进场的批次和产品的抽样检验方案分别进行复验和外观检查，其质量必须符合现行国家标准《预应力混凝土用钢绞线》GB/T 5224—2014 和《预应力混凝土用钢丝》GB/T 5223—2014 的规定。

进场材料分每 60t 为一批次，每批次任取三盘，并从每盘所选的钢绞线端部正常部位截取一根试样进行表面质量、直径偏差和力学性能试验。试验结果如有一项不合格时，则不合格盘报废，并再从该批未验过的取双倍试件进行该不合格项的复验，如仍有一项不合格，则该批钢绞线不合格。

（2）锚具、夹具和连接器应有出厂合格证和质量证明文件，具有可靠的锚固性能、足够的承载能力和良好的适用性，能保证充分发挥预应力筋的强度，并应符合现行国家标准《预应力筋锚具、夹具和连接器》GB/T 14370—2015 的要求。

进场应按出厂合格证和质量证明书核查其锚固性能类别、型号、规格及数量，无误后分批进行外观、硬度及静载锚固性能检验，确认合格后使用。

验收分批：在同种材料和同一生产工艺条件下，锚具、夹具应以不超过 1000 套组为一验收批。

1）外观检查：每批抽取 10％的锚具且不少于 10 套，检查其外观和尺寸。如有一套不合格，则取双倍进行复检，若再不合格，则逐套检查，合格者方可使用。

2）硬度检验：每批抽取 5％且不少于 5 套，每个零件做 3 点，如果一个试件不合格，则取双倍数量重新进行试验，如果仍有一个零件不合格，则逐个检查，合格者方可使用。

3）静载锚固性能试验：从同批中取 6 套锚具组成 3 个组装件进行静载锚固性能试验，如一个试件不符要求，则取双倍重做，如不合格，则该批产品为不合格。

（3）钢绞线：钢绞线应根据设计规定的规格、型号和技术指标来选用。钢绞线每批重量不大于 60t，出厂时应有材料性能检验证书或产品质量合格证，进场时除应对其质量证明书、包装、标志和规格等进行检查外，还应抽样进行表面质量、直径偏差和力学性能复试，其质量应符合现行国家标准《预应力混凝土用钢绞线》GB/T 5224—2014 的规定。

（4）波纹管（金属螺旋管）：进场时除应按出厂合格证和质量保证书核对其类别、型号、规格及数量外，还应对其外观、尺寸、集中荷载下的径向刚度、荷载作用后的抗渗漏及抗弯曲渗漏等进行检验。工地现场加工制作的波纹管也应进行上述检验，其质量应符合现行行业标准《预应力混凝土用金属波纹管》JG 225—2007 的规定。一般以每 500m 为一验收批。

（5）张拉机具及压浆机具：使用前施工方应进行书面报验，待监理工程师签字确认后，方可使用，千斤顶与压力表应配套校验，以确定张拉力与压力表之间的曲线关系，校验应在经主管部门授权的法定计量机构定期进行，张拉机具应与锚具配套使用，当千斤顶使用超过 6 个月或 200 次或在使用过程中，出现不正常情况或检修后应重新校验。

（6）成孔材料：高密度聚乙烯塑料波纹管、连接接头等，壁厚不得小于 2mm，管道的内横截面面积至少应是预应力筋净截面面积的 2.0～2.5 倍。出厂有合格证，进场后应按要求进行检验，其材质应符合设计和有关规范规定。

2. 成品、半成品、配件

（1）钢箱梁经检验符合现行行业标准《公路桥涵施工技术规范》JTG/T F50—2011 的有关规定和设计要求，有出厂合格证及材质和制作检验的有关质量记录。

（2）支座：进场应有装箱清单、产品合格证及支座安装养护细则，规格、质量和有关技术性能指标符合现行公路桥梁支座标准的规定，并满足设计要求。

（3）模数式伸缩装置：

1）模数式伸缩装置由异形钢梁与单元橡胶密封带组合而成，适用于伸缩量为 80～120mm 的桥梁工程。

2）伸缩装置中所用异形钢梁沿长度方向的直线度应满足 1.5mm/m，全长应满足 10mm/10m 的要求。钢构件外观应光洁、平整，不允许变形扭曲。

3）伸缩装置必须在工厂组装。组装钢件应进行有效的防护处理，吊装位置应用明显颜色标明，出厂时应附有效的产品质量合格证明文件。

（4）预制构件：预制墩柱、预制梁（板）要有出厂合格证，几何尺寸、强度等必须满足设计要求。

3. 螺栓及焊接材料

（1）高强度螺栓：可选用大六角和扭剪型两类。制造高强度螺栓、螺母、垫圈的材料应符合现行行业标准《公路桥涵施工技术规范》JTG/T F50—2011 的规定和满足设计要求。应由专门的螺栓厂制造，并应有出厂质量证明书，进场后应按有关规定抽样检验。

（2）焊条、焊丝、焊剂：所有焊接用材料必须有出厂合格证，并与母材强度相适应，其质量应符合现行国家标准。

电焊条应有产品合格证，品种、规格、性能等应符合现行国家标准《非合金钢及细晶粒钢焊条》GB/T 5117—2012 或《热强钢焊条》GB/T 5118—2012 的规定。

4. 防水材料

（1）APP 改性沥青防水卷材厚度一般为 3mm、4mm，幅宽为 1m，卷材面积通常为 15m^2、10m^2、7.5m^2，出厂应有合格证及产品检验报告，进场后应抽样复试，其各项性能指标必须符合现行国家标准《塑性体改性沥青防水卷材》GB 18243—2008 的规定。

（2）储运卷材时应注意立式码放，高度不超过两层，应避免雨淋，日晒，受潮，注意通风。

5. 其他材料

（1）枕木，枕木规格 200mm×250mm×2500mm。每根枕木需配置四个道钉。

（2）钢轨规格 P43 以上，单轨长度 12.5m，总数量根据预制厂至桥头距离及桥梁长度确定，配置相应的钢轨夹板及螺栓，每个钢轨接头两个鱼尾板及六个螺栓。

（3）辅助材料：冷底子油、密封材料等配套材料应有出厂说明书、产品合格证和质量证明书，并在有效使用期内使用；所选用的材料必须对基层混凝土有亲和力，且与防水材料材性相融。

3.1.3　施工测量

（1）施工单位使用的测量仪器需经指定单位年检合格，使用前应向监理方出示有关证明材料。

（2）测量人员必须持证上岗，人员进场后应将上岗证复印件报监理备案。

（3）设计图纸所给出的各交点进行桩号里程校核。

（4）对各交点进行前后反算确保里程的准确性。

（5）对各中心里程点位进行加密并计算各中点点位平面坐标。

（6）监理现场对业主提供的测量控制点位进行平面控制网的复核。

（7）对施工单位根据工程需要加密的点位进行复核，并要求符合各测量方法的要求。

（8）对控制高程进行测量加密时宜布成符合路线或结点网；水准测量的技术要求按《工程测量规范》的规定进行。

（9）控制点位，加密点位要求通视良好并且埋设牢固；并要求施工单位加以管理，同时控制点位、加密点位要求施工单位每月复测一次并上报监理部。

（10）审查施工单位上报的施工测量方案和复测报告，履行审批手续。

（11）施工单位进场后对其测量人员的资质及测量设备的校核资料进行检查确保施工单位在今后测量工作的顺利开展；对不符合要求的人员和仪器要求清场。

（12）测量资料应及时整理，原始测量数据应保留原件，需要使用时可采用复印件。

3.2　混凝土与砌体工程监理要点

3.2.1　模板、支架和拱架监理要点

1. 模板、支架和拱架的制作与安装

（1）审核承包人模板及支架设计的强度、刚度和稳定性验算；施工单位应在制作模板前，向监理工程师提交模板的施工详图，必要时提交包括构件强度、刚度、稳定等内容的计算书，监理工程师进行审查。

（2）监理工程师审查并批复模板设计方案，安排必要的复核验算。模板应具有足够的强度、刚度和稳定性；能承受所浇筑混凝土的重力、侧压力及施工荷载；保证结构尺寸的正确，并根据工程结构形式、地基承载力、施工设备和材料等条件进行施工工艺设计。

（3）审核设置的预拱度。

（4）模板进场后，宜先逐块检查是否平整，边角是否整齐；大型桥梁边、角位置宜制作特殊形式的模板。模板拼装时，宜提示施工人员设模板错缝。

1）模板与脚手架之间不得相互连接。

2）模板安装必须稳固牢靠，接缝严密，不得漏浆。模板与混凝土的接触面必须清理干净并涂刷隔离剂，严禁隔离剂污染钢筋。

3）模板拼装就位后，应先核对设计文件，检查总体尺寸及高程，再检查模板支撑，定位牢固情况，然后看各细部拼缝情况，表面平整度以及涂刷隔离剂情况。

（5）宜提示承包人，外露面模板以及隔离剂是影响桥梁工程外观的重要环节。检查预埋件及预留孔道设置。

（6）浇筑混凝土前，模板内的积水和杂物应清理干净。

（7）检查预埋件的规格、数量、尺寸、位置应符合设计要求，并安装牢固。预埋件和预留孔洞的留置除相关专业验收标准有特殊规定外，其允许偏差和检验方法应符合设计和有关标准的规定。

（8）检查模板所使用的对拉螺栓等加固件（承台侧模需在模板外设立支撑固定，墩身侧模需设拉杆固定），防止模板固定不牢，承受侧压力差和出现跑模、爆模、模板变形等现象。

（9）模板在安装过程中，必须设置防倾覆设施，如采取设缆风绳等措施。

（10）支架安装完成后，应对其平面位置，顶部标高，节点联系及纵、横向稳定性等进行全面检查。

（11）模板、支架、拱架安装完成后，先由项目部组织相关人员进行验收合格后报监理部备案、复查，复查符合要求后施工单位方可进行下一工序。

2. 模板、支架和拱架的拆除

（1）非承重侧模应在混凝土强度能保证结构棱角不损坏时方可拆除，混凝土强度宜为 2.5MPa 及以上。

（2）芯模和预留孔道内模应在混凝土抗压强度能保证结构表面不发生塌陷和裂缝时，方可拔出。

（3）钢筋混凝土结构的承重模板、支架和拱架的拆除，应符合设计要求。

（4）浆砌石、混凝土砌块拱桥拱架的卸落是否符合以下规定：

1）浆砌石、混凝土砌块拱桥应在砂浆强度达到设计要求强度后卸落拱架，设计未规定时，砂浆强度应达到设计标准值的 80% 以上。

2）跨径小于 10m 的拱桥宜在拱上结构全部完成后卸落拱架；中等跨径实腹式拱桥宜在护拱完成后卸落拱架；大跨径空腹式拱桥宜在腹拱横墙完成（未砌腹拱圈）后卸落拱架。

3）在裸拱状态卸落拱架时，应对主拱进行强度及稳定性验算，并采取必要的稳定措施。

（5）模板、支架和拱架拆除应按设计要求的程序和措施进行，遵循"先支后拆、后支先拆"的原则。支架和拱架，应按几个循环卸落，卸落量宜由小渐大。每一循环中，在横向应同时卸落，在纵向应对称均衡卸落。

（6）预应力混凝土结构的侧模应在预应力张拉前拆除；底模应在结构建立预应力后拆除。

（7）拆除模板、支架和拱架时不得猛烈敲打、强拉和抛扔。模板、支架和拱架拆除后，应维护整理，分类妥善存放。及时清理，防止模板的变形、锈蚀和缺口损坏。

3.2.2　钢筋工程监理要点

1. 钢筋检查与加工

（1）钢筋应按不同钢种、等级、牌号、规格及生产厂家分批验收，确认合格后方可使用。

（2）钢筋在运输、储存、加工过程中应防止锈蚀、污染和变形。

（3）钢筋的级别、种类和直径应按设计要求采用。当需要代换时，应由原设计单位作变更设计。

（4）预制构件的吊环必须采用未经冷拉的 HPB300 热轧光圆钢筋制作，不得以其他钢筋替代。

（5）在浇筑混凝土之前应对钢筋进行隐蔽工程验收，确认符合设计要求。

（6）钢筋下料前，应核对钢筋品种、规格、等级及加工数量，并应根据设计要求和钢筋长度配料。下料后应按种类和使用部位分别挂牌标明。

（7）钢筋加工过程中，应采取防止油渍、泥浆等物污染和防止受损伤的措施。

2. 钢筋连接监理要点

（1）应对照设计图纸，检查钢筋数量、规格、长度、所在位置、绑扎和焊接质量。

（2）钢筋在模板内定位及牢固情况，控制钢筋的混凝土保护层厚度，必须符合设计要求。

（3）钢筋接头严格按设计文件执行，对轴心受拉和小偏心受拉构件中的钢筋接头，不能使用绑扎接头。普通混凝土中直径大于22mm的钢筋，宜采用焊接接头。

（4）从事钢筋焊接的焊工必须经考试合格后持证上岗。钢筋焊接前，必须根据施工条件进行试焊合格后，方可正式施焊。

（5）钢筋接头采用搭接电弧焊时，两钢筋搭接端部应预先折向一侧（严禁先焊后折），使两接合钢筋轴线一致。

（6）受力钢筋接头应设置在内力较小处，并错开布置。对于焊接接头在搭接长度区段内，同一根钢筋不得有两个接头。也不宜位于构件的最大弯矩处。

（7）钢筋的连接：对于焊接件，应注意采用允许的焊接方法及适用范围，施焊钢筋的材质证明，焊条、焊剂的合格证，焊接件按规范要求取样验证。对于机械连接，应注意检查接头件型式检验报告，对挤压接头套管材料设备的要求，对操作人员要求，施工安全规定，挤压操作工艺及要求。对于锥螺纹接头，注意对接头的要求和规定、施工准备、锥螺纹加工要求、连接套与钢筋连接要求。对于绑扎接头，注意接头位置及搭接长度、接头面积、最大百分率。

（8）防止隔离剂污染钢筋。

（9）安装好的钢筋骨架应有足够的刚度和稳定性，使钢筋位置在浇注混凝土时不致变动。

（10）钢筋工程质量检验应严格按照监理程序进行，所有钢筋绑扎的规格、尺寸、间距都必须符合设计要求，绑扎完后必须通知监理工程师验收，验收合格后方可进行下一道工序施工。

（11）重要结构钢筋，除检查批复自检报告外，还应现场记录和填写监理检查表格，作为原始资料的一部分集中归档，并归入竣工资料中作为监理复核内容部分。

3. 钢筋接头外观质量检查

（1）闪光对焊接头：

1）接头周缘应有适当的镦粗部分，并呈均匀的毛刺外形。

2）钢筋表面不得有明显的烧伤或裂纹。

3）接头边弯折的角度不得大于3°。

4）接头轴线的偏移不得大于0.1d，并不得大于2mm。

（2）搭接焊、帮条焊的接头：采用搭接焊、帮条焊的接头，应逐个进行外观检查。焊缝表面应平顺、无裂纹、夹渣和较大的焊瘤等缺陷。

4. 拉伸试验和冷弯试验

（1）闪光对焊接头：在同条件下经外观检查合格的焊接接头，以300个作为一批（不足300个，也应按一批计），从中切取6个试件，3个做拉伸试验，3个做冷弯试验。

（2）搭接焊、帮条焊的接头：在同条件下完成并经外观检查合格的焊接接头，以300个作为一批（不足300个，也按一批计），从中切取3个试件，做拉伸试验。

（3）在同条件下经外观检查合格的机械连接接头，应以每 300 个为一批（不足 300 个也按一批计），从中抽取 3 个试件做单向拉伸试验，并作出评定。如有 1 个试件抗拉强度不符合要求，应再取 6 个试件复验，如再有 1 个试件不合格，则该批接头应判为不合格。

5. 拉伸试验

（1）当 3 个试件的抗拉强度均不小于该级别钢筋的规定值，至少有 2 个试件断于焊缝以外，且呈塑性断裂时，应判定该批接头拉伸试验合格。

（2）当有 2 个试件抗拉强度小于规定值，或 3 个试件均在焊缝或热影响区发生脆性断裂时，则一次判定该批接头为不合格。

注：当接头试件虽在焊缝或热影响区呈脆性断裂。但其抗拉强度大于或等于钢筋规定抗拉强度的 1.1 倍时，可按在焊缝或热影响区之外呈延性断裂同等对待。

（3）当有 1 个试件抗拉强度小于规定值，或 2 个试件在焊缝或热影响区发生脆性断裂。其抗拉强度小于钢筋规定值的 1.1 倍时，应进行复验。复验时，应再切取 6 个试件，复验结果，当仍有 1 个试件的抗拉强度小于规定值，或 3 个试件在焊缝或热影响区呈脆性断裂，其抗拉强度小于钢筋规定值的 1.1 倍时，应判定该批接头为不合格。

6. 冷弯试验

冷弯试验时应将接头内侧的金属毛刺和镦粗凸起部分消除至与钢筋的外表齐平。焊接点应位于弯曲中心，绕芯棒弯曲 90°。

3 个试件经冷弯后，在弯曲背面（含焊缝和热影响区）未发生破裂 0，应评定该批接头冷弯试验合格；当 3 个试件均发生破裂，则一次判定该批接头为不合格。当有 1 个试件发生破裂，应再切取 6 个试件，复验结果，仍有 1 个试件发生破裂时，应判定该批接头为不合格。

3.2.3 混凝土工程监理要点

1. 混凝土的拌制与运输

（1）配制混凝土时，应根据结构情况和施工条件确定混凝土拌合物的坍落度。

（2）在钢筋混凝土中不得掺用氯化钙、氯化钠等氯盐。无筋混凝土的氯化钙或氯化钠掺量，以干质量计，不得超过水泥用量的 3%。

（3）商品混凝土：商品混凝土要有出厂合格证，开盘前监理工程师要现场核对混凝土配合比并签发开盘令。

监理人员进驻商品混凝土厂家对商品混凝土的拌合进行旁站监理。旁站内容主要包括：混凝土用原材料是否符合设计与规范要求，混凝土配合比是否符合设计要求，拌合是否均匀，并对每车混凝土的出厂时间、车号、混凝土强度等级、施工部位等作详细记录，同时督促商品混凝土厂家按规范与设计现场测定混凝土坍落度、要求现场留置混凝土试块。

（4）现场拌制的混凝土，施工单位的试验员应在现场及时测定砂、石含水量，监督混凝土配合比的使用及做好混凝土试件和坍落度试验，坍落度不合格者不得使用，做好混凝土灌注记录，监理人员随时进行抽查。

（5）拌制混凝土宜采用自动计量装置，并应定期检定，保持计量准确。拌制时应检查材料称量的配合比执行情况，并对骨料含水率进行检测，据以调整骨料和水的用量。

（6）使用机械拌制时，监理人员应严格控制混凝土延续搅拌的最短时间，自全部材料装入搅拌机开始搅拌起，至开始卸料时止。

（7）监理应经常目测拌合料质量，发现异常，立即复核配合比与混凝土坍落度。

（8）混凝土拌合物的坍落度，应在搅拌地点和浇筑地点分别随机取样检测，每一工作班或每一单元结构物不应少于两次。评定时应以浇筑地点的测值为准。如混凝土拌合物从搅拌机出料起至浇筑入模的时间不超过 15min 时，其坍落度可仅在搅拌地点取样检测。

（9）混凝土在运输过程中应采取防止发生离析、漏浆、严重泌水及坍落度损失等现象的措施。用混凝土搅拌运输车运输混凝土时，途中应以 2～4 转/min 的慢速进行搅动。当运至现场的混凝土出现离析、严重泌水等现象，应进行第二次搅拌。经二次搅拌仍不符合要求，则不得使用。

（10）抗冻混凝土、抗渗混凝土、大体积混凝土以及冬期、高温期混凝土的拌制和运输应符合设计和相关规范的规定。

2. 混凝土浇筑施工监理要点

监理单位应安排监理人员进行旁站，同时应按规范及现场情况检查混凝土浇筑、振捣等工艺。

（1）检查审批施工单位的混凝土浇筑方案，包括浇筑起点、浇筑方式（应采用分层连续推移方式）浇筑方向、浇筑厚度等。

（2）浇筑混凝土前，应对支架、模板、钢筋和预埋件进行检查，确认符合设计和施工设计要求。模板内的杂物、积水、钢筋上的污垢应清理干净。模板内面应涂刷隔离剂，并不得污染钢筋等。

（3）混凝土应按一定厚度、顺序和方向水平分层浇筑，上层混凝土应在下层混凝土初凝前浇筑、捣实，上下层同时浇筑时，上层与下层前后浇筑距离应保持 1.5m 以上。

（4）自高处向模板内倾卸混凝土时，其落差一般不宜超过 2m。当超过 2m 时，应设置串筒、溜槽或振动管等。倾落高度超过 10m 时，应设减速装置。

（5）混凝土的浇筑应连续进行，如因故间断时，其间断时间应小于前层混凝土的初凝时间。混凝土运输、浇筑及间歇的全部时间不得超过规范规定。否则，旁站监理人员应监督施工单位设置施工缝，施工缝不得呈斜面。

（6）必须设置施工缝的部位，应确定合理的施工缝预留位置。重要部位及有抗震要求的混凝土结构或钢筋稀疏的混凝土结构，应监督施工单位在施工缝处补插锚固钢筋或石榫；有抗渗要求的施工缝宜做成凹形、凸形或设止水带。

（7）浇筑混凝土期间，监理工程师应经常检查支架、模板、钢筋和预埋件的稳固情况，当发现有松动、变形、移位时，应及时处理。

（8）见证混凝土施工的有关混凝土试件，施工单位对标准条件养护试件进行混凝土抗压强度试验，监理检查试验报告。混凝土抗压强度应在混凝土的浇筑地点随机抽样制作（商品混凝土应在浇筑地点按规定抽样检验）。

（9）注意混凝土的耐久性、保护层厚度、裂缝宽度、水灰比最大允许值、最低水泥用量等的技术规定，以及保护层垫块质量要求，含碱量的限定，混凝土抗冻性能的规定，混凝土抗渗性能的要求。

（10）抗冻混凝土、抗渗混凝土、大体积混凝土以及冬期、高温期混凝土的浇筑应符合设计和相关规范的规定。

（11）浇筑混凝土完成后，应填写好旁站监理记录。

3. 混凝土振捣和养护

（1）检查施工单位按施工组织设计中事先确定的振捣路线和方式振捣混凝土，及时将入模的混凝土均匀振捣，不得过振和漏振，每个振点的振捣时间以表面泛浆或不冒大气泡为止，振捣时间为 10～30s，一般不宜超过 30s。

（2）检查施工单位对配筋密集和预埋件较多的部位，应认真操作，振捣密实并避免碰触钢筋及预埋件。

（3）发生停电或振捣器损坏等突然事故，应督促施工单位立即人工振捣。

（4）审查施工单位施工现场应根据施工对象、环境、水泥品种、外加剂以及对混凝土性能的要求，制定具体的养护方案，并要求其严格执行方案规定的养护制度。

（5）检查混凝土洒水养护的时间：采用硅酸盐水泥、普通硅酸盐水泥或矿渣硅酸盐水泥的混凝土，不得少于 7d；掺用缓凝型外加剂或有抗渗等要求以及高强度混凝土，不得少于 14d。使用真空吸水的混凝土，可在保证强度条件下适当缩短养护时间。

（6）采用涂刷薄膜养护剂养护时，养护剂应通过试验确定，检查施工单位是否采用其制定操作工艺。

（7）采用塑料膜覆盖养护时，应在混凝土浇筑完成后及时覆盖严密，监理人员应随时检查膜内是否有足够的凝结水。

抗冻混凝土、抗渗混凝土、大体积混凝土以及冬期、高温期混凝土的振捣和养护应符合设计和相关规范的规定。

3.2.4 砌体工程监理要点

（1）监理人员见证砂浆试块制作和留置：砂浆强度等级应制作边长为 70.7mm 的立方体试件，以在标准养护条件下 28d 的抗压极限强度表示（6 块为 1 组）。砂浆强度等级可分为 M20、M15、M10、M7.5、M5。

（2）监理人员应对砌筑基础面清理、处理进行检查。

（3）施工过程中，施工单位应认真挂线操作，严格控制，确保工程质量。

（4）监理人员应对砌石材料的尺寸，胶结材料，砌筑方法，砌石的质量进行跟踪检查，对不合格部位坚决要求返工。

（5）检查采用分段砌筑时，相邻段的高差不宜超过 1.2m，工作缝位置宜在伸缩缝或沉降缝处。同一砌体当天连续砌筑高度不宜超过 1.2m。

（6）检查砌体是否分层砌筑，各层石块应安放稳固，石块间的砂浆应饱满，粘结牢固，石块不得直接贴靠或留有空隙。砌筑过程中，不得在砌体上用大锤修凿石块。

（7）在已砌筑的砌体上继续砌筑时，应检查施工单位是否将已砌筑的砌体表面清扫干净和湿润。

（8）对有垫层的砌筑部位，监理人员应严格控制滤料的粒径、级配，铺筑厚度、程序及方法，确保反滤层的质量；砌上层砌体时，严禁对反滤层造成破坏。

（9）检查砌体勾缝质量要点：

1）块石砌体勾缝应保持砌筑的自然缝，勾凸缝时，灰缝应整齐、圆滑流畅、宽度一致，不出毛刺、不得空鼓脱落。

2）料石砌体勾缝应横平竖直、深浅一致，十字缝衔接平顺，不得有瞎缝、丢缝和粘接不牢等现象，勾缝深度应较墙面凹进 5mm。

（10）砌体在砌筑和勾缝砂浆初凝后，应立即覆盖洒水、湿润养护 7～14d，养护期间不得碰撞、振动或承重。

（11）监理人员应检查施工单位编制的冬期施工方案，并监督该方案的实行。

3.3 基础工程监理要点

3.3.1 扩大基础监理要点

1. 桥梁基础工程的测量控制

（1）利用各交点对全桥的各桩位（沉井的控制点位）进行计算。

（2）对施工单位所报验的各个桩点位（沉井的控制点位）资料进行复核。

（3）要求施工单位报验相关桩位、控制点的点位资料，同时监理部组织专业人员进行复核，符合要求的同意使用。

（4）在施工单位提交报验申请后监理人员对资料进行复核。

（5）监理部派遣专业监理人员到现场进行桩的中也点位复核（沉井的各控制点位复核）。

（6）按照各工程特殊情况对桩位（沉井）周边控制点进行复核（可采用十字交叉护桩、一字行排部等）。

（7）沉入桩允许偏差、沉井下沉允许偏差、灌注桩允许偏差按设计或相关规范的规定进行控制。

（8）桩基护筒埋设时按照不同桩径大小检查护筒大小及圆顺度。

（9）按照工程要求用各等级水准仪测量护筒标高或钻盘标高。

（10）对桩机的桩头进行对中就位，按照周边控制点用卷尺进行测设，同时利用水平仪检查桩机的平整度。

（11）终孔时测量孔深、垂直度并对钢筋笼长度进行测量。

（12）验收合格后给予签认报验申请。

（13）桩在混凝土达到强度并且桩头凿出后对桩的中心点位进行复测保证桩的点位准确性。

2. 基坑开挖检查

开挖基坑时，不得超挖，避免扰动基底原状土。可在设计基底标高以上暂留 0.3m 不进行土方机械开挖，应在抄平后由人工挖出。如超挖，应将松动部分清除，其处理方案应报监理、设计单位批准。

（1）审查基坑开挖及围护施工方案和降水排水方案，并明确审批意见。

（2）对基坑的轴线进行复核，并复核标高控制点，审核放样复核单。

（3）对支撑设置进行检查，确保基坑支撑牢固。

（4）如坑边有房屋等结构物，应及时观察记录地下水位和地面下沉数据，审核施工单位的沉降记录和沉降曲线，发现问题暂停施工，及时上报相关单位。

（5）审查公用事业管线和保护措施，必要时报请建设单位组织召开协调会，以确保措施可靠、可行。

（6）检查挖土设备、运输设备和提升设备的性能，巡视检查设备停置位置和土方提升外运堆置情况。对安全施工进行监督。

（7）施工时监理工程师要加强巡视，检查和督促施工单位按施工方案进行施工，如弃土有无安全宽度，堆放高度是否符合规定，基坑放坡坡度是否符合要求。

（8）认真做好抽检和必要的检查记录。

3. 围堰施工检查

（1）审查围堰、套箱的施工方案。

（2）对围堰、套箱轴线进行复核，并复核标高控制点，签证放样复核单。

（3）监理工程师应对施工前准备工作情况进行认真检查，检查所有人、机、物是否都按方案要求进行准备。准备工作充分与否，是围堰、套箱施工的关键。

（4）巡视检查，对围堰内回填土质量进行控制。

（5）对套箱沉至标高后，监理人员应对套箱位置再次进行复测。达到设计要求后方可同意下道工序开展。

4. 验槽与回填检查

（1）基坑内地基承载力必须满足设计要求。基坑开挖完成后，应会同设计、勘探单位实地验槽，确认地基承载力满足设计要求。

（2）当地基承载力不满足设计要求或出现超挖、被水浸泡现象时，应按设计要求处理，并在施工前结合现场情况，编制专项地基处理方案。

（3）审核施工单位提供的回填土最佳含水量、最大干密度前，监理应按要求取样做好平行试验，确认施工单位提供的数据。基坑回填前确认构筑物的混凝土强度报告，重要构筑物应旁站混凝土试压试块过程。

（4）检查基坑内有无积水、杂物、淤泥。

（5）检查回填时是否同步对称进行，分层填筑。

（6）围护基坑回填时，督促施工单位按施工方案要求的程序拆除支撑，严禁一次性拆除。

3.3.2 沉入桩监理要点

1. 测量放线

（1）计算桩位的中心点位及各控制点位。

（2）要求施工单位上报各点位的计算数值并对其进行校核。

（3）控制点位的选取监理部应按照各工程的特殊情况进行现场实地勘察，并确定使用与否。

（4）对施工单位自检合格后上报的报验申请资料进行复核。

（5）监理人员对现场点位进行复核（包括平面坐标，高程）；高程测量应进行回路闭合。

（6）对施工单位所施制的模板进行控制。

（7）验收合格后给予签认报验申请。

2. 沉入预制钢筋混凝土桩

（1）审查施工单位编制的沉桩方案，根据现场土质检查沉桩设备和施工方法。

（2）检查所使用的起吊设备、沉桩设备的性能是否满足施工现场要求。

（3）检查沉桩影响区内各类公用管线的保护措施是否落实。

（4）沉桩前应对预制桩进行检查，确认合格。

（5）检查现场试桩：

1）检查试桩的桩顶是否有破损或强度不足的情况，如有，凿除后重新修补平整。

2）在冰冻季节试桩时，应将桩周围的冻土全部融化，其融化范围符合设计及规范要求。

3）收集试桩的钻探资料。

4）确定试桩数量和试验方法，其试验方法符合试验规程等。

5）试桩结束后对施工单位的试桩报告（包括记录）进行审核，试桩过程监理人员必须旁站，做好记录。试桩全过程必须符合规范和设计要求，以确定桩基施工的方案与工艺。

（6）在黏土质地区沉入群桩，在每根桩下沉完毕后，应测量其桩顶标高，待全部沉桩完毕后再测量各桩顶标高，若有隆起现象应采取措施。

（7）在软塑黏土质地区或松散的砂土质地区下沉群桩时，应对影响范围内的建（构）筑物采取相应的保护措施。

（8）桩的连接接头强度不得低于桩截面的总强度。

（9）根据设计要求进行承载力试验，监理人员根据试验资料确定下道工序施工。

（10）在沉桩过程中发现以下情况应暂停施工，并应采取措施进行处理：

1）贯入度发生剧变。

2）桩身发生突然倾斜、位移或有严重回弹。

3）桩头或桩身破坏。

4）地面隆起。

5）桩身上浮。

（11）沉桩完成后，专业监理工程师签署隐蔽工程验收单，并整理监理抽检的各类记录和资料。

3. 预应力高强度混凝土管桩

（1）审查沉桩方案、沉桩设备检查、试桩、群桩桩顶标高测量、地下管线以及建（构）筑物的监理要点，参见上述 2 中相关内容。

（2）法兰接头与焊接接头应旁站，检查焊接人员操作证是否与上报相一致，督促施工单位按规范和标准操作。

（3）焊接接头如需进行超声波检测，监理应在现场随时了解检测情况，并按规定将测试报告单归档。

（4）根据要求按一定比例进行动测试验，发现问题，及时向有关方面反映，试验报告应整理归档。

（5）对沉桩过程进行旁站检查，并做好沉桩记录。

（6）沉桩结束后，专业监理工程师签署隐蔽工程验收单。并按一定比例做好抽检桩的沉桩记录和工序质量检验单。

4. 沉入钢桩

（1）审查沉桩方案、沉桩设备检查、试桩、群桩桩顶标高测量、地下管线以及建（构）筑物、暂停施工等的监理要点，参见上述 2 中相关内容。

（2）复核桩机控制点或地面标高，检查桩身所标示尺寸是否正确。

（3）对进场钢桩进行验收，确认合格，现场拼接、运输、起吊、沉桩过程中，防腐层被破坏时及时补修。

（4）桩的连接接头强度不得低于桩截面的总强度。钢桩接桩处纵向弯曲矢高不得大于桩长的 0.2%。

（5）焊缝如进行超声波检测，检测时监理人员必须旁站，随时了解检测结果，测试报告单按规定归档。

（6）沉入型钢桩时，应采取防止桩横向失稳的措施。

（7）对沉桩过程进行旁站检查，并做好沉桩记录。

（8）沉桩结束后，专业监理工程师签署隐蔽工程验收单。并按一定比例做好抽检桩的沉桩记录和工序质量检验单。

3.3.3　灌注桩监理要点

1. 测量定位控制

（1）施工方自检合格，报承建单位报审表，后附相关施工记录。

（2）监理员复核上报内容填写完善，数据计算无误，现场复核基础桩、排架桩允许偏差。

（3）根据复核结果，合格后由复核人员及专业监理工程师在施工记录签认。

（4）坐标控制点已经过测量复核，施工单位上报施工单位报审表，并由专业监理工程师复核签认，后附相关施工记录。

2. 旁站试桩

（1）进场桩机、混凝土搅拌机、对焊机等设备已报验并经专业监理工程师签认。

（2）所有专业人员重要岗位操作工上岗证均经复验，复印件备案，专业监理工程师在签认。

（3）已完成所需混凝土配合比试验并经过审查批准，检查混凝土配合比时应重点检查水灰比、最少水泥量及最大水泥用量，完成各类原材料检测并报验经过审查批准。

（4）安全施工措施已按核定后的施工组织设计准备到位。

（5）检查现场各项安全措施是否到位。

（6）检查试桩的桩顶是否有破损或强度不足的情况，如有，凿除后重新修补平整。

（7）在冰冻季节试桩时，应将桩周围的冻土全部融化，其融化范围符合设计及规范要求。

（8）收集试桩的钻探资料。

（9）确定试桩数量和试验方法，其试验方法符合试验规程等。

3. 护筒埋设

监理员巡视检查护筒埋设情况，主要内容为护筒直径，位置、垂直度，入土深度及高出水面（地面）的高度，护筒顶端的标高，记录巡视结果。

（1）在岸滩上的埋设深度：黏性土、粉土不得小于 1m；砂性土不得小于 2m。当表面土层松软时，护筒应埋入密实土层中 0.5m 以下。

（2）水中筑岛，护筒应埋入河床面以下 1m 左右。

（3）在水中平台上沉入护筒，可根据施工最高水位、流速、冲刷及地质条件等因素确定沉入深度，必要时应沉入不透水层。

（4）护筒埋设允许偏差：顶面中心偏位宜为 5cm。护筒斜度宜为 1‰。

4. 钻孔与清孔

（1）监理员检查钻杆对中，垂直情况及转盘高程并将检查情况汇总于监理日志。

（2）监理员或专业监理工程师巡视检查泥浆指标，并将数据（2 次/桩）及其他钻进过程异常情况应随时记录。

（3）监理人员现场抽取岩样判定并封存。

（4）根据设计图纸，勘探报告确定终孔标高。

（5）如有特殊规定需设计或勘探单位明确的内容请相关单位签字明确后确定终孔标高。

（6）施工方上报报验单，后附钢筋笼质检单，监理员验收，合格后签字并再由专业监理工程师签认。

（7）检查桩孔孔深、孔径、钻孔倾斜度、泥浆比重是否符合设计及规范要求，符合要求之后进行清孔。

（8）施工方清孔后填写成孔记录表，监理员检查沉渣厚度合格后签认。

5. 旁站钢筋笼安放

（1）检查现场各项安全措施是否到位。

（2）核查钢筋笼是否通过工序检验合格。核查钢筋笼的长度、直径及钢筋的型号。受力钢筋应平直，表面不得有裂纹及其他损伤。受力钢筋同一截面的接头数量、搭接长度、焊接和机械接头质量应符合施工技术规范要求。钢筋安装时，必须保证设计要求的钢筋根数。

（3）钢筋笼在运输过程中，应采取适当的措施防止其变形，钢筋笼顶端应设置吊环。

（4）在钢筋笼安放之前，应检查声测管接头和底部处的密封及牢固情况。

（5）钢筋笼安放过程中要检查钢筋焊接情况，等钢筋笼对中就位好，再将钢筋笼吊挂在孔口的钢护筒上，或在孔口地面上设置扩大受力面积的装置进行吊挂，不得直接将钢筋笼支承在孔底。在钢筋笼安放就位后，应检查其定位及固定情况。

（6）应检查现场施工临时用电安全方面的情况。

（7）监理员旁站钢筋笼焊接质量，见证抽检接头并送符合资质的试验室检测，填写旁站记录表。

6. 旁站水下混凝土浇筑

（1）检查现场各项安全措施是否到位。

（2）桩身混凝土所用的水泥、砂、石、水、外掺剂及混合材料的质量和规格必须符合有关规范的要求，按规定配合比施工。

（3）成孔后必须清孔，测量孔径、孔深、孔位和沉淀层厚度，确认满足设计或施工技术规范要求后，方可灌注水下混凝土。

（4）在吊入钢筋笼后，灌注水下混凝土之前，应再次检查孔内泥浆的性能指标和孔底沉淀厚度，如不符合设计及规范要求时，应进行第二次清孔，符合要求后方可灌注水下混凝土。

（5）确认施工机具设备能否满足水下混凝土灌注数量、灌注速度及在规定时间内灌注完毕的要求，水下混凝土的灌注时间不得超过首批混凝土的初凝时间。水下混凝土应连续灌注，严禁有夹层和断桩。

（6）安装内径为200～350mm的钢导管，根据孔深确定安装的钢导管的总长度、每节长度、节数及每节的顺序等。应进行导管密封性能试验。

（7）再次检查孔深确定沉淀层厚度，如符合设计及规范要求时，进行水下混凝土灌注。

（8）混凝土运至灌注地点时，检查其均匀性和坍落度等，不符合要求时不得使用，首批混凝土的数量必须满足导管首次埋置深度1.0m以上的需要，首批混凝土入孔后，混凝土要连续灌注，不得中断。

（9）在灌注过程中，随时测探桩孔内混凝土面的位置，及时调整导管埋深，埋置深度宜控制在2～6m。如发现混凝土在灌注过程中，混凝土面的实际上升高度与理论上升高度有较大偏差时，应记录并及时暂停施工并分析原因（多考虑为溶洞、串孔、塌孔等）。

（10）灌注时应采取措施防止钢筋笼上浮。

（11）监理员旁站抽检混凝土坍落度（每桩不少于1次）并记录过程中异常情况，填写旁站记录表。

3.3.4 沉井监理要点

1. 沉井定位

（1）记录现场投入机械的型号、数量以及施工人员数量。

（2）浮运前应对拖运、定位、导向、锚锭、潜水、起吊及排水、灌水等相关设备设施进行检查。

（3）对沉井的定位系统以及浮运、就位的稳定性进行验算。

（4）浮式沉井在下水、浮运前，应进行水密性检查，对底节进行水压试验。

（5）在浮运、就位的任何时间内，沉井露出水面的高度均不小于1m。

（6）就位前对所有缆绳、锚链、锚锭和导向设备进行检查调整。

2. 沉井下沉（浮式）

（1）记录现场投入机械的型号、数量以及施工人员数量，检查下沉前的各项安全措施是否到位。

（2）检查、记录现场投入的施工机械的设备状态。

（3）下沉前应进行井壁外观检查，检查混凝土强度及抗渗等级。沉井下沉应在井壁混凝土达到规定强度后进行。浮式沉井在下水、浮运前，应进行水密性试验。

（4）下沉前应分区、分组、依次、对称、同步的抽除（拆除）刃脚下的垫架（砖垫座），每抽出一根垫木后，在刃脚下立即用砂、卵石或砾砂填实。

（5）小型沉井挖土要求分层、对称、均匀地进行，一般在沉井中间开始逐渐挖向四周，每层高 0.4～0.5m，沿刃脚周围保留 0.5～1.5m 宽的土堤，然后沿沉井壁，每 2～3m 一段向刃脚方向逐层全面、对称、均匀的削薄土层，各仓土面高差应在 50cm 以内。

（6）在挖土下沉过程中，工长、测量人员、挖土工人应密切配合，加强观测，及时纠偏。挖出之土方不得堆在沉井附近。

（7）筒壁下沉时，一般干筒壁外侧填砂，保持不少于 30cm 高。雨期应在填砂外侧作挡水堤，防止出现筒壁外的摩阻力接近于零，而导致沉井突沉或倾斜的现象。

（8）沉井接高时，各节的竖向中轴线应与第一节竖向中轴线相重合。接高前应纠正沉井的倾斜。

（9）沉井下沉接近设计标高时，应加强观测，检查基底，确认符合设计要求后方可封底，防止超沉。

（10）下沉过程中，对下沉的状况进行动态化、信息化管理，随时掌握土层情况，监测、控制下沉，并分析和检验土的阻力与沉井的重力关系。

（11）正常下沉时，应自井孔中间向刃脚处均匀对称除土。

（12）下沉时随时进行纠偏，保持竖直下沉，每下沉 1m 至少检查 1 次，当出现倾斜时，及时校正。

（13）下沉至设计标高以上 2m 左右时，适当放慢下沉速度。

（14）沉井下沉中出现开裂，必须查明原因，进行处理后才可以继续下沉。

3. 沉井下沉（筑岛）

（1）记录现场投入机械的型号、数量以及施工人员数量，检查下沉前的各项安全措施是否到位。

（2）检查、记录现场投入的施工机械的设备状态。

（3）在沉井位于浅水或可能被水淹没的岸滩上时，若地基承载力不够，应采取加固措施。

（4）检查制作沉井的岛面、平台面和开挖基坑施工坑底标高，应比施工最高水位高出 0.5～0.7m，有流水时，应再适当加高。

（5）筑岛的尺寸应满足沉井制作及抽垫等工作要求，无围堰筑岛，宜在沉井周围设置不小于 2m 宽的护道。有围堰筑岛，护坡道在任何情况下不应小于 1.5m。

（6）筑岛材料应采用透水好、易于压实的砂土或碎石土等，且不应含有影响岛体受力及抽垫下沉的块体。岛面及地基承载力应满足设计要求。

（7）在施工期内，水流受压缩后，应保证岛体稳定，坡面、坡脚不受冲刷，必要时应采取防护措施。

（8）在斜坡上筑岛时应进行设计计算，应有防滑措施。在淤泥等软土上筑岛时应将软土挖除，换填或采用其他加固措施。

（9）筑岛沉井一般采用钢筋混凝土厚壁沉井，制作前应检查沉井纵、横向中轴线位置是否符合设计要求。

（10）筑岛沉井底节支垫的抽除应符合：

1）沉井混凝土强度满足沉井抽垫受力的要求方可抽垫。

2）支垫应分区、依次、对称、同步地向沉井外抽出，随抽随用砂土回填捣实，抽垫时应防止沉井偏斜。

3）定位支点处的支垫，应按设计要求的顺序尽快抽出。

（11）沉井下沉应在井壁混凝土达到规定强度后进行。

（12）沉井接高时，各节的竖向中轴线应与第一节竖向中轴线相重合。接高前应纠正沉井的倾斜。

（13）沉井下沉接近设计标高时，应加强观测，检查基底，确认符合设计要求后方可封底，防止超沉。

（14）沉井下沉中出现开裂，必须查明原因，进行处理后才可以继续下沉。

4. 沉井浇筑封底混凝土

（1）记录现场投入机械的型号、数量以及施工人员数量，检查高空作业时各项安全措施是否到位。

（2）检查、记录现场投入的施工机械的设备状态。

（3）检查确认现场是否具备混凝土浇筑施工的条件。

（4）沉井下沉至设计标高，对基底进行检验，再经 2～3d 下沉稳定，或经观测在 8h 内累计下沉量不大于 10mm，即可进行封底。

（5）围堰清基应符合设计要求。清基完成并检查合格后，方可浇筑水下混凝土封底。

（6）封底前应先将刃脚处新旧混凝土接触面冲洗干净或打毛，对井底进行修整使之成锅底形，由刃脚向中心挖放射形排水沟，填以卵石作成滤水盲沟，在中部设 2～3 个集水井与盲沟连通，使井底地下水汇集于集水井中用潜水电泵排出，保持水位低于基底面 0.5m 以下。

（7）封底一般铺一层 150～500mm 厚卵石或碎石层，再在其上浇一层混凝土垫层，在刃脚下切实填严，振捣密实，以保证沉井的最后稳定，达到 50% 强度后，在垫层上铺卷材防水层，绑钢筋，两端伸入刃脚或凹槽内，浇筑底板混凝土。

（8）混凝土浇筑应在整个沉井面积上分层、不间断地进行，由四周向中央推进，并用振动器捣实，当井内有隔墙时，应前后左右对称地逐孔浇筑。

（9）混凝土养护期间应继续抽水，待底板混凝土强度达到 70% 后，对集水井逐个停止抽水，逐个封堵。

（10）沉井的水下混凝土封底应全断面一次性连续灌注完成，在围壁处不得出现空洞，不得渗水。对特大型沉井，可划分区域进行封底。

（11）采用刚性导管法进行水下混凝土封底时，根据导管作用半径及封底面积确定导管间隔及根数，导管随混凝土面升高而逐步提升，导管的埋深与导管内混凝土下落深度相适应，符合设计规范规定。

（12）水下混凝土面的最终灌注高度，应比设计值高出 150mm 以上。

3.3.5　地下连续墙监理要点

1. 混凝土导墙施工检查

（1）复核定位放线、轴线、标高。

（2）严格监控轴线和净间距的距离和垂直度。

（3）现浇的钢筋混凝土导墙宜筑于密实的黏性土层上，对松散粒状土或流动性软弱土体进行地基加固，严防挖槽时导墙底下挖方。

（4）导墙背侧需回填土时，应用黏性土并夯实不得漏浆。

（5）导墙之间必须加设对撑，混凝土未达到设计强度时，禁止重型机械设备在导墙附近停置或进行作业，防止导墙开裂或位移变形。

（6）导墙沟槽灌泥浆前，应将垃圾杂物等消除干净。

2. 槽段开挖和泥浆检查

（1）挖槽过程中应观察槽壁变形、垂直度、泥浆液面高度，并应控制抓斗上下运行速度。如发现较严重坍塌时，应及时将机械设备提出，分析原因，妥善处理。

（2）槽段挖至设计深度后，及时检查槽位、槽深和垂直度，做好记录。

（3）定期检查泥浆质量，及时调整泥浆指标。

（4）泥浆在使用过程中，应经常测定和控制泥浆指标。

（5）槽段到设计深度后，监理应及时提醒督促施工单位测量沉渣厚度，并控制沉渣厚度不超过规定。

（6）督促施工单位严格按照施工组织设计的规定进行护壁泥浆的配制、管理和废弃。

3. 吊放钢筋骨架

（1）吊放钢筋骨架时，必须将钢筋骨架中心对准单元节段的中心，准确放入槽内，不得使骨架发生摆动和变形。

（2）监督施工单位重视钢筋笼的刚度、吊点和预埋件的设置、保护层厚度、起吊入槽过程中有无变形等。

（3）钢筋笼下放前必须对槽壁垂直度、槽宽、槽深、清孔质量及槽底标高，进行严格检查和验收。

（4）全部钢筋骨架入槽后，应固定在导墙上，顶端高度应符合设计要求。

（5）当钢筋骨架不能顺利的插入槽内时，应查明原因，排除障碍后，重新放入，不得强行压入槽内。

（6）钢筋骨架分节沉入时，下节钢筋笼应临时固定在导墙上，上下节主筋应对正、焊接牢固，并经检查合格后方可继续下沉。

（7）钢筋笼入槽后的标高符合设计要求。

（8）混凝土浇筑时，钢筋笼不得上浮或移动。

4. 水下混凝土浇筑

（1）水下混凝土浇筑监理要点参见本书3.3.3中第6条。

（2）监督施工单位注意混凝土浇灌时导管提升及埋入混凝土的深度。

（3）各单元槽段之间所选用的接头方法，应符合设计要求。接头管（箱）应能承受混凝土的压力；浇灌混凝土时，应经常转动及提动接头管。拔管时不得损坏接缝处的混凝土。

（4）地下连续墙裸露墙应表面密实、无渗漏；接缝处无明显夹泥和渗水现象。

3.3.6 现浇混凝土承台监理要点

1. 测量定位控制

（1）施工方自检合格，报承建单位报审表，后附施工记录；监理员复核上报内容填写完善，数据计算无误，现场复核承台纵横轴线、墩柱纵横轴线允许偏差。

（2）要求施工单位上报各点位的计算数值并对其进行校核。

（3）控制点位的选取监理部应按照各工程的特殊情况进行现场实地勘察，并确定使用与否。

（4）对施工单位自检合格后上报的报验申请资料进行复核。

（5）监理人员对现场点位进行复核（包括平面坐标，高程），根据复核结果，合格后由复核人员及专业监理工程师在施工记录上签认。

（6）在承台浇筑的混凝土达到强度后对其进行复测以确保分项工程点位在设计规范以内；挡土墙要求丈量其宽度长度及高度。

2. 基坑开挖与垫层

（1）进场机具、混凝土搅拌机、对焊机等设备已报验并经专业监理工程师签认。

（2）所有专业人员重要岗位操作工上岗证均经复验，复印件备案，由专业监理工程师签认。

（3）已完成所需混凝土配合比试验并经过审查批准，检查混凝土配合比时应重点检查水灰比、最少水泥量及最大水泥用量，完成各类原材料检测并报验经过审查批准。

（4）施工单位在开挖完成、自检合格后，填写报验单隐检单，报监理验收，检查合格专业监理工程师签认隐检单等。

（5）施工单位自检合格后，填写报验单隐检单，报监理检查。

3. 模板、钢筋

施工单位在模板制作、安装完成自检合格后，上报施工单位报审、报验表（《建设工程监理规范》GB 50319—2013 表 B.0.7，并附建城〔2002〕221 号文件质检表 3），监理员检查模板的拼装情况，主要内容为位置、垂直度、尺寸、高程、模板拼缝情况及刚度等，记录检查结果；检查合格后专业监理工程师签认预检单，同意进入下道工序。

（1）检查立柱的预埋钢筋的位置，按立柱中心控制。

（2）检查模板是否拼装牢固。

（3）检查模板是否支撑牢固、拼缝严密，模板的内壁是否光滑、脱模剂是否涂刷到位。

（4）施工单位在钢筋制作、安装完成自检合格后，上报施工单位报审、报验表，监理员检查钢筋的质量情况，主要检查钢筋的型号、尺寸、根数是否正确，检查钢筋的加工、连接、钢筋网的组成及安装、钢筋的保护层厚度是否符合要求，见证对钢筋接头按有关规定取样进行试验，记录检查结果，检查合格后专业监理工程师签认隐检单，同意施工单位进入下道工序。

4. 浇筑混凝土

（1）监理员抽检坍落度，并记录过程中异常情况，填写"旁站记录"。

（2）抽取混凝土试块（每一单元最少 2 组）。

（3）施工单位填写混凝土浇筑记录表。

（4）顺利完成浇筑后专业监理工程师签认。

（5）对轻微的蜂窝、麻面等质量问题及时要求施工单位进行修整。

（6）对已成型的成品的标高、轴线、尺寸等进行测量和统计。

（7）如发生质量不合格情况按质量事故处理方案执行。

3.4　墩台与支座监理要点

3.4.1　施工测量

（1）对现场墩台的高程、垂直度及平面中心坐标进行计算；要求施工单位上报平面控制桩定位图，标注点号及与墩台各部位的数据关系。对各点位的计算数值并对其进行校核。

（2）盖梁按照中心点位控制也可按照两对角点控制。

（3）对施工单位自检合格后上报的报验申请资料进行复核。

（4）监理人员对现场点位进行复核（包括平面坐标，高程）；高程测量应进行回路闭合。

（5）进行模板尺寸验收按设计或相关规范的规定进行控制。

（6）验收合格后给予签认报验申请，进而对支座的中心进行复核。

（7）混凝土达到强度后对其进行复测以确保分项工程点位在设计或相关规范的规定以内。

（8）存在塔柱的桥可以根据自身的特点进行控制。

3.4.2　现浇混凝土墩台监理要点

（1）检查所需机具已进场，机械设备状况良好，满足施工需要。

（2）基础（承台或扩大基础）和预留插筋经验收合格。

（3）审查施工单位编制的分项工程施工方案，审批模板设计。

（4）检查施工单位进行钢筋的取样试验、钢筋翻样及配料单编制工作。

（5）对模板进行进场验收。

（6）进行混凝土各种原材料的取样试验工作，审查混凝土配合比。

（7）检查施工单位是否对操作人员进行培训，并向有关人员进行安全技术交底。

（8）重力式混凝土墩台施工检查要点：

1）墩台混凝土浇筑前应对基础混凝土顶面做凿毛处理，清除锚筋污锈。

2）墩台混凝土宜水平分层浇筑，每次浇筑高度宜为 1.5～2m。

3）墩台混凝土分块浇筑时，接缝应与墩台截面尺寸较小的一边平行，邻层分块接缝应错开，接缝宜做成企口形。分块数量，墩台水平截面积在 200m² 内不得超过 2 块；在 300m² 以内不得超过 3 块。每块面积不得小于 50m²。

（9）柱式墩台施工检查要点：

1）模板、支架除应满足强度、刚度外，稳定计算中应考虑风力影响。

2）墩台柱与承台基础接触面应凿毛处理，清除钢筋污锈。浇筑墩台柱混凝土时，应铺同配合比的水泥砂浆一层。墩台柱的混凝土宜一次连续浇筑完成。

3）柱身高度内有系梁连接时，系梁应与柱同步浇筑。V形墩柱混凝土应对称浇筑。

（10）采用预制混凝土管做柱身外模时，预制管安装检查要点：

1）基础面宜采用凹槽接头，凹槽深度不得小于5cm。

2）上下管节安装就位后，应采用四根竖方木对称设置在管柱四周并绑扎牢固，防止撞击错位。

3）混凝土管柱外模应设斜撑，保证浇筑时的稳定。

4）管接口应采用水泥砂浆密封。

3.4.3 现浇混凝土盖梁监理要点

（1）进场机械、混凝土搅拌机、对焊机等设备已报"工程材料、构配件、设备报审表"，并经专业监理工程师签认。

（2）所有专业人员重要岗位操作工（焊工、起重工等）上岗证均经复验，复印件备案，专业监理工程师签认。

（3）坐标控制点已经过测量复核，施工单位上报施工单位报验表并由专业监理工程师复核签认。

（4）审查施工单位编制的分项工程施工方案，审批模板及支架设计计算。

（5）已完成所需混凝土配合比试验并经过审查批准，检查混凝土配合比时应重点检查水灰比最少水泥量及最大水泥用量，完成各类原材料检测并报验经过审查批准。

（6）进行钢筋的取样试验、钢筋翻样及配料单编制工作。

（7）对模板、支架进行进场验收。

（8）进行预应力张拉设备的检定校验及预应力材料的取样试验。

（9）墩柱经验收合格，墩柱顶面与盖梁接缝位置充分凿毛，满足有关施工缝处理的要求。

（10）模板控制：

1）施工单位在模板拼装完成、自检合格后，填写隐检报验表。

2）模板支承必须牢固、拼缝必须严密、模内必须洁净。

3）监理员在检查合格后签认预检单，同意施工单位进入下道工序，检查数据记入监理日志。

（11）钢筋绑扎质量控制：

1）施工单位在钢筋制作、安装完成自检合格后，上报施工单位报验表，监理员检查钢筋的质量情况，主要检查钢筋的型号、尺寸、根数是否正确，检查钢筋的加工、连接、钢筋网的组成及安装、钢筋的保护层厚度是否符合要求，见证对钢筋接头按有关规定取样进行试验，记录检查结果。

2）检查合格，监理员或监理工程师，签认隐检单等，并记录检查情况。

（12）浇筑混凝土控制：

1）监理员巡视旁站，抽检坍落度（每一工作台班不少于两次）及施工配合比情况，并记录过程中异常情况，填写"旁站记录"。

2）见证员抽取混凝土试块（每一单元最少2组）。

3）施工单位填写混凝土浇筑记录表。

4）顺利完成灌注后监理工程师签认。

3.4.4 预制钢筋混凝土柱和盖梁监理要点

1. 构件安装

（1）检查所需机具已进场，机械设备状况良好，满足施工需要。

（2）审查施工单位编制分项工程施工方案，并检查其交底情况。

（3）对预制构件进场检验。

（4）检查混凝土各种原材料的送检试验工作，审批混凝土配合比报告单。

（5）检查基础杯口的混凝土强度必须达到设计要求，方可进行预制柱安装。

（6）预制柱安装检查要点：

1）杯口在安装前应校核长、宽、高，确认合格。杯口与预制件接触面均应凿毛处理，埋件应除锈并应校核位置，合格后方可安装。

2）预制柱安装就位后应采用硬木楔或钢楔固定，并加斜撑保持柱体稳定，在确保稳定后方可摘去吊钩。

3）安装后应及时浇筑杯口混凝土，待混凝土硬化后拆除硬楔，浇筑二次混凝土，待杯口混凝土达到设计强度75％后方可拆除斜撑。

（7）预制钢筋混凝土盖梁安装检查要点：

1）预制盖梁安装前，应对接头混凝土面凿毛处理，预埋件应除锈。

2）在墩台柱上安装预制盖梁时，应对墩台柱进行固定和支撑，确保稳定。

3）盖梁就位时，应检查轴线和各部尺寸，确认合格后方可固定，并浇筑接头混凝土。接头混凝土达到设计强度后，方可卸除临时固定设施。

2. 墩（台）帽预应力张拉（后张法）

（1）审查张拉单位和作业人员资质，主要张拉人员必须持证上岗。

（2）检查确认现场是否具备高空张拉施工的条件。

（3）检查、记录现场投入的设备状态，审查张拉设备标定情况，钢尺、油压表、千斤顶等器具应经检验校正，且在有效期之内，如果超过6个月或使用超过300次，须重新进行标定，且必须配套使用。当张拉过程中出现异常现象时，应重新进行标定，并审核张拉计算书。

1）审查进场的波纹管、预应力钢绞线、锚具等原材料和成品、半成品是否为招标确定的厂家生产，复试试验是否合格。

2）预应力束中的钢丝、钢绞线应梳理顺直，不得有缠绞、扭麻花现象，表面不应有损伤，单根钢绞线不允许断丝。单根钢筋不允许断筋或滑移。

3）同一截面预应力筋接头面积不超过预应力筋总面积的25％，接头质量应满足施工技术规范要求。

4）预应力筋张拉或放张时，混凝土强度和龄期必须符合设计要求，严格按照设计规定的张拉顺序进行操作。

5）预应力钢丝采用镦头锚时，墩头应头形圆整，不得有歪斜或破裂现象。

6）依据钢绞线实际弹性模量对设计单位和承包人提供的伸长量进行复核。

7）锚具、夹具和连接器应符合设计要求，按施工技术规范的要求经检验合格后方可使用。

（4）检查预应力孔道疏通情况，检查孔道是否清理干净，是否有积水。

（5）检查施工现场安全措施落实情况，安全措施落实不到位不得进行张拉作业，尤其是高空作业张拉。

（6）核查与盖梁同条件养护的混凝土试件强度抗压试验结果，判断是否可以进行预应力张拉施工。

（7）制孔管道应安装牢固，接头密合、弯曲圆顺。锚垫板平面应与孔道轴线垂直。

（8）当墩台帽强度、弹性模量达到设计规定时，方可开始张拉，设计未规定时，混凝土强度应不低于设计强度等级的 80%，弹性模量应不低于混凝土 28d 弹性模量的 80%，张拉时采用"双控"的办法，以应力为主，伸长量为辅，当伸长量误差超过 ±6% 时，应立即指令停止张拉，找出误差超标的原因，提出处理方案，经审批后按要求进行处理。

（9）严格按照设计要求的张拉顺序分批进行张拉。

（10）两端张拉时，应设统一指挥人员，千斤顶拉力应基本同步加力，两端伸长量也应基本同步，当千斤顶拉力同步上升，两端的伸长量相差较大时，应立即停止张拉，找出原因，消除影响后方可继续张拉。

（11）观察张拉过程中有无断丝、滑丝现象，并对张拉情况进行记录，张拉完成后要尽快进行压浆。

（12）张拉完毕后，应对锚具锚固情况进行检查，并督促及时进行钢绞线切割与封锚工作。

3. 墩台帽预应力压浆（后张法）

（1）检查施工现场安全措施落实情况，高空作业的安全措施落实不到位不得进行压浆作业。

（2）审批孔道压浆的净浆配合比，并制作水泥浆试块，每一工班至少应制作 3 组试件。

（3）张拉完成后要尽快进行压浆，不得超过规范规定的时间。

（4）检查水泥浆是否按批准的级配进行控制，并对水泥浆的质量进行抽查，一般要求真空压浆。

（5）观察压浆过程中排气孔和另一锚固端的冒浆情况，压浆压力为 0.5～0.7MPa，并要保持至少 3～5min 稳压。

（6）张拉完毕后应采用与墩台帽混凝土同标号的混凝土进行封锚，封锚前混凝土面按要求进行凿毛，钢筋按要求进行焊接，锚外钢绞线应用砂轮锯切割。

（7）压浆工作在 5℃ 以下进行时，应采取防冻或保温措施。

（8）孔道压浆的水泥浆性能和强度应符合施工技术规范要求，压浆时排气、排水孔应有连续一致的水泥原浆溢出后方可封闭。

(9) 压浆完成后，待强度达到设计要求后才能拆除底模。

3.4.5 重力式砌体墩台监理要点

(1) 检查所需机具已进场，机械设备状况良好，满足施工需要。

(2) 审查施工单位编制的分项工程施工方案，审批模板设计。

(3) 进行混凝土各种原材料（石料、砂浆、水泥、砂、水、外加剂等）的取样试验工作，审查砂浆配合比。

(4) 检查施工单位是否对操作人员进行培训，并向有关人员进行安全技术交底。

(5) 天然地基基底验收合格。非天然基础施工前必须做完基础工程，办理完隐、预检手续。

(6) 土质基底如被雪、雨或地下水浸软，必须晾干、夯实，或采取换土、夯填碎卵石的方法加以处理，使基底承载力符合设计要求。

(7) 如基坑内有水，必须在基础范围以外挖排水沟，将基坑内水排净。

(8) 墩台砌体应采用坐浆法分层砌筑，竖缝均应错开，不得贯通。

(9) 砌筑墩台镶面石应从曲线部分或角部开始。

(10) 检查桥墩分水体镶面石的抗压强度不得低于设计要求。

(11) 砌筑的石料和混凝土预制块应清洗干净，保持湿润。

3.4.6 台背填土监理要点

(1) 检查填土土质：台背填土不得使用含杂质、腐殖物或冻土块的土类。宜采用透水性土。

(2) 台背、锥坡应同时回填，并应按设计宽度一次填齐。

(3) 台背填土宜与路基填土同时进行，宜采用机械碾压。台背 0.8～1m 范围内宜回填砂石、半刚性材料，并采用小型压实设备或人工夯实。

(4) 轻型桥台台背填土应待盖板和支撑梁安装完成后，两台对称均匀进行。

(5) 刚构应两端对称均匀回填。

(6) 拱桥台背填土应在主拱施工前完成；拱桥台背填土长度应符合设计要求。

(7) 柱式桥台台背填土宜在柱侧对称均匀地进行。

(8) 回填土均应分层夯实。检查填土压实度是否符合现行行业标准《城镇道路工程施工与质量验收规范》CJJ 1—2008 的有关规定。

3.4.7 支座安装监理要点

1. 一般要点

(1) 审查施工单位编制的施工方案，并检查其交底情况。

(2) 检查补偿收缩砂浆及混凝土各种原材料的取样试验工作，设计砂浆及混凝土配合比。

(3) 检查环氧砂浆配合比设计。

(4) 支座进场后取样送有资质的检测单位进行检验。

（5）桥墩混凝土强度已达到设计要求，并完成预应力张拉。

（6）墩台（含垫石）轴线、高程等复核完毕并符合设计要求。

（7）检查墩台顶面是否清扫干净，并设置护栏；上下墩台的梯子是否搭设就位。

（8）支座安装平面位置和顶面高程必须正确，不得偏斜、脱空、不均匀受力。

（9）支座滑动面上二的聚四氟乙烯滑板和不锈钢板位置应正确，不得有划痕、碰伤。

（10）墩台帽、盖梁上的支座垫石和挡块宜二次浇筑，确保其高程和位置的准确。垫石混凝土的强度必须符合设计要求。

2. 板式橡胶支座

（1）检查垫石顶面质量及标高：垫石顶面应清理干净，采用干硬性水泥砂浆抹平，顶面标高应符合设计要求。

（2）梁板安放时应位置准确，且与支座密贴。如就位不准或与支座不密贴时，必须重新起吊，采取垫钢板等措施，并应使支座位置控制在允许偏差内。不得用撬棍移动梁、板。

3. 盆式橡胶支座

（1）当支座上、下座板与梁底和墩台顶采用螺栓连接时，螺栓预留孔尺寸应符合设计要求，安装前应清理干净，采用环氧砂浆灌注；当采用电焊连接时，预埋钢垫板应锚固可靠、位置准确。墩顶预埋钢板下的混凝土宜分两次浇筑，且一端灌入，另端排气，预埋钢板不得出现空鼓。焊接时应采取防止烧坏混凝土的措施。

（2）现浇梁底部预埋钢板或滑板应根据浇筑时气温、预应力筋张拉、混凝土收缩和徐变对梁长的影响没置相对于设计支承中心的预偏值。

（3）活动支座安装前应采用丙酮或酒精解体清洗其各相对滑移面，擦净后在聚四氟乙烯板顶面满注硅脂。重新组装时应保持精度。

（4）支座安装后，支座与墩台顶钢垫板间应密贴。

4. 球形支座

（1）支座出厂时，应由生产厂家将支座调平，并拧紧连接螺栓，防止运输安装过程中发生转动和倾覆。支座可根据设计需要预设转角和位移，但需在厂内装配时调整好。

（2）支座安装前应开箱检查配件清单、检验报告、支座产品合格证及支座安装养护细则。施工单位开箱后不得拆卸、转动连接螺栓。

（3）当下支座板与墩台采用螺栓连接时，应先用钢楔块将下支座板四角调平，高程、位置应符合设计要求，用环氧砂浆灌注地脚螺栓孔及支座底面垫层。环氧砂浆硬化后，方可拆除四角钢楔，并用环氧砂浆填满楔块位置。

（4）当下支座板与墩台采用焊接连接时，应采用对称、间断焊接方法将下支座板与墩台上预埋钢板焊接。焊接时应采取防止烧伤支座和混凝土的措施。

（5）当梁体安装完毕，或现浇混凝土梁体达到设计强度后，在梁体预应力张拉之前，应拆除上、下支座板连接板。

3.5 混凝土梁（板）工程监理要点

3.5.1 先张法预应力梁（板）预制监理要点

1. 施工准备

（1）检查确认台座、蒸汽管道、锚固横梁及锚板是否具备张拉施工的条件：生产线布置符合工艺要求。张拉台座、张拉端横梁及锚板应具备足够的强度和刚度，并能满足工艺要求及安全要求。张拉横梁及锚板跨中的最大挠度不宜大于2mm，台座长度不宜超过100m。

（2）检查模具制作，并经过合模验收合格。

（3）检查各设备安装调试，并经过安全检查。对张拉设备进行检验，并对千斤顶、油泵、压力表系统进行配套检定，且在有效期之内，如果超过6个月或使用超过300次，须重新进行标定，且必须配套使用。当张拉过程中出现异常现象时，应重新进行标定，并审核张拉计算书。对搅拌站计量系统进行检定。

（4）检查混凝土原材料经试验合格，混凝土经试配并已确定配合比。审批配合比应、混凝土中的总碱含量应符合设计和规范要求。

（5）审核施工单位编制钢筋料表，审查进场的预应力钢绞线、锚具等原材料和成品、半成品是否为招标确定的厂家生产，复试试验是否合格。

（6）预应力束中的钢丝、钢绞线应梳理顺直，不得有缠绞、扭麻花现象，表面不应有损伤，单根钢绞线不允许断丝。单根钢筋不允许断筋或滑移。

（7）同一截面预应力筋接头面积不超过预应力筋总面积的25%，接头质量应满足施工技术规范要求。

（8）预应力筋放张时，混凝土强度和龄期必须符合设计要求，严格按照设计规定的施工顺序进行操作。

（9）预应力钢丝采用镦头锚时，墩头应头形圆整，不得有歪斜或破裂现象。

（10）锚具、夹具和连接器应符合设计要求，按施工技术规范的要求经检验合格后方可使用。

（11）依据钢绞线实际弹性模量对设计单位和承包人提供的伸长量进行复核。

（12）施工准备阶段其他监理要点，参见表1-17中相关内容。

2. 施工测量

（1）对现场各承台的平面中也坐标进行计算；同时计算梁板各部位标高；要求施工单位上报各点位的计算数值并对其进行校核。

（2）预制梁板放样可按照极坐标放样法复核其中心点位；对现场存在视线障碍的具备条件的可用，由测站法或是加临时水准点法两方法都要进行三角闭合以确保准确度。

（3）监理部派遣专业人员对现场点位进行复核（包括平面坐标，高程）；高程测量应进行回路闭合；宽度可以通过卷尺丈量；预制梁（板）的允许偏差以及简支梁（板）安装允许偏差依照设计或相关规范的规定进行控制。

（4）预制梁板的预制过程监理部应派人员对其进行跟踪施制；模板、预制钢筋混凝土梁（板）的预埋件、预留孔洞的允许偏差可依照设计或相关规范的规定。

3. 先张法工序控制

（1）制孔管道应安装牢固，接头密合、弯曲圆顺。锚垫板平面应与孔道轴线垂直。

（2）张拉时采用"双控"的办法，以应力为主，延伸量为辅，当伸长量误差超过±6%时，应立即指令停止张拉，找出误差超标的原因，提出处理方案，经审批后按要求进行处理。

（3）严格按照设计要求的张拉工艺分批进行张拉。

（4）两端张拉时，应设统一指挥人员，千斤顶拉力应基本同步加力，两端伸长量也应基本同步，当千斤顶拉力同步上升，两端的伸长量相差较大时，应立即停止张拉，找出原因，消除影响后方可继续张拉。

（5）预应力筋放张时构件混凝土的强度和弹性模量（或龄期）符合设计规定。

（6）放张顺序符合设计规定，设计未规定时，应分阶段、均匀、对称、相互交错的放张。

（7）观察张拉过程中有无断丝、滑丝现象，并对张拉情况进行纪录，预应力筋张拉完毕后，其位置与设计位置的偏差应不大于5mm，同时应不大于构件最短边长的4%，且宜在4h内浇筑混凝土。

（8）现场旁站时应对张拉现场的安全防护工作进行检查，未达到施工安全方案要求时不允许张拉。

4. 旁站混凝土浇筑

（1）检查确认现场是否具备混凝土浇筑施工的条件。

（2）浇筑前要仔细核对图纸（包括通用图纸），注意支座预埋钢板、预应力设备、泄水孔、护栏底座钢筋、箱室通气孔、伸缩缝等预埋件的埋置，千万不可遗漏，预埋时同样要注意各预埋件的尺寸和位置。

（3）梁板不得出现露筋和空洞现象。

（4）空心板采用胶囊施工时，应采取有效措施防止胶囊上浮。

（5）检查混凝土浇筑前模板的支撑与加固情况，检查、记录预埋钢筋、预埋件等的设置情况。支架、模板是否按设计要求设置了合适的预拱度。

（6）检查排气孔、压浆孔、泄水孔的预埋管及桥面泄水管是否按设计图纸固定到位，预埋件的预埋是否遗漏且安装牢固，位置准确。

（7）对预应力管道的埋设位置严格按照设计图纸仔细认真进行检查核对，浇筑前应检查波纹管的密封性及各接头的牢固性，用灌水法做密封性试验，做完密封性试验后用高压风把管道内残留的水吹出。

（8）浇筑施工过程中对供料地点、运输距离等进行记录。对运输到现场的混凝土进行坍落度抽查检测并记录。对混凝土振捣情况、现场制取试件的组数等进行记录。

（9）自高处向模板内倾卸混凝土时，应防止混凝土离析。

（10）浇筑过程中，底板、腹板用附着式振捣器并配用插入式振捣器振捣，顶板部分用平板式或插入式振动器振捣，注意不要漏振，不要振破预应力束波纹管道，以防水泥浆堵塞波纹管。

（11）箱梁混凝土浇筑分三批前后平行作业，其混凝土浇筑顺序为：底板、腹板→顶板、翼板。

（12）旁站时应注意混凝土浇筑应按顺序、一定的厚度和方向分层进行，分层厚度为30cm，必须注意在下层混凝土初凝或重塑前浇筑完上层混凝土，上下层同时浇筑时，上层与下层前后浇筑距离应保持1.5m以上。应特别注意底板与腹板连接部位、腹板与顶板连接部位的振捣质量控制，做好梁顶板厚度控制检查。

（13）在混凝土浇筑完成后，应在初凝后尽快保养，采用麻袋或其他物品覆盖混凝土表面，洒水养护。

（14）现场制作用于控制拆模，张拉时间的混凝土强度试压块，放置在箱梁室内与之同条件进行养生。

3.5.2 后张法预应力梁（板）预制监理要点

1. 施工准备

同本书3.5.1。

2. 施工测量

同本书3.5.1。

3. 预应力张拉（后张法）

（1）制孔管道应安装牢固，接头密合、弯曲圆顺。锚垫板平面应与孔道轴线垂直。

（2）锚具、夹具和连接器应符合设计要求，按施工技术规范的要求经检验合格后方可使用。

（3）审查张拉单位和作业人员资质，主要张拉人员必须持证上岗。

（4）检查确认现场是否具备张拉施工的条件。

（5）核查与预制梁板同条件养护的混凝土试件强度抗压试验结果，判断是否可以进行预应力张拉施工。

（6）当箱梁强度、弹性模量达到设计规定时，方可开始张拉，设计未规定时，混凝土强度应不低于设计强度等级的80％，弹性模量应不低于混凝土28d弹性模量的80％，张拉时采用"双控"的办法，以应力为主，延伸量为辅，当伸长量误差超过±6％时，应立即指令停止张拉，找出误差超标的原因，提出处理方案，经审批后按要求进行处理。

（7）检查预应力孔道疏通情况，检查孔道是否清理干净，是否有积水。

（8）依据钢绞线实际弹性模量对设计单位和承包人提供的伸长量进行复核。

（9）张拉施工过程中要严格按照设计要求的张拉顺序分批进行张拉。

（10）两端张拉时，应设统一指挥人员，千斤顶拉力应基本同步加力，两端伸长量也应基本同步，当千斤顶拉力同步上升，两端的伸长量相差较大时，应立即停止张拉，找出原因，消除影响后方可继续张拉。

（11）观察张拉过程中有无断丝、滑丝现象，并对张拉情况进行纪录，张拉完成后要尽快进行压浆。

（12）张拉完毕后，应对锚具锚固情况进行检查，并督促及时进行钢绞线切割与封锚工作。

4. 预应力压浆与封锚（后张法）

（1）检查确认现场是否具备压浆施工的条件。

（2）审批孔道压浆的净浆配合比，并制作水泥浆试块，每一工作班至少应制作 3 组，70.7mm×70.7mm×70.7mm 的试件。

（3）检查施工现场安全措施落实情况，安全措施落实不到位不得进行压浆作业。

（4）检查水泥浆是否按批准的级配进行控制，并对水泥浆的质量进行抽查，一般要求真空压浆。

（5）观察压浆过程中排气孔和另一锚固端的冒浆情况，压浆压力为 0.5～0.7MPa，并要保持至少 3～5min 稳压。

（6）张拉完毕后应采用与箱梁混凝土同标号的混凝土进行封锚，封锚前混凝土面按要求进行凿毛，钢筋按要求进行焊接，锚外钢绞线应用砂轮锯切割。

（7）压浆工作在 5℃以下进行时，应采取防冻或保温措施。

（8）孔道压浆的水泥浆性能和强度应符合施工技术规范要求，压浆时排气、排水孔应有连续一致的水泥原浆溢出后方可封闭。如压浆不饱满，需二次压浆。

（9）封锚：孔道压浆完毕，清理施工面并对梁端混凝土凿毛，然后绑封锚区钢筋，支封锚区模板，经监理验收合格后即可进行封锚混凝土施工。封锚混凝土的强度等级应符合设计要求，不宜低于结构混凝土强度等级的 80％，且不得低于 30MPa。混凝土洒水养护时间不少于 7d。

（10）压浆完成后待强度符合设计要求后方可移梁。

5. 旁站混凝土浇筑

同本书 3.5.1。

3.5.3 现浇箱梁监理要点

1. 施工准备

（1）进场机具、混凝土搅拌机、对焊机等设备已报验，并经专业监理工程师签认。

（2）已完成所需混凝土配合比试验并经过审查批准，检查混凝土配合比时应重点检查水灰比、最少水泥量及最大水泥用量，完成各类原材料检测并报验经过审查批准。

（3）检查确认现场是否具备混凝土浇筑施工的条件。

（4）施工准备阶段其他监理要点，参见表 1-17 中相关内容。

2. 施工测量

（1）对现场箱梁平面中如坐标、箱梁底模边线坐标、翼板边线坐标进行计算；同时计算梁板底面标高、芯模顶面标高、翼板边线底模标高；要求施工单位上报各点位的计算数值并对其进行校核。

（2）在施工单位施制好底模并通过自检合格向监理部上报验收资料；监理人员对施工单位的资料进行复核。

（3）监理人员到现场对底模的各控制桩号的中线坐标、边线坐标及标高、平整度、宽度、侧模垂直度、模板接缝的顺度等进行验收要求按照设计或相关规范的规定。

（4）对支座的中心点位、标高、平整度进行验收，按照设计或相关规范的规定验收合格后给予签认报验申请。

（5）监理人员对箱梁芯模等标高进行计算，要求施工单位上报芯模各控制点位标高，监理部对其进行复核。

（6）顶层混凝土标高可按照工程特殊情况对顶层标高疏密控制。

（7）施工单位在自检合格后上报箱梁顶层报验资料，监理人员对其进行验收；同时翼缘板因为放置时间较长由于受外部天气因素影响较大，应抽取几点进行二次复核；验收合格后签认报验资料。

3. 支架、模板质量控制

（1）支架搭设前施工单位须上报经其上级单位技术负责人审核批准过的专项方案，经总监理工程师（或专业监理工程师）审查批准后方可进行支架施工。

（2）监理人员在巡视检查过程中，严格按照批准过的施工方案进行检查、验收，并记录地基承载力、支架预压时的有关数据。预计的支架变形及地基的下沉量应满足施工后梁体设计标高的要求，必要时应采取对支架预压的措施。

（3）检查支架和模板的强度、刚度、稳定性是否满足设计或相关规范的要求。

（4）检查支架、模板是否按设计要求设置了合适的预拱度，箱梁混凝土浇筑前，必须对支架体系的安全性进行全面检查。施工单位自检模板合格后，填写报验单、预检单，报监理检查。

（5）监理员检查模板平整度、高程、尺寸，允许偏差符合设计或相关规范要求。

（6）模板接缝处是否平顺，是否按要求设置预留孔（件），同时检查支座的移动方向是否正确、是否水平（支座四角高差允许偏差受力>5000kN 时，小于 2mm，受力≤5000kN 时，小于 1mm）、位置是否正确。

4. 钢筋、预埋件、预埋管质量检查

（1）施工单位在钢筋制作、安装完成自检合格后，提交钢筋自检和隐蔽项目报验表，监理员检查钢筋的质量情况，主要检查钢筋的型号、尺寸、根数是否正确，检查钢筋的加工、连接、钢筋网的组成及安装、钢筋的保护层厚度是否符合要求，对钢筋接头按有关规定取样进行试验，记录检查结果。

（2）检查排气孔、压浆孔、泄水孔的预埋管及桥面泄水管是否按设计图纸固定到位，预埋件的设置和固定应满足设计和施工技术规范的规定。应检查预埋是否遗漏且安装牢固，位置准确。

（3）对预应力管道的埋设位置严格按照设计图纸仔细认真进行检查核对，浇筑前应检查波纹管的密封性及各接头的牢固性，用灌水法做密封性试验，做完密封性试验后用压缩空气把管道内残留的水吹出。

（4）浇筑前要仔细核对图纸（包括通用图纸），注意支座预埋钢板、预应力设备、泄水孔、护栏底座钢筋、箱室通气孔、伸缩缝等预埋件的埋置，不可遗漏，预埋时同样要注意各预埋件的尺寸和位置。

（5）现浇钢筋混凝土梁预埋件、预留孔洞的允许偏差可依照设计或相关规范的规定进行控制。

5. 旁站混凝土浇筑

（1）浇筑施工过程中对供料地点、运输距离等进行记录。对运输到现场的混凝土进行坍落度抽查检测并记录。对混凝土振捣情况、现场制取试件的组数等进行记录。

（2）自高处向模板内倾卸混凝土时，应防止混凝土离析，直接倾卸时，其自由倾落高度不宜超过 2m，超过 2m 时，应通过串筒、溜槽等设施下落，倾落高度超过 10m 时，应设置减速装置，如果高空采用吊车和料斗运送混凝土时，需检查高空作业时的安全措施。

（3）浇筑过程中底板和肋板用插入式振捣器振捣，顶板部分用平板式振动器振捣，注意不要振破预应力束波纹管道，以防水泥浆堵塞波纹管。

（4）箱梁混凝土浇筑分三批前后平行作业，其混凝土浇筑顺序为：底板、腹板→顶板、翼板。

（5）旁站时应注意混凝土浇筑应按顺序、一定的厚度和方向分层进行，分层厚度为 30cm，必须注意在下层混凝土初凝或重塑前浇筑完上层混凝土，上下层同时浇筑时，上层与下层前后浇筑距离应保持 1.5m 以上。应特别注意底板与肋板连接部位、肋板与顶板连接部位的振捣质量控制，做好梁顶板厚度控制及顶面高程检查。梁体不得出现露筋和空洞现象。

（6）在箱梁浇筑好以后对其中心点位、标高进行复核。

（7）在混凝土浇筑完成后，应在初凝后尽快保养，采用麻袋或其他物品覆盖混凝土表面，洒水养护。

（8）现场制作用于控制拆模，落架的混凝土强度试压块，放置在箱梁室内与之同条件进行养生。

3.5.4 悬臂浇筑混凝土监理要点

1. 施工准备

（1）悬臂浇筑或合龙段浇筑所用的砂、石、水泥、水、外掺剂及混合材料的质量和规格必须符合有关规范要求，按规定的配合比施工。

（2）其他要点同本书 3.5.3 中相关内容。

2. 施工测量

（1）对现场各平面中心坐标进行计算；同时计算梁板各部位标高（如标高由监控单位提供，就利用监控提供的端头底模标高推算各控制点位标高，如有预埋件也应按照监控提供的端头底模标高推算各控制点位标高）；要求施工单位上报各点位的计算数值并对其进行校核。

（2）起始段浇筑按照连续梁控制，验收合格后予以签认报验申请。

（3）在箱梁浇注好后对其中心点位、标高进行复核。

3. 模板检查

（1）芯模验收按连续梁验收，预埋件、预留孔洞的允许偏差可依照设计或相关规范的规定进行控制。

（2）监理人员到现场对底模的各控制桩号的中线坐标、边线坐标及标高、平整度、宽度、侧模垂直度、模板接缝的顺度等进行验收，要求按照设计或相关规范的规定进行控制。

（3）箱段中心点位可按照穿线进行控制；验收合格后给予签认报验申请。

（4）其他要点同本书 3.5.3 中相关内容。

4. 钢筋、预埋件、预埋管检查

同本书 3.5.3 中相关内容。

5. 挂篮检查

（1）在挂篮制作完成后对挂篮各部件几何尺寸进行验收；并要求施工单位在地面进行拼装并进行整体验收。

（2）对所用挂篮的安全可靠性及抗倾覆稳定性进行检查，挂篮拼装、拆除应保持两端基本对称同时进行，挂篮拼装应按照结构顺序逐步操作，作业前应对吊装机械及机具进行安全检查。

（3）施工单位施制好挂篮并通过自检合格向监理部上报验收资料；监理部组织人员对施工单位的资料进行复核。

6. 旁站混凝土浇筑

（1）悬拼或悬浇块件前，监理人员必须对桥墩根部（0# 块件）的高程、桥轴线做详细复核，符合设计要求后，方可进行悬拼或悬浇。

（2）监督悬臂施工必须对称进行，应对轴线和高程进行施工控制。

（3）在施工过程中，梁体不得出现宽度超过设计和规范规定的受力裂缝。一旦出现，必须查明原因，经过处理后方可继续施工。

（4）检查悬浇或悬拼的接头质量，梁段间胶结材料的性能、质量必须符合设计要求，接缝填充密实。

（5）悬臂合龙时，检查两侧梁体的高差应在设计允许范围内。

（6）监理人员浇筑施工过程中对供料地点、运输距离等进行记录。对运输到现场的混凝土进行坍落度抽查检测并记录。对混凝土振捣情况、现场制取试件的组数等进行记录。

（7）检查自高处向模板内倾斜混凝土时，应防止混凝土离析，直接倾斜时，其自由倾落高度不宜超过 2m，超过 2m 时，应通过串筒、溜槽等设施下落，倾落高度超过 10m 时，应设置减速装置，如果高空采用吊车和料斗运送混凝土时，需检查高空作业时的安全措施。

（8）混凝土按一定的厚度、顺序和方向分层连续浇筑，因故中断间歇时，其间歇时间应小于前层混凝土的初凝时间或能重塑时间。

（9）如果混凝土采用泵送时，应连续泵送，其间歇时间不超过 15min，向低处泵送混凝土时，采取必要的措施防止混凝土离析。

（10）悬臂合龙段施工应在气温符合设计要求时进行，如设计未规定，应在当天气温最低且温度较为稳定的时段进行，且先焊接劲性骨架，达到受力状态下的合龙，然后绑扎钢筋，浇筑合龙段混凝土。

3.5.5 装配式梁板施工监理要点

1. 施工准备

（1）进场机械、混凝土搅拌机、对焊机等设备已报验，并经专业监理工程师签认。

（2）已完成所需混凝土配合比试验并经过审查批准，检查混凝土配合比时应重点检查水灰比、最少水泥量及最大水泥用量，完成各类原材料检测并报验经过审查批准。

（3）检查现场安全标志、标识牌以及安全防护设施准备情况。

（4）施工准备阶段其他监理要点，参见表 1-17 中相关内容。

2. 施工测量

同本书 3.5.4 中相关内容。

3. 吊装方案审查

（1）审查施工单位编制吊装方案及安全预案，应会同有关人员对方案进行论证，对有关数据进行计算复核、优化，签认施工方案。

（2）根据现场情况，复核吊车在吊装最不利梁（板）时，吊车的工作幅度、起重力矩和提升高度是否满足施工要求。如果采用两台吊车同时吊装一块梁（板）时，对每台吊车的参数和型号选择应单独进行计算复核，起重力矩核算时应考虑吊车配合时的降效，降效系数为 80%。25m 以上的预应力简支梁还应验算裸梁的稳定性。

（3）根据梁（板）的重量、长度和角度，参考运距和道路情况，复核运输车辆的载重能力和技术性能是否满足运输梁板的要求。

（4）根据吊装方案中各种机械车辆运行的线路、工作的位置和车辆的工作重量，对照现场的地质情况，复核现场的场地处理方案，判断其能否满足施工要求。对吊车的支点位置应重点考虑。

4. 模板检查

同本书 3.5.4 中相关内容。

5. 钢筋、预埋件、预埋管检查

同本书 3.5.3 中相关内容。

6. 梁（板）、支座检查

（1）检查混凝土强度，梁（板）外观质量鉴定情况。

（2）检查支座垫石表面及梁板底面是否清理干净，顶面标高是否合格。

（3）梁（板）需要吊移出预制底座时，混凝土的强度不得低于设计所要求的吊装强度。梁（板）在安装时，支承结构（墩台、盖梁、垫石）的强度应符合设计要求。

（4）梁（板）安装前，墩台支座垫板必须稳固。

7. 旁站梁（板）吊装

（1）监理员在梁板吊装前应对桥台标高、支座质量等进行检查，并把检查结果记入监理日志，如有不合格要求施工单位进行整改后方可进行梁板吊装。

（2）正式起吊前必须进行试吊，试吊完毕后方可进行正式吊装作业。

（3）平车运梁时，梁端支点要设在规定的范围内，梁的两侧支承牢固，运行要慢，外边梁的安装应特别注意。

（4）大型架桥设备应专人指挥，必须服从命令，行动一致、精力集中，发现问题立即停止，待查明原因并解决问题后再继续推进。

（5）吊装作业区内严禁人员进入，所有人员不得进入起吊作业范围。

（6）梁（板）就位后，检查梁两端支座是否对位，梁（板）底与支座以及支座底与垫石顶须密贴，否则应重新安装。

（7）梁体安放稳固，垂直度、标高等符合设计要求。

（8）检查梁底是否整齐，相邻梁板底面无高差，无错台。

（9）检查桥梁轮廓线是否平顺，桥面宽度是否符合设计和质量标准要求。

（10）检查两梁（板）之间接缝填充材料的规格和强度是否符合设计要求。

（11）吊装过程中监理员进行旁站，并要求施工单位安全员、施工员 24h 旁站，督促其严格按批准过的施工方案操作。

3.6 钢梁与结合梁监理要点

3.6.1 钢箱梁安装监理要点

1. 施工准备

（1）审查施工单位编制的运梁方案、支架方案、吊装方案、混凝土叠合梁施工方案，并监督方案的交底。

（2）混凝土及预应力孔道用水泥浆要依据设计强度，按照现行规范要求经试配确定。

（3）核查钢梁制造企业提供的下列文件：

1）产品合格证。

2）钢材和其他材料质量证明书和检验报告。

3）施工图，拼装简图。

4）工厂高强度螺栓摩擦面抗滑移系数试验报告。

5）焊缝无损检验报告和焊缝重大修补记录。

6）产品试板的试验报告。

7）工厂试拼装记录。

8）杆件发运和包装清单。

（4）核查施工单位对临时支架、支承、吊车等临时结构和钢梁结构本身在不同受力状态下的强度、刚度和稳定性的验算。

（5）应按构件明细表核对进场的杆件和零件，查验产品出厂合格证、钢材质量证明书。

（6）对杆件进行全面质量检查，对装运过程中产生缺陷和变形的杆件，应督促施工单位进行矫正。

（7）施工准备阶段其他监理要点，参见表 1-17 中相关内容。

2. 钢梁安装检查要点

（1）墩柱、支座已施工完成，经验收合格，并在支架、墩柱或盖梁上测量放出安装位置控制线。

（2）安装前应对桥台、墩顶面高程、中线及各孔跨径进行复测，误差在允许偏差内方可安装。

（3）钢梁安装前督促施工单位应清除杆件上的附着物，摩擦面应保持干燥、清洁。安装中应采取措施防止杆件产生变形。

（4）在满布支架上安装钢梁时，检查冲钉和粗制螺栓总数不得少于孔眼总数的 1/3，其中冲钉不得多于 2/3。孔眼较少的部位，冲钉和粗制螺栓不得少于 6 个或将全部孔眼插入冲钉和粗制螺栓。

（5）用悬臂和半悬臂法安装钢梁时，检查连接处所需冲钉数量：应按所承受荷载计算确定，且不得少于孔眼总数的1/2，其余孔眼布置精制螺栓。冲钉和精制螺栓应均匀安放。

（6）高强度螺栓栓合梁安装时，冲钉数量应符合上述规定，其余孔眼布置高强度螺栓。

（7）检查安装用的冲钉直径宜小于设计孔径0.3mm，冲钉圆柱部分的长度应大于板束厚度；检查安装用的精制螺栓直径宜小于设计孔径0.4mm；安装用的粗制螺栓直径宜小于设计孔径1.0mm。冲钉和螺栓宜选用Q345碳素结构钢制造。

（8）吊装杆件时，必须等杆件完全固定后方可摘除吊钩。

（9）安装过程中，每完成一个节间应复核其位置、高程和预拱度，不符合要求应及时校正。

3. 高强度螺栓连接

（1）安装前应复验出厂所附摩擦面试件的抗滑移系数，合格后方可进行安装。

（2）高强度螺栓连接副使用前应进行外观检查并应在同批内配套使用。

（3）使用前，高强度螺栓连接副应按出厂批号复验扭矩系数，检查其平均值和标准偏差应符合设计要求。设计无要求时扭矩系数平均值应为0.11～0.15，其标准偏差应小于或等于0.01。

（4）高强度螺栓应顺畅穿入孔内，不得强行敲入，穿入方向应全桥一致。被栓合的板束表面应垂直于螺栓轴线，否则应在螺栓垫圈下面加斜坡垫板。

（5）施拧高强度螺栓时，不得采用冲击拧紧、间断拧紧方法。

拧紧后的节点板与钢梁间不得有间隙。

（6）当采用扭矩法施拧高强度螺栓时，初拧、复拧和终拧应在同一工作班内完成。初拧扭矩应由试验确定，可取终拧值的50%。

（7）当采用扭角法施拧高强度螺栓时，可按现行行业标准《铁路钢桥高强度螺栓连接施工规定》TBJ 214—1992的有关规定执行。

（8）检查施拧高强度螺栓连接副采用的扭矩扳手，是否定期进行标定，督促施工单位作业前应进行校正，其扭矩误差不得大于使用扭矩值的±5%。

（9）高强度螺栓终拧完毕必须当班检查。每栓群应抽查总数的5%，且不得少于2套。抽查合格率不得小于80%，否则应继续抽查，直至合格率达到80%以上。对螺栓拧紧度不足者应补拧，对超拧者应更换、重新施拧并检查。

4. 焊缝连接与检查

（1）首次焊接之前必须进行焊接工艺评定试验。

（2）检查焊工和无损检测员资格证书，应从事资格证书中认定范围内的工作，焊工停焊时间超过6个月，应重新考核。

（3）监测焊接环境温度，低合金钢不得低于5℃，普通碳素结构钢不得低于0℃焊接环境湿度不宜高于80%。

（4）要求焊接前应进行焊缝除锈，并应在除锈后24h内进行焊接。

（5）焊接前，要求对厚度25mm以上的低合金钢预热温度宜为80～120℃，预热范围宜为焊缝两侧 50~80mm。

（6）要求多层焊接宜连续施焊，并应控制层间温度。每一层焊缝焊完后应及时清除药皮、熔渣、溢流和其他缺陷后，再焊下一层。

（7）检查钢梁杆件现场焊缝连接是否按设计要求的顺序进行。设计无要求时，纵向应从跨中向两端进行，横向应从中线向两侧对称进行。

（8）检查现场焊接的设防风设施，遮盖全部焊接处。监督舍不得我雨天不得焊接，箱形梁内进行 CO_2 气体保护焊时，必须使用通风防护设施。

（9）焊接完毕，所有焊缝必须进行外观检查。外观检查合格后，应在 24h 后按规定进行无损检验，确认合格。

5. 现场涂装

（1）检查防腐涂料的产品说明书、出厂合格证等文件，核查其是否有良好的附着性、耐蚀性，其底漆应具有良好的封孔性能。钢梁表面处理的最低等级应为 Sa2.5。

（2）要求上翼缘板顶面和剪力连接器均不得涂装，在安装前应进行除锈、防腐蚀处理。

（3）检查涂装前是否先进行除锈处理。首层底漆应在除锈后 4h 内开始，8h 内完成。涂装时的环境温度和相对湿度应符合涂料说明书的规定，当产品说明书无规定时，环境温度宜在 5~38℃，相对湿度不得大于 85%；当相对湿度大于 75%时应在 4h 内涂完。

（4）检查测量涂料、涂装层数和涂层厚度是否符合设计要求；涂层干漆膜总厚度应符合设计要求。当规定层数达不到最小干漆膜总厚度时，应增加涂层层数。

（5）监督涂装应在天气晴朗、4 级（不含）以下风力时进行，夏季应避免阳光直射。涂装时构件表面不应有结露，涂装后 4h 内应采取防护措施。

6. 落梁就位

（1）要求钢梁就位前应清理支座垫石，检查其标高及平面位置应符合设计要求。

（2）固定支座与活动支座的精确位置应按设计图并考虑安装温度、施工误差等确定。

（3）落梁前后应检查其建筑拱度和平面尺寸、校正支座位置。

（4）监督连续梁落梁步骤，是否符合设计要求。

3.6.2 钢-混凝土结合梁监理要点

（1）钢主梁架设和混凝土浇筑前，检查施工单位是否按设计或施工要求设施工支架。施工支架除应考虑钢梁拼接荷载外，应同时计入混凝土结构和施工荷载。

（2）混凝土浇筑前，应对钢主梁的安装位置、高程、纵横向连接及临时支架进行检验，各项均应达到设计或施工要求。钢梁顶面传剪器焊接经检验合格后，方可浇筑混凝土。

（3）施工中，监理人员应随时复测主梁和施工支架的变形及稳定，确认符合设计要求；当发现异常应立即停止施工并采取措施。

（4）检查混凝土桥面结构是否全断面连续浇筑，浇筑顺序顺桥向应自跨中开始向支点处交汇，或由一端开始浇筑；横桥向应先由中间开始向两侧扩展。

（5）设施工支架时，必须待混凝土强度达到设计要求，且预应力张拉完成后，方可卸落施工支架。

（6）其他监理要点，参见本书 3.6.1 中相关内容。

3.6.3 混凝土结合梁监理要点

（1）检查预制混凝土主梁与现浇混凝土龄期差不得大于 3 个月。

（2）预制主梁吊装前，检查施工单位是否对主梁预留剪力键进行凿毛、清洗、清除浮浆；是否对预留传剪钢筋除锈、清除灰浆。

（3）预制主梁架设就位后，监督施工单位设横向连系或支撑临时固定，防止施工过程中失稳。

（4）浇筑混凝土前应对主梁强度、安装位置、预留传剪钢筋进行复查，确认符合设计要求。

（5）混凝土桥面结构应全断面连续浇筑，浇筑顺序，顺桥向可自一端开始浇筑；横桥向应由中间开始向两侧扩展。

（6）其他监理要点，参见本书 3.5 中的相关内容。

3.7 拱部与拱上结构监理要点

3.7.1 石料及混凝土预制块砌筑拱圈监理要点

（1）审查施工单位报送用的施工方案，其内容包括支架结构计算书、分环分段形象图、落架方式、沉降计算及支架结构图等；并检查其交底情况。

（2）拱圈施工必须在下部工程验收合格后进行。

（3）检查拱石和混凝土预制块强度等级以及砌体所用水泥砂浆的强度等级，应符合设计要求。当设计对砌筑砂浆强度无规定时，拱圈跨度小于或等于 30m，砌筑砂浆强度不得低于 M10；拱圈跨度大于 30m，砌筑砂浆强度不得低于 M15。

（4）检查拱石加工，应按砌缝和预留空缝的位置和宽度，统一规划。

（5）检查拱石砌筑面是否成辐射状，除拱顶石和拱座附近的拱石外，每排拱石沿拱圈内弧宽度应一致。

（6）检查拱座平面应与拱轴线垂直。

（7）检查拱石两相邻排间的砌缝，必须错开 10cm 以上。同一排上下层拱石的砌缝可不错开。

（8）检查拱石的尺寸应符合下列要求：

1）宽度（拱轴方向），内弧边不得小于 20cm。

2）高度（拱圈厚度方向）应为内弧宽度的 1.5 倍以上。

3）长度（拱圈宽度方向）应为内弧宽度的 1.5 倍以上。

（9）检查混凝土预制块形状、尺寸应符合设计要求。预制块提前预制时间，应以控制其收缩量在拱圈封顶以前完成为原则，并应根据养护方法确定。

（10）砌筑程序检查要点：

1）跨径小于 10m 的拱圈，当采用满布式拱架砌筑时，可从两端拱脚起顺序向拱顶方向对称、均衡地砌筑，最后在拱顶合龙。当采用拱式拱架砌筑时，宜分段、对称先砌拱脚和拱顶段。

2）跨径 10～25m 的拱圈，必须分多段砌筑，先对称地砌拱脚和拱顶段，再砌 1/4 跨径段，最后砌封顶段。

3）跨径大于 25m 的拱圈，砌筑程序应符合设计要求。宜采用分段砌筑或分环分段相结合的方法砌筑。必要时可采用预压载，边砌边卸载的方法砌筑。分环砌筑时，应待下环封拱砂浆强度达到设计强度的 70% 以上后，再砌筑上环。

（11）空缝的设置和填塞检查要点：

1）砌筑拱圈时，应在拱脚和各分段点设置空缝。

2）空缝的宽度在拱圈外露面应与砌缝一致，空缝内腔可加宽至 30～40mm。

3）空缝填塞应在砌筑砂浆强度达到设计强度的 70% 后进行，应采用 M20 以上半干硬水泥砂浆分层填塞。

4）空缝可由拱脚逐次向拱顶对称填塞，也可同时填塞。

（12）检查拱圈封拱合龙时圬工强度应符合设计要求，当设计无要求时，填缝的砂浆强度应达到设计强度的 50% 及以上；当封拱合龙前用千斤顶施压调整应力时，拱圈砂浆必须达到设计强度。

3.7.2 拱架上浇筑混凝土拱圈监理要点

（1）审查施工单位上报的施工组织设计和专项施工方案，并检查其交底情况。

（2）墩台、拱架经验收合格。

（3）检查高空作业时各项安全措施是否到位。

（4）检查、记录现场投入的施工机械的设备状态。

（5）检查确认现场是否具备混凝土浇筑施工的条件。

（6）跨径小于 16m 的拱圈或拱肋混凝土，检查施工单位是否按拱圈全宽从拱脚向拱顶对称、连续浇筑，并在混凝土初凝前完成。当预计不能在限定时间内完成时，则应在拱脚预留一个隔缝并最后浇筑隔缝混凝土。

（7）跨径大于或等于 16m 的拱圈或拱肋，宜分段浇筑。检查分段位置：拱式拱架宜设置在拱架受力反弯点、拱架节点、拱顶及拱脚处；满布式拱架宜设置在拱顶、1/4 跨径、拱脚及拱架节点等处。各段的接缝面应与拱轴线垂直，各分段点应预留间隔槽，其宽度宜为 0.5～1m。当预计拱架变形较小时，可减少或不设间隔槽，应采取分段间隔浇筑。

（8）检查分段浇筑程序是否对称于拱顶进行，是否符合设计要求。

（9）各浇筑段的混凝土应一次连续浇筑完成，因故中断时，应将施工缝凿成垂直于拱轴线的平面或台阶式接合面。

（10）间隔槽混凝土，应待拱圈分段浇筑完成，其强度达到 75% 设计强度，且结合面按施工缝处理后，由拱脚向拱顶对称浇筑。拱顶及两拱脚间隔槽混凝土应在最后封拱时浇筑。

（11）分段浇筑钢筋混凝土拱圈（拱肋）时，纵向不得采用通长钢筋，钢筋接头应安设在后浇的几个间隔槽内，并应在浇筑间隔槽混凝土时焊接。

（12）浇筑大跨径拱圈（拱肋）混凝土时，宜采用分环（层）分段方法浇筑，也可纵向分幅浇筑，中幅先行浇筑合龙，达到设计要求后，再横向对称浇筑合龙其他幅段。

（13）检查拱圈（拱肋）封拱合龙时混凝土强度是否符合设计要求，设计无规定时，各段混凝土强度应达到设计强度的 75％；当封拱合龙前用千斤顶施加压力的方法调整拱圈应力时，拱圈（包括已浇间隔槽）的混凝土强度应达到设计强度。

3.7.3　劲性骨架拱混凝土浇筑监理要点

（1）检查高空作业时各项安全措施是否到位。

（2）检查、记录现场投入的施工机械的设备状态。

（3）检查确认现场是否具备混凝土浇筑施工的条件。

（4）骨架应按设计要求的钢种、型号及线形精心加工，骨架接头在吊装以前应进行试拼，以便吊装后骨架迅速成拱。

（5）杆件在施工中，如出现开裂或局部构件失稳，应查明原因，采取措施后方可继续施工。

（6）检查混凝土浇筑前模板的支撑与加固情况，检查、记录预埋钢筋、预埋件等的设置情况。

（7）吊装骨架应平衡下落，减少骨架变形。浇筑前应校核骨架，进行必要的调整。

（8）检查确定混凝土浇筑程序，并在施工的全过程对结构的应力和变形进行控制。

（9）分环多工作面浇筑劲性骨架混凝土拱圈（拱肋）时，各工作面的浇筑顺序和速度应对称、均衡，对应工作面应保持一致。

（10）分环浇筑劲性骨架混凝土拱圈（拱肋）时，两个对称的工作段必须同步浇筑，且两段浇筑顺序应对称。

（11）当采用水箱压载分环浇筑劲性骨架混凝土（拱肋）时，应严格控制拱圈（拱肋）的竖向和横向变形，防止骨架局部失稳。

（12）当采用斜拉扣索法连续浇筑劲性骨架混凝土拱圈（拱肋）时，应设计扣索的张拉与放松程序。施工中应监控拱圈截面应力和变形，混凝土应从拱脚向拱顶对称连续浇筑。

（13）浇筑混凝土过程中应进行观测，严格控制轴线，累计误差应在允许范围内。

（14）浇筑施工过程中对供料地点、运输距离等进行记录。对运输到现场的混凝土进行坍落度抽查检测并记录。对混凝土振捣情况、现场制取试件的组数等进行记录。

（15）自高处向模板内倾斜混凝土时，应防止混凝土离析，直接倾斜时，其自由倾落高度不宜超过 2m，超过 2m 时，应通过串筒、溜槽等设施下落，倾落高度超过 10m 时，应设置减速装置，如果高空采用吊车和料斗运送混凝土时，需检查高空作业时的安全措施。

（16）分阶段浇筑拱圈时，严格控制每一施工阶段劲性骨架及劲性骨架与混凝土形成组合结构的变形形态、位置、拱圈高程和轴线偏位。

3.7.4　钢管混凝土拱监理要点

（1）检查高空作业时各项安全措施是否到位。

（2）检查、记录现场投入的施工机械的设备状态。

（3）检查确认现场是否具备混凝土浇筑施工的条件。

（4）检查拱肋钢管的种类、规格应符合设计要求，应在工厂加工，具有产品合格证。

（5）检查拱肋节段焊接强度不应低于母材强度。所有焊缝均应进行外观检查；对接焊缝应 100% 进行超声波探伤，其质量应符合设计要求和国家现行标准规定，施焊人员必须具有相应的焊接资格证和上岗证。

（6）同一部位的焊缝返修不能超过两次，返修后的焊缝应按原质量标准进行复验，并且合格。

（7）钢管拱在安装过程中，必须加强横向稳定措施，扣挂系统应符合设计和规范要求。

（8）管内混凝土宜采用泵送顶升压注施工，由两拱脚至拱顶对称均衡地连续压注完成。

（9）大跨径拱肋钢管混凝土应根据设计加载程序，宜分环、分段并隔仓由拱脚向拱顶对称均衡压注。压注过程中拱肋变位不得超过设计规定。

（10）钢管混凝土应具有低泡、大流动性、收缩补偿、延缓初凝和早强的性能。

（11）钢管混凝土压注前应清洗管内污物，润湿管壁，先泵入适量水泥浆再压注混凝土，直至钢管顶端排气孔排出合格的混凝土时停止。压注混凝土完成后应关闭倒流截止阀。

（12）钢管混凝土的质量检测办法应以超声波检测为主，人工敲击为辅。

（13）钢管混凝土的泵送顺序应按设计要求进行，宜先钢管后腹箱。

（14）管内混凝土应采用泵送顶升压注施工，由拱脚至拱顶对称均衡地一次压注完成。

（15）浇筑施工过程中对供料地点、运输距离等进行记录。对运输到现场的混凝土进行坍落度抽查检测并记录。对混凝土振捣情况、现场制取试件的组数等进行记录。

3.8 顶进箱涵监理要点

3.8.1 工作坑和滑板监理要点

（1）检查工作坑边坡设置：应视土质情况而定，两侧边坡宜为 1∶0.75～1∶1.5，靠铁路路基一侧的边坡宜缓于 1∶1.5；工作坑距最外侧铁路中心线不得小于 3.2m。

（2）检查工作坑的平面尺寸是否满足箱涵预制与顶进设备安装需要。实测前端顶板外缘至路基坡脚不宜小于 1m；后端顶板外缘与后背间净距不宜小于 1m；箱涵两侧距工作坑坡脚不宜小于 1.5m。

（3）土层中有水时，工作坑开挖前应检查施工单位采取的降水措施及降水效果：将地下水位降至基底 0.5m 以下，并疏干后方可允许施工单位开挖。

（4）监督施工单位工作坑开挖时不得扰动地基，不得超挖。

（5）检查工作坑底面是否密实平整，并复核其承载力。基底允许承载力不宜小于 0.15MPa。

（6）检查工作坑滑板，是否满足预制箱涵主体结构所需强度。

（7）检查滑板中心线是否与箱涵设计中心线一致。

（8）检查滑板与地基接触面是否有防滑措施，宜在滑板下设锚梁。

（9）检查滑板顶面是否做成前高后低的仰坡，坡度宜为3‰，用以减少箱涵顶进中扎头现象。

3.8.2　箱涵预制与顶进监理要点

1. 箱涵预制

（1）箱涵侧墙的外表面前端2m范围内应向两侧各加宽1.5～2cm，其余部位不得出现正误差。

（2）工作坑滑板与预制箱涵底板间应铺设润滑隔离层。

（3）箱涵底板底面前端2～4m范围内宜设高5～10cm船头坡。

（4）箱涵前端周边宜设钢刃脚。

（5）箱涵混凝土达到设计强度后方可拆除顶板底模。

（6）检查混凝土结构表面应无孔洞、露筋、蜂窝、麻面和缺棱掉角等缺陷。

（7）检查滑板轴线位置、结构尺寸、顶面坡度、锚梁、方向墩等应符合施工设计要求。

（8）检查箱涵防水层是否符合设计或相关规范的规定。箱涵顶面防水层尚应施作水泥混凝土保护层。

（9）防水层完成后应加强成品保护，防止压破、刺穿、划痕损坏防水层。

2. 箱涵顶进

（1）检查顶进设备及其布置是否符合设计和施工要求，核查高压油泵及其控制阀等工作压力是否与千斤顶匹配。

（2）检查顶进条件：

1）主体结构混凝土必须达到设计强度，防水层及防护层应符合设计要求。

2）顶进后背和顶进设备安装完成，经试运转合格。

3）线路加固方案完成，并经主管部门验收确认。

4）线路监测、抢修人员及设备等应到位。

（3）检查顶进箱涵的后背，必须有足够的强度、刚度和稳定性。墙后填土，宜利用原状土，或用砂砾、灰土（水泥土）夯填密实。

（4）检查安装顶柱（铁），应与顶力轴线一致，并与横梁垂直，应做到平、顺、直。当顶程长时，可在4～8m处加横梁一道。

（5）顶进应与观测密切配合，随时根据箱涵顶进轴线和高程偏差，及时调整侧刃脚切土宽度和船头坡吃土高度。

（6）挖运土方与顶进作业应循环交替进行，严禁同时进行。

（7）箱涵的钢刃脚应取土顶进。如设有中平台时，上下两层不得挖通，平台上不得积存土方。

3.9 桥面系监理要点

3.9.1 桥面防水层监理要点

（1）审查施工单位上报的施工组织设计和专项施工方案，并检查其交底情况。

（2）检查施工单位必须具备防水专业资质，操作工人持证上岗。

（3）对原材料进行复试检验，取得卷材的试验检测数据，对于卷材的主要性能指标必须经有相应资质的检测单位检测。

（4）检查现浇桥面结构混凝土或垫层混凝土是否达到设计要求强度，并经验收合格。

（5）检查原基层上留置的各种预埋钢件是否进行必要的处理、涂刷防锈漆。

（6）检查防水基层面质量及细部处理：层面坚实、平整、光滑、干燥，阴、阳角处应按规定半径做成圆弧。

（7）检查基层是否清除浮尘及松散物质，并涂刷基层处理剂。

（8）检查基层处理剂是否使用与卷材或涂料性质配套的材料，涂层应均匀、全面覆盖，待渗入基层且表面干燥后方可施作卷材或涂膜防水层。

（9）检查桥面防水层是否采用满贴法。

（10）检查防水层总厚度和卷材或胎体层数是否符合设计要求。

（11）缘石、地袱、变形缝、汇水槽和泄水口等部位应按设计和防水规范细部要求作局部加强处理。

（12）防水层与汇水槽、泄水口之间必须粘结牢固、封闭严密。

（13）涂膜防水层施工检查要点：

1）基层处理剂干燥后，方可涂防水涂料，铺贴胎体增强材料。涂膜防水层应与基层粘结牢固。

2）涂膜防水层的胎体材料，应顺流水方向搭接，搭接宽度长边不得小于50mm，短边不得小于70mm，上下层胎体搭接缝应错开1/3幅宽。

3）下层干燥后，方可进行上层施工。每一涂层应厚度均匀、表面平整。

（14）卷材防水层施工检查要点：

1）胶粘剂应与卷材和基层处理剂相互匹配，进场后应取样检验合格后方可使用。

2）基层处理剂干燥后，方可涂胶粘剂。卷材应与基层粘结牢固，各层卷材之间也应相互粘结牢固。卷材铺贴应不皱、不折。

3）卷材应顺桥方向铺贴，应自边缘最低处开始，顺流水方向搭接，长边搭接宽度宜为70～80mm，短边搭接宽度宜为100mm，上下层搭接缝错开距离不应小于300mm。

（15）防水层完成后应加强成品保护，防止压破、刺穿、划痕损坏防水层，并及时经验收合格后铺设桥面铺装层。

3.9.2 桥面铺装层监理要点

1. 水泥混凝土桥面铺装

(1) 桥面铺装前应复测桥梁中线的高程，并在护栏内侧的立面上测设桥面标高控制线。

(2) 桥面防水层经验收合格后应及时进行桥面铺装层施工。雨天和雨后桥面未干燥时，不得进行桥面铺装层施工。

(3) 桥面铺装前，检查桥梁梁板铰缝或湿接头施工完毕，桥面系预埋件及预留孔洞的施工，如桥面排水口、止水带、照明电缆钢管、照明手孔井、波形护栏及防撞护栏处渗水花管等安装作业已完成并验收合格。

(4) 桥面梁板顶面已清理凿毛和梁板板面高程复测完毕。对最小厚度不能满足设计要求的地方，会同设计人员已进行桥面设计高程的调整和测量放样。

(5) 检查混凝土的施工配合比及各种材料用量，减小混凝土的坍落度，水泥、砂、碎石的材质及各种性能要符合设计及规范要求。其中，砂、石应控制含泥量，水泥要经过安定性测试，合格后方可使用。

(6) 试件制作及试验：混凝土强度试验项目包括抗压强度试验、抗折强度试验、碱含量试验、抗渗试验。施工试验频率为同一配合比同一原材料混凝土每一工作班至少应制取两组，见证取样频率为施工试验总次数的30%。

(7) 桥面铺装前，应检查梁顶是否已经进行彻底清扫：凿除梁顶浮浆、砂浆块、油污等，并对梁顶进行凿毛处理，并用高压水冲洗，保证铺装层与梁顶面充分粘结，形成整体共同受力。

(8) 水泥混凝土桥面铺装前，应对梁顶进行洒水湿润。

(9) 桥面铺装混凝土浇筑施工时，检查钢筋网的混凝土保护层厚度，并及时纠正钢筋位置，避免保护层过大或过小，严禁使用砂浆预制块进行支垫。

(10) 按图纸核查预留伸缩缝工作槽的位置。

(11) 如果混凝土采用泵送时，应连续泵送，其间歇时间不超过15min。

(12) 自高处向模板内倾倒混凝土时，应采取措施防止混凝土离析。

(13) 铺装层应在纵向100cm、横向40cm范围内，逐渐降坡，与汇水槽、泄水口平顺相接。

(14) 对运输到现场的混凝土进行坍落度抽查检测并记录。对混凝土振捣情况、现场制取试件的组数等进行记录。

(15) 严格控制混凝土坍落度和水灰比，浇筑过程要依据高程控制点标志认真找平；布料均匀，要振捣密实、压平，抹面、收面要适时，拉毛要均匀、粗糙。

(16) 在一段桥面铺装浇筑完成并在其收浆、拉毛或压槽后，应尽快在最佳时间用土工布覆盖并进行洒水养护。

(17) 检查桥面铺装层表面是否平整、粗糙，桥面纵坡较大时必须进行防滑处理。

2. 混凝土桥面铺筑沥青

(1) 桥面铺装前应复测桥梁中线的高程，并在护栏内侧的立面上测设桥面标高控制线。

(2) 桥面防水层经验收合格后应及时进行桥面铺装层施工。雨天和雨后桥面未干燥时，不得进行桥面铺装层施工。

（3）桥面铺装前，检查桥梁梁板铰缝或湿接头施工完毕，桥面系预埋件及预留孔洞的施工，如桥面排水口、止水带、照明电缆钢管、照明手孔井、波形护栏及防撞护栏处渗水花管等安装作业已完成并验收合格。

（4）记录现场投入机械的型号、数量以及施工人员数量，检查现场安全人员及安全措施是否到位。

（5）检查现场投入的施工机械的设备状态，在摊铺机作业前要对摊铺机熨平板温度、曲拱度、自动找平装置、夯锤、螺旋布料器工作情况等进行检查。

（6）沥青材料及混合料各项指标应符合设计和施工规范的要求，对每日生产的沥青混合料应做抽提试验（包括马歇尔稳定度试验）。

（7）严格控制各种矿料和沥青用量及各种材料和沥青混合料的加热温度，碾压温度应符合要求。

（8）铺筑前应在桥面防水层上撒布一层沥青石屑保护层，或在防水粘结层上撒布一层石屑保护层，并用轻碾慢压。

（9）对摊铺前沥青面层的纵、横接缝（如有）处理情况，中断或结束施工后纵、横接缝的处理情况进行检查。要注意检查和控制横向接缝处桥面的平整度，督促施工技术人员用直尺检测并对影响接缝处平整度的部分进行切割，在切割的垂直面涂刷沥青处理。

（10）摊铺施工过程中对运料车辆配置数量、运输距离、运输时间、覆盖情况、等待卸料车辆数量等进行监控。

（11）在沥青桥面铺筑施工时，对混合料到场温度、摊铺温度、碾压温度、松铺厚度等均要认真检测并记录，对温度超出规范规定的混合料要予以废弃或铲除并进行记录，保证沥青混合料在规定的温度范围内及时进行碾压施工。

（12）在沥青混合料摊铺与碾压施工过程中，对摊铺机和压路机的行走速度进行观测记录，应注意监控施工时机械的组合情况、压实遍数、轮迹重叠宽度等情况。

（13）拌合后的沥青混合料应均匀一致，无花白、粗细集料分离和结团成块现象。对摊铺时出现的集料花白、结团、离析、拉痕等问题，应督促施工人员在碾压前及时进行处理。

（14）对桥面与护栏结合部要注意检查，保证压实机械碾压到位，机械碾压不上的必须采取其他措施保证结合部的压实，对因机械挤靠而造成护栏的损坏，应要求施工单位随后重新进行处理并进行记录。

（15）铺装层应在纵向100cm、横向40cm范围内，逐渐降坡，与汇水槽、泄水口平顺相接。桥面泄水孔进水口的布置应有利于桥面和渗水的排除，其数量不得少于设计要求，出水口不得使水直接冲刷桥体。

3. 钢桥面板上铺筑沥青

（1）检查现场投入的施工机械的设备状态，在摊铺机作业前要对摊铺机的熨平板温度、曲拱度、自动找平装置、夯锤、螺旋布料器的工作情况等进行检查。

（2）检查铺装材料性能：防水性能良好，具有高温抗流动变形和低温抗裂性能，具有较好的抗疲劳性能和表面抗滑性能，与钢板粘结良好，具有较好的抗水平剪切、重复荷载和蠕变变形能力。

（3）桥面铺装宜采用改性沥青，其压实设备和工艺应通过试验确定。

（4）桥面铺装宜在无雨、少雾季节、干燥状态下施工。施工气温不得低于15℃。

（5）桥面铺筑沥青铺装层前应涂刷防水粘结层。涂防水粘结层前应磨平焊缝、除锈、除污，涂防锈层。

（6）采用浇注式沥青混凝土铺筑桥面时，可不设防水粘结层。

（7）其他要点同上述 2。

3.9.3 桥梁伸缩装置监理要点

（1）伸缩装置检查：产品应有出厂合格证，成品力学性能检验报告。其中橡胶的硬度、拉伸强度、扯断伸长率、恒定压缩永久变形测定、脆性温度、耐臭氧老化、热气老化试验、耐水性、耐油性试验。

（2）所需 C40 环氧树脂混凝土或钢纤维混凝土，或 C50 高强混凝土配合比试验完成并经过审查批准，各类原材料检测并报经过审查批准。

（3）安全施工措施已按核定后的施工组织设计准备到位。

（4）核对施工完的梁（板）端部及桥台处安装伸缩装置的预留槽尺寸。两端梁（板）与桥台间的伸缩缝是否与设计值一致，若不符合设计要求，必须首先处理，满足设计要求后方可安装。

（5）预留槽内要求清理干净，槽深不得小于 12cm。预埋锚固钢筋与梁板、桥台可靠锚固。槽内混凝土面是否打毛。

（6）根据安装时的温度调节伸缩装置缝隙的宽度，并定位牢固。

（7）将伸缩装置吊放入预留槽内，要求伸缩装置的中心线与桥梁中心线相重合，伸缩装置顺桥向的宽度值，应对称放置在伸缩缝的间隙上，然后沿桥横坡方向，每米 1 点测量水平标高，并用水平尺或板尺定位，使其顶面标高与设计标高相吻合后垫平。随即穿放横向连接水平钢筋，然后将伸缩装置的导型钢梁上的锚固钢筋与梁（板）或桥台上预埋钢筋点焊，经现场监理复检无误后，再行全面两侧同时焊接牢固，并布置钢筋网片。

（8）伸缩缝必须锚固牢靠，伸缩性能必须有效。

（9）伸缩缝两侧混凝土的类型和强度，必须符合设计要求。

（10）严禁将伸缩缝边梁直接与混凝土中预埋钢筋施焊连接。

（11）大型伸缩缝与钢梁连接处的焊缝应做超声检测，检测结果须合格。

（12）施工中为防止伸缩缝周围沥青混凝土表面清洁，应将清除的混凝土、沥青混凝土等物直接用车运出路面。

（13）切缝应保证路面边缘整齐平顺，无缺损，要求切割沥青混凝土结构时要顺直、准确，检查槽内沥青混凝土、水泥混凝土是否密实，如有悬空现象，应重新沿标线切割直至槽内两侧内壁平整密实，要将包括沥青混凝土及水泥混凝土桥面铺装层全部清洗干净，做到开槽部位垂直，不能形成斜面。

（14）浇筑 C40 环氧树脂混凝土或 C50 高强混凝土，或 C50 钢纤维混凝土，浇捣密实并严格养生；当混凝土初凝后，立即拆除定位装置，则防止气温变化梁体伸缩引起锚固系统的松动。

（15）经过养生、（钢纤维）混凝土达到设计强度的 50% 以后，方可安装橡胶条，安装前应将缝内的泡沫板、纤维板全部掏干净，以免杂物夹在缝内，影响混凝土的伸缩性，橡胶止水条安装应平整，长度适当，并做到整洁，外表美观，顺畅。

（16）安装密封橡胶条，并作漏水试验。施工单位上报验收，由专业监理工程师签字确认。

3.9.4 现浇钢筋混凝土防撞护栏监理要点

（1）桥梁护栏安装前应根据桥梁中线进行放样，分别弹上护栏边线或控制线。沿护栏边线测设高程点，直线段点间距 10m 测设一点，曲线段点间距 2～5m。根据测设的高程点控制护栏顶面的安装标高。

（2）桥梁梁板施工完毕，并验收合格。

（3）混凝土护栏的地基强度、埋入深度应符合设计要求。

（4）核查钢筋、模板安装工序完成后是否经抽检合格。模板加固时一定要通过预埋钢筋将模板压住，防止浇筑混凝土时模板上浮。

（5）平曲线上的桥梁要认真核对护栏位置及与梁板的相对关系，防止护栏预埋钢筋埋错位置。

（6）在混凝土浇筑前应对模板的接缝处理、线形、支护情况以及现场安全防护措施到位情况进行查看。

（7）浇筑施工过程中对供料地点、运输距离等进行记录。对运输到现场的混凝土进行坍落度抽查检测并记录。对混凝土振捣情况、现场制取试件的组数等进行记录。施工完成后检查混凝土顶面标高是否到位。

（8）护栏浇筑混凝土时侧面容易聚集气泡，浇筑时在转角位置应分两层浇筑，让下部混凝土的气泡尽量先散出来。在混凝土振捣过程中由人工加强对模板斜面的敲打，尽量减少混凝土斜面处气泡较多的现象。

（9）混凝土浇筑过程中重点检查模板稳固性，查看是否有漏浆、跑模等现象出现，如出现上述问题应及时指示现场施工技术人员进行处理。

（10）真缝位置和角度要准确，支模时要确保完全断开。护栏拆模后应及时将真缝清理干净，不得在缝中残留混凝土、石子等硬物，防止出现瞎缝。

（11）对完成的混凝土护栏采取的养生措施及养生情况进行记录。

3.9.5 人行道铺筑监理要点

（1）行道下铺设其他设施时，应在其他设施验收合格后，方可进行人行道铺装。

（2）对原材料和半成品构件进行试验验证及对供应单位资质检查。

（3）对施工单位放样的人行道中线、边线及相应的标高进行复测。

（4）对人行道钢筋绑扎和模板安装进行验收。

（5）悬臂式人行道构件必须在主梁横向连接或拱上建筑完成后方可安装。人行道板必须在人行道梁锚固后方可铺设。

（6）检查混凝土准备工作，旁站检查混凝土拌合、运输、浇筑、振捣是否按技术规范要求实施。

（7）监理工程师应填写工序检验单，检查施工单位的资料收集和填写是否齐全和真实，并旁站监理各类测试工作。

3.10 附属结构与装饰装修监理要点

3.10.1 隔声和防眩装置安装监理要点

(1) 审查施工单位上报的施工组织设计和专项施工方案，并检查其交底情况。

(2) 检查基础混凝土是否达到设计强度，达到后方可允许安装隔声和防眩装置。

(3) 监督施工单位在施工中应加强产品保护，不得损伤隔声和防眩板面及其防护涂层。

(4) 防眩板安装应与桥梁线形一致，防眩板的荧光标识面应迎向行车方向，板间距、遮光角应符合设计要求。

(5) 检查声屏障的加工模数，宜由桥梁两伸缩缝之间长度而定。

(6) 检查声屏障是否与钢筋混凝土预埋件牢固连接。

(7) 检查声屏障是否连续安装，不得留有间隙，在桥梁伸缩缝部位应按设计要求处理。

(8) 5级（含）以上大风时不得进行声屏障安装。

(9) 检查隔声与防眩装置安装是否符合设计要求，安装必须牢固、可靠。

(10) 检查隔声与防眩装置防护涂层厚度是否符合设计要求，不得漏涂、剥落，表面不得有气泡、起皱、裂纹、毛刺和翘曲等缺陷。

3.10.2 饰面和涂装监理要点

(1) 审查施工单位上报的施工组织设计和专项施工方案，并检查其交底情况。

(2) 检查饰面与涂装材料的性能与环保要求是否符合国家现行标准的规定，其品种、规格、强度和镶贴、涂饰方法以及图案等均应符合设计要求。

(3) 主体或基层质量检验合格后方可进行饰面与涂装。饰面与涂装施工前，督促施工单位将基体表面的灰尘、污垢、油渍等清除干净。

(4) 检查镶贴、安装饰面的基体是否有足够的强度、刚度和稳定性，其表面应平整、粗糙。光滑的基面在镶贴前应督促施工单位进行处理。

(5) 水泥砂浆抹面检查要点：

1) 配合比、稠度以及外加剂的加入量均应通过试验确定。

2) 抹面前，应先洒水湿润基体表面或涂刮水泥浆，并用与抹面层相同砂浆设置控制标志。

3) 抹面应分层涂抹、分层赶平、修整、表面压光，涂抹水泥砂浆每遍的厚度宜为5~7mm。

4) 抹面层完成后应在湿润的条件下养护。

(6) 饰面砖镶贴检查要点：

1) 基层表面应凿毛、刷界面剂、抹1:3水泥砂浆底层。

2) 镶贴前，要求施工单位应选砖预排、挂控制线；面砖应浸泡2h以上，表面晾干后待用。

3）检查面砖是否自下而上、逐层依序镶贴，贴砖砂浆是否饱满，镶贴面砖表面是否平整，接缝是否横平竖直，宽度、深度一致。

（7）饰面板安装检查要点：

1）墙面和柱面安装饰面板，要求施工单位先找平，分块弹线，并按弹线尺寸及花纹图案预拼。

2）检查系固饰面板用的钢筋网是否与锚固件连接牢固，锚固件宜在结构施工时预埋。

3）饰面板安装前，要求施工单位按饰面板上网品种、规格和颜色进行分类选配，并将其侧面和背面清扫干净，净边打孔，并用防锈金属丝穿入孔内留作系固之用。

4）饰面板安装就位后，应采取临时固定措施。接缝宽度可用木楔调整。

5）灌注砂浆前，应将接合面洒水湿润，接缝处应采取防漏浆措施。

（8）涂装施工检查要点：

1）涂装前督促施工单位将基面的麻面、缝隙用腻子刮平。腻子干燥后应坚实牢固，不得起粉、起皮和裂纹。施涂前监督施工单位将腻子打磨平整光滑，并清理干净。

2）检查涂料的工作黏度或稠度：应以在施涂时不流坠、无刷纹为准，施涂过程中不得任意稀释涂料。

3）要求施工单位涂料在施涂前和施涂过程中，均应充分搅拌，并在规定的时间用完。

4）要求施工单位施涂溶剂型涂料时，后一遍涂料必须在前一遍涂料干燥后进行；施涂水性或乳液涂料时，后一遍涂料必须在前一遍涂料表干后进行。

5）采用机械喷涂时，要求施工单位将不喷涂的部位遮盖，不得沾污。

6）同一墙面应用同一批号的涂料，每遍涂料不宜施涂过厚，涂层应均匀、色泽一致，层间结合牢固。

习　　题

1. 桥梁实体外形检查应哪些要求？

2. 钢筋闪光对焊接头外观检查内容有哪些？

3. 砌体勾缝质量检查内容有哪些？

4. 简述钢筋笼安放旁站内容有哪些？

5. 简述水下混凝土浇筑旁站内容有哪些？

6. 预制钢筋混凝土盖梁安装检查要点有哪些？

7. 钢梁制造企业应提供哪些文件？

8. 钢梁焊缝连接与检查有哪些要点？

9. 石料及混凝土预制块砌筑拱圈空缝的设置和填塞检查要点有哪些？

10. 箱涵顶进作业条件有哪些？

11. 桥面涂膜防水层施工检查要点有哪些？

12. 桥面卷材防水层施工检查要点有哪些？

13. 桥面人行道铺筑检查要点有哪些？

4 给水排水管道工程施工监理

4.1 基本监理要点

给水排水管道工程施工质量的控制、检查、验收，应符合现行国家标准《给水排水管道工程施工及验收规范》GB 50268—2008 及相关标准的规定。

4.1.1 施工质量验收的规定

1. 基本规定

给水排水管道工程施工质量验收应在施工单位自检基础上，按验收批、分项工程、分部（子分部）工程、单位（子单位）工程的顺序进行，并应符合下列规定：

（1）工程施工质量应符合 GB 50268—2008 和相关专业验收规范的规定。

（2）工程施工质量应符合工程勘察、设计文件的要求。

（3）参加工程施工质量验收的各方人员应具备相应的资格。

（4）工程施工质量的验收应在施工单位自行检查，评定合格的基础上进行。

（5）隐蔽工程在隐蔽前应由施工单位通知监理等单位进行验收，并形成验收文件。

（6）涉及结构安全和使用功能的试块、试件和现场检测项目，应按规定进行平行检测或见证取样检测。

（7）验收批的质量应按主控项目和一般项目进行验收；每个检查项目的检查数量，除 GB 50268—2008 有关条款有明确规定外，应全数检查。

（8）对涉及结构安全和使用功能的分部工程应进行试验或检测。

（9）承担检测的单位应具有相应资质。

（10）外观质量应由质量验收人员通过现场检查共同确认。

2. 检验批、分项工程、分部工程、单位工程质量验收合格条件

（1）验收批质量验收合格应符合下列规定：

1）主控项目的质量经抽样检验合格。

2）一般项目中的实测（允许偏差）项目抽样检验的合格率应达到 80%，且超差点的最大偏差值应在允许偏差值的 1.5 倍范围内。

3）主要工程材料的进场验收和复验合格，试块、试件检验合格。

4）主要工程材料的质量保证资料以及相关试验检测资料齐全、正确；具有完整的施工操作依据和质量检查记录。

（2）分项工程质量验收合格应符合下列规定：

1）分项工程所含的验收批质量验收全部合格。

2）分项工程所含的验收批的质量验收记录应完整、正确；有关质量保证资料和试验检测资料应齐全、正确。

（3）分部（子分部）工程质量验收合格应符合下列规定：

1）分部（子分部）工程所含分项工程的质量验收全部合格。

2）质量控制资料应完整。

3）分部（子分部）工程中，地基基础处理、桩基础检测、混凝土强度、混凝土抗渗、管道接口连接、管道位置及高程、金属管道防腐层、水压试验、严密性试验、管道设备安装调试、阴极保护安装测试、回填压实等的检验和抽样检测结果应符合 GB 50268—2008 的有关规定。

4）外观质量验收应符合要求。

（4）单位（子单位）工程质量验收合格应符合下列规定：

1）单位（子单位）工程所含分部（子分部）工程的质量验收全部合格。

2）质量控制资料应完整。

3）单位（子单位）工程所含分部（子分部）工程有关安全及使用功能的检测资料应完整。

4）涉及金属管道的外防腐层、钢管阴极保护系统、管道设备运行、管道位置及高程等的试验检测、抽查结果以及管道使用功能试验应符合 GB 50268—2008 规定。

5）外观质量验收应符合要求。

3. 项目质量验收不合格时的处理

（1）给排水管道工程质量验收不合格时，应按下列规定处理：

1）经返工重做或更换管节、管件、管道设备等的验收批，应重新进行验收。

2）经有相应资质的检测单位检测鉴定能够达到设计要求的验收批，应予以验收。

3）经有相应资质的检测单位检测鉴定达不到设计要求，但经原设计单位验算认可，能够满足结构安全和使用功能要求的验收批，可予以验收。

4）经返修或加固处理的分项工程、分部（子分部）工程，改变外形尺寸但仍能满足结构安全和使用功能要求，可按技术处理方案文件和协商文件进行验收。

（2）通过返修或加固处理仍不能满足结构安全或使用功能要求的分部（子分部）工程、单位（子单位）工程，严禁验收。

4. 质量验收的组织和程序

（1）验收批及分项工程应由专业监理工程师组织施工项目的技术负责人（专业质量检查员）等进行验收。

（2）分部（子分部）工程应由专业监理工程师组织施工项目质量负责人等进行验收。

对于涉及重要部位的地基基础、主体结构、非开挖管道、桥管、沉管等分部（子分部）工程，设计和勘察单位工程项目负责人、施工单位技术质量部门负责人应参加验收。

（3）单位工程经施工单位自行检验合格后，应由施工单位向建设单位提出验收申请。单位工程有分包单位施工时，分包单位对所承包的工程应按 GB 50268—2008 的规定进行验收，验收时总施工单位应派人参加；分包工程完成后，应及时地将有关资料移交总施工单位。

（4）对符合竣工验收条件的单位工程，应由建设单位按规定组织验收。施工、勘察、设计、监理等单位等有关负责人以及该工程的管理或使用单位有关人员应参加验收。

（5）参加验收各方对工程质量验收意见不一致时，可由工程所在地建设行政主管部门或工程质量监督机构协调解决。

（6）单位工程质量验收合格后，建设单位应按规定将竣工验收报告和有关文件，报工程所在地建设行政主管部门备案。

（7）工程竣工验收后，建设单位应将有关文件和技术资料归档。

5. 给排水管道工程分项、分部、单位工程划分

给排水管道工程分项、分部、单位工程划分，见表4-1。

给排水管道工程分项、分部、单位工程划分表　　　　　　表4-1

分部工程（子分部工程）			分项工程	验收批
土方工程			沟槽土方（沟槽开挖、沟槽支撑、沟槽回填）、基坑土方（基坑开挖、基坑支护、基坑回填）	与下列验收批对应
管道主体工程	预制管开槽施工主体结构		金属类管、混凝土类管、预应力钢筒混凝土管、化学建材管	管道基础、管道接口连接管道铺设、管道防腐层（管道内防腐层、钢管外防腐层）、钢管阴极保护	可选择下列方式划分：①按流水施工长度。②排水管道按井段。③给水管道按一定长度连续施工段或自然划分段（路段）。④其他便于过程质量控制方法
	管渠（廊）		现浇钢筋混凝土管渠、装配式混凝土管渠、砌筑管渠	管道基础、现浇钢筋混凝土管渠（钢筋、模板、混凝土、变形缝）、装配式混凝土管渠（预制构件安装、变形缝）、砌筑管渠（砖石砌筑、变形缝）、管道内防腐层、管廊内管道安装	每节管渠（廊）或每个流水施工段管渠（廊）
	不开槽施工主体结构	工作井	工作井围护结构、工作井	每座井
		顶管	管道接口连接、顶管管道（钢筋混凝土管、钢管）、管道防腐层（管道内防腐层、钢管外防腐层）、钢管阴极保护、垂直顶升	顶管顶进：每100m。垂直顶升：每个顶升管
		盾构	管片制作、掘进及管片拼装、二次内衬（钢筋、混凝土）、管道防腐层、垂直顶升	盾构掘进：每100环；二次内衬：每施工作业断面。垂直顶升：每个顶升管
		浅埋暗挖	土层开挖、初期衬砌、防水层、二次内衬、管道防腐层、垂直顶升	暗挖：每施工作业断面。垂直顶升：每个顶升管
		定向钻	管道接口连接、定向钻管道、钢管防腐层（内防腐层、外防腐层）、钢管阴极保护	每100m
		夯管	管道接口连接、夯管管道、钢管防腐层（内防腐层、外防腐层）、钢管阴极保护	每100m

续表

分部工程（子分部工程）		分项工程	验 收 批
管道主体工程	沉管 组对拼装沉管	基槽浚挖及管基处理、管道接口连接、管道防腐层、管道沉放、稳管及回填	每100m（分段拼装按每段，且不大于100m）
	沉管 预制钢筋混凝土沉管	基槽浚挖及管基处理、预制钢筋混凝土管节制作（钢筋、模板、混凝土）、管节接口预制加工、管道沉放、稳管及回填	每节预制钢筋混凝土管
	桥 管	管道接口连接、管道防腐层（内防腐层、外防腐层）、桥管管道	每跨或每100m；分段拼装按每跨或每段，且不大于100m
附属构筑物工程		井室（现浇混凝土结构、砖砌结构、预制拼装结构）、雨水口及支连管、支墩	同一结构类型的附属构筑物不大于10个
单位工程（子单位工程）		开（挖）槽施工的管道工程、大型顶管工程、盾构管道工程、浅埋暗挖管道工程、大型沉管工程、大型桥管工程	

注：1. 大型顶管工程、大型沉管工程、大型桥管工程及盾构、浅埋暗挖管道工程，可设独立的单位工程。

2. 大型顶管工程：指管道一次顶进长度大于300m的管道工程。

3. 大型沉管工程：指预制钢筋混凝土管沉管工程；对于成品管组对拼装的沉管工程，应为多年平均水位水面宽度不小于200m，或多年平均水位水面宽度100~200m之间，且相应水深不小于5m。

4. 大型桥管工程：总跨长度不小于300m或主跨长度不小于100m。

5. 土方工程中涉及地基处理、基坑支护等，可按现行国家标准《建筑地基基础工程施工质量验收规范》GB 50202等相关规定执行。

6. 桥管的地基与基础、下部结构工程，可按桥梁工程规范的有关规定执行。

7. 工作井的地基与基础、围护结构工程，可按现行国家标准《建筑地基基础工程施工质量验收规范》GB 50202、《混凝土结构工程施工质量验收规范》GB 50204、《地下防水工程质量验收规范》GB 50208、《给水排水构筑物工程施工及验收规范》GB 50141等相关规定执行。

4.1.2　主要材料、构配件质量控制要点

主要材料、构配件进场应具有的质量证明文件，进场观感检查内容、复验项目及取样汇总。

管道附属构筑物施工所用的钢筋、水泥、砂、石、石灰、混凝土外加剂、掺加料等材料的质量控制见本书1.1.3。

给水排水管道需要进场报验的主要材料有：管材、管件、阀门、法兰、橡胶密封圈、管道防腐和焊接材料等。

1. 一般要点

（1）工程所用的管材、管道附件、构（配）件和主要原材料等产品进入施工现场时必

须进行进场验收并妥善保管。进场验收时应检查每批产品的订购合同、质量合格证书、性能检验报告、使用说明书、进口产品的商检报告及证件等，并按国家有关标准规定进行复验，验收合格后方可使用。

查验生产厂商出具产品合格证、质量验收报告及政府主管部门颁发的使用许可证等质量证明文件，符合要求后予以签认。

材料进场后，按规定的批量及频率对进场的材料和配件进行见证抽样、送检，在未获得检验合格的证明文件之前，不应准许施工单位开始启用。

监理在见证抽样的时候，尤其要注意生产批号，由于生产过程的某些不可预见因素，同一生产厂、同一原料、同一配方和工艺、不同生产批次的产品质量会有差异。

（2）现场配制的混凝土、砂浆、防腐与防水涂料等工程材料应经检测合格后方可使用。

（3）所用管节、半成品、构（配）件等在运输、保管和施工过程中，必须采取有效措施防止其损坏、锈蚀或变质。

2. 管材及管件进场检查

（1）钢管管节的材料、规格、压力等级等应符合设计要求，管节宜工厂预制；检查现场加工的管节外观质量应符合下列规定：

1）表面应无斑疤、裂纹、严重锈蚀等缺陷。

2）焊缝外观质量不得有熔化金属流到焊缝外未熔化的母材上，焊缝和热影响区表面不得有裂纹、气孔、弧坑和灰渣等缺陷；表面光顺、均匀、焊道与母材应平缓过渡。

3）焊缝无损检验合格。

（2）球墨铸铁管管节及管件的规格、尺寸公差、性能应符合国家有关标准规定和设计要求，进入施工现场时其外观质量应符合下列规定：

1）管节及管件表面不得有裂纹，不得有妨碍使用的凹凸不平的缺陷。

2）采用橡胶圈柔性接口的球墨铸铁管，承口的内工作面和插口的外工作面应光滑、轮廓清晰，不得有影响接口密封性的缺陷。

（3）钢筋混凝土管及预（自）应力混凝土管管节的规格、性能、外观质量及尺寸公差应符合国家有关标准的规定。一般其外观质量要求管体内外表面应无漏筋、空鼓、蜂窝、裂纹、脱皮、碰伤等缺陷，保护层不得有空鼓、裂纹、脱落。

（4）预应力钢筒混凝土管管节及管件的规格、性能应符合国家有关标准的规定和设计要求，进入施工现场时其外观质量应符合下列规定：

1）内壁混凝土表面平整光洁；承插口钢环工作面光洁干净；内衬式管内表面不应出现浮渣、露石和严重的浮浆；埋置式管内表面不应出现气泡、孔洞、凹坑以及蜂窝、麻面等不密实的现象。

2）管内表面出现的环向裂缝或者螺旋状裂缝宽度不应大于 0.5mm（浮浆裂缝除外）；距离管的插口端 300mm 范围内出现的环向裂缝宽度不应大于 1.5mm；管内表面不得出现长度大于 150mm 的纵向可见裂缝。

3）管端面混凝土不应有缺料、掉角、孔洞等缺陷。端面应齐平、光滑、并与轴线垂直。端面垂直度应符合规范规定。

4）外保护层不得出现空鼓、裂缝及剥落。

（5）玻璃钢管安装管节及管件的规格、性能应符合国家有关标准的规定和设计要求，进入施工现场时其外观质量应符合下列规定：

1）内、外径偏差、承口深度（安装标记环）、有效长度、管壁厚度、管端面垂直度等应符合产品标准规定。

2）内、外表面应光滑平整，无划痕、分层、针孔、杂质、破碎等现象。

3）管端面应平齐、无毛刺等缺陷。

（6）硬聚氯乙烯管、聚乙烯管及其复合管管节及管件的规格、性能应符合国家有关标准的规定和设计要求，进入施工现场时其外观质量应符合下列规定：

1）不得有影响结构安全、使用功能及接口连接的质量缺陷。

2）内、外壁光滑、平整，无气泡、无裂纹、无脱皮和严重的冷斑及明显的痕纹、凹陷。

3）管节不得有异向弯曲，端口应平整。

（7）弯头、三通、封头等管件宜采用成品件，应具有制造厂的合格证明书。热弯弯管应符合《油气输送用钢制感应加热弯管》SY/T 5257—2012标准、三通应符合《钢制对焊无缝管件》GB/T 12459—2005、封头应符合《压力容器　第1部分：通用要求》GB 150.1—2011的规定。管件与管道母材材质应相同或相近。管道附件不得采用螺旋缝埋弧焊钢管制作，严禁采用铸铁制作。

3. 管件、阀门、法兰、胶圈及焊接材料

（1）阀门规格型号必须符合设计要求，安装前应先进行检验，出厂产品合格证、质量检验证明书和安装说明书等有关技术资料齐全。阀门现场检查要点：

1）外观无裂纹、砂眼等缺陷，法兰密封面应平滑，无影响密封性能的划痕、划伤。

2）阀杆无加工缺陷及运输保管过程中的损伤。

3）阀门安装前应进行强度和严密性试验。

4）试压合格的阀门应及时排出内部积水和污物，密封面涂防锈油，关闭阀门，封闭进出口，作好标记并填写试验记录。

5）进口阀门的检验应按业主提供的标准和要求进行。

（2）法兰：应有出厂合格证，法兰盘密封面及密封垫片，应进行外观检查，法兰盘表面应平整，无裂纹，密封面上不得有斑疤、砂眼及辐射状沟纹，密封槽符合规定，螺孔位置准确。

（3）柔性接口用橡胶圈应符合下列规定：

1）材质应符合相关规范的规定。

2）应由管材厂配套供应。

3）外观应光滑平整，不得有裂缝、破损、气孔、重皮等缺陷。

4）每个橡胶圈的接头不得超过2个。

（4）螺栓、螺母：应有出厂合格证，螺栓螺母的螺纹应完整，无伤痕、毛刺等缺陷，螺栓与螺母应配合良好，无松动或卡涩现象。

（5）焊条、焊丝：应有出厂合格证。焊条的化学成分、机械强度应与管道母材相同且匹配，兼顾工作条件和工艺性；焊条质量应符合现行国家标准《非合金钢及细晶粒钢焊条》GB/T 5117—2012、《热强钢焊条》GB/T 5118—2012的规定，焊条应干燥。

4. 防腐材料进场检查

（1）钢质管道内外防腐层：水泥砂浆内防腐层、液体环氧涂料内防腐层、石油沥青涂料外防腐层、环氧煤沥青涂料外防腐层、环氧树脂玻璃钢外防腐层等内外防腐层的外观、厚度、电火花试验、粘结力应符合设计要求。

（2）防腐层各种原材料均应有出厂质量证明书及检验报告、使用说明书、出厂合格证、生产日期及有效期。

（3）防腐层各种原材料应包装完好，按厂家说明书的要求存放。在使用前均应由通过国家计量认证的检验机构，按国家现行标准《埋地钢质管道聚乙烯防腐层》GB/T 23257—2009 以及《城镇燃气埋地钢质管道腐蚀控制技术规程》CJJ 95—2013 等的有关规定进行检测，性能达不到规定要求的不能使用。

5. 其他材料

（1）砌筑用砖：品种、规格、外观、强度、质量等级必须符合设计要求。砌筑用砖应采用强度等级不低于 MU7.5，砖进场应有产品质量合格证，进场后应抽样复试，其质量应符合国家现行标准有关规定。

（2）铸铁井盖、铸铁井圈及踏步：应符合设计要求，具有出厂产品质量合格证，满足市政管理部门的有关规定。

（3）钢筋混凝土预制盖板：宜采用成品构件。应有出厂产品质量合格证，现场预制时，各种原材料按有关规定经检验试验合格。

4.1.3 旁站监理

参照工程设计、《房屋建筑工程施工旁站监理管理试行办法》以及相关规范的规定，结合工程实际需要，一般需要进行旁站监理的工序和部位：

（1）地基处理、管沟回填。

（2）顶管。

（3）土建结构混凝土浇筑、钢筋连接检查。

（4）给水管道的压力试验。

（5）排水管道的闭水和闭气试验。

（6）给水管道的冲洗与消毒。

4.1.4 测量放样

（1）施工单位测量人员上岗证需经复验、复印件备案，总监签认。

（2）测量仪器设备（如水准仪、经纬仪）需经相关检测单位检定合格后，施工单位填报主要施工机械设备报审表并附测量仪器设备检定报告，并由总监理工程复核签认，以保证测量的准确性。

（3）监理人员在熟悉设计文件和图纸的基础上，会同承包人、设计单位或勘测部门在现场交接中线控制桩和水准点，并要求施工单位对所有测量控制桩和水准点进行有效的保护，直到工程竣工验收结束。

（4）要求施工单位进行水准点、导线方位角，进行复核测量，确保原始定线方位、水准点高程的数据准确无误。

（5）原测桩有遗失或变位时，应及时补钉桩校正，并应经相应的技术质量管理部门和人员认定；开槽铺设管道的沿线临时水准，每200m不宜少于1个。

（6）检查临时水准点、管道轴线控制桩、高程桩，必须经过复核方可使用，并应经常校核。

（7）检查不开槽施工管道，沉管、桥管等工程的临时水准点、管道轴线控制桩，应根据施工方案进行设置，并及时校核。

（8）检查既有管道、构（建）筑物与拟建工程衔接的平面位置和高程，开工前必须校测。

（9）对施工单位提交的施工测量报审表及测量资料要进行复核测量，复查施工单位填报资料是否完整、数据计算是否无误，同时对施工期间测设的数据进行抽检。检查验收合格的，及时给予书面认可；发现有差错，应及时通知承包人重测，合格后再予以书面认可。

（10）监理人员应对承包人所做的加密控制点、辅助基线、临时水准点和施工放样的测量工作，进行现场监督、检查、复核并认可。

（11）检查有两个以上施工单位共同施工的工程，其衔接处相邻设置的水准点和控制桩，应相互校测，出现偏差应进行调整。

4.2 土石方与地基处理监理要点

4.2.1 施工降排水监理要点

（1）对有地下水影响的土方施工，施工单位根据工程规模、工程地质、水文地质、周围环境等要求，制定施工降排水方案，监理人员应审查以下主要内容：

1）降排水量计算。

2）降排水方法的选定。

3）排水系统的平面和竖向布置，观测系统的平面布置以及抽水机械的选型和数量。

4）降水井的构造，井点系统的组合与构造，排放管渠的构造、断面和坡度。

5）电渗排水所采用的设施及电极。

6）沿线地下和地上管线、周边构（建）筑物的保护和施工安全措施。

（2）复查设计降水深度在基坑（槽）范围内不应小于基坑（槽）底面以下0.5m。

（3）检查降水井的平面布置。

（4）检查降水深度，必要时应要求施工单位进行现场抽水试验，以验证并完善降排水方案。

（5）采取明沟排水施工时，检查排水井的布置：宜在沟槽范围以外，其间距不宜大于150m。

（6）施工降排水终止抽水后，降水井及拔除井点管所留的孔洞，要求施工单位及时用砂石等填实；地下水静水位以上部分，可采用黏土填实。

（7）监督施工单位应采取有效措施控制施工降排水对周边环境的影响。

4.2.2 沟槽开挖与支护监理要点

1. 施工准备阶段

（1）对接入原有管线的平面位置和高程进行核对，并办理手续。

（2）已做好施工管线高程、中线及永久水准点的测量复核工作。

（3）已测放沟槽开挖边线、堆土界线，并用白灰标识。

（4）对施工可能影响的地下管线、建筑物、构筑物应进行保护和监测。

（5）检查排水、雨、冬期施工措施落实情况。

（6）检查材料、机具、设备进场情况及人员配备情况。

（7）审查施工单位沟槽开挖与支护施工方案，主要内容如下：

1）沟槽施工平面布置图及开挖断面图。

2）沟槽形式、开挖方法及堆土要求。

3）无支护沟槽的边坡要求；有支护沟槽的支撑形式、结构、支拆方法及安全措施。

4）施工设备机具的型号、数量及作业要求。

5）不良土质地段沟槽开挖时采取的护坡和防止沟槽坍塌的安全技术措施。

6）施工安全、文明施工、沿线管线及构（建）筑物保护要求等。

2. 施工过程

（1）检查沟槽的开挖断面是否符合施工组织设计（方案）的要求。要求槽底原状地基土不得扰动，机械开挖时槽底预留 200～300mm 土层由人工开挖至设计高程，整平。

（2）检查沟槽底部的开挖宽度：应符合设计要求或经计算得出。

（3）检查沟槽土层情况，并督促施工单位采取相应措施进行地基处理：

1）槽底不得受水浸泡或受冻，槽底局部扰动或受水浸泡时，宜采用天然级配砂砾石或石灰土回填；槽底扰动土层为湿陷性黄土时，应按设计要求进行地基处理。

2）槽底土层为杂填土、腐蚀性土时，应全部挖除并按设计要求进行地基处理。

（4）检查施工单位是否按照设计坡度开挖并及时进行修整；支护沟槽检查钢板桩、支护竖板插入深度、横向支撑刚度是否严格按施工方案实施。

（5）检查沟槽槽壁、槽边堆土情况：不得危及作业人员、建（构）筑物、各种管线和其他设施的安全；不得掩埋消火栓、管道闸阀、雨水口、测量标志以及各种地下管道的井盖，且不得妨碍其正常使用。

（6）沟槽挖深较大时，检查分层开挖的深度：

1）人工开挖沟槽的槽深超过 3m 时应分层开挖，每层的深度不超过 2m。

2）人工开挖多层沟槽的层间留台宽度：放坡开槽时不应小于 0.8m，直槽时不应小于 0.5m，安装井点设备时不应小于 1.5m。

3）采用机械挖槽时，沟槽分层的深度按机械性能确定。

（7）遇地质情况不良、施工超挖、槽底土层受扰等情况时，应会同设计、业主、承包人共同研究制定地基处理方案、办理变更设计或洽商手续。

（8）沟槽开挖至设计高程后应由建设单位会同设计、勘察、施工、监理单位共同验槽；发现岩、土质与勘察报告不符或有其他异常情况时。由建设单位会同上述单位研究处理措施。

（9）监理工程师巡检查时，要检查安全施工，在检查支护、排水施工同时检查机械作业，作业范围内电力线路高度、道路、车辆，施工现场警示，围护设置等。

4.2.3 地基处理监理要点

（1）管道地基强度应符合设计要求，管道天然地基的强度不能满足设计要求时应按设计要求加固。

（2）槽底局部超挖或发生扰动时，复查施工单位的处理措施是否符合设计或施工组织设计（专项方案）的规定：

1）超挖深度不超过150mm时，可用挖槽原土回填夯实，其压实度不应低于原地基土的密实度。

2）槽底地基土壤含水量较大，不适于压实时，应采取换填等有效措施。

（3）排水不良造成地基土扰动时，复查施工单位的处理措施是否符合设计或施工组织设计（专项方案）的规定：

1）扰动深度在100mm以内，宜填天然级配砂石或砂砾处理。

2）扰动深度在300mm以内，但下部坚硬时，宜填卵石或块石，再用砾石填充空隙并找平表面。

（4）设计要求换填时，监督施工单位按要求清槽，并经检查合格；回填材料应符合设计要求或有关规定。

（5）灰土地基、砂石地基和粉煤灰地基施工前必须按验槽并处理。

（6）采用其他方法进行管道地基处理时，应满足国家有关规范规定和设计要求。

（7）柔性管道处理宜采用砂桩、搅拌桩等复合地基。

4.2.4 沟槽回填监理要点

1. 沟槽回填条件

给排水管道铺设完毕并经检验合格后，应及时回填沟槽。回填前，应符合下列规定：

（1）预制钢筋混凝土管道的现浇筑基础的混凝土强度、水泥砂浆接口的水泥砂浆强度不应小于5MPa。

（2）现浇钢筋混凝土管渠的强度应达到设计要求。

（3）混合结构的矩形或拱形管渠，砌体的水泥砂浆强度应达到设计要求。

（4）井室、雨水口及其他附属构筑物的现浇混凝土强度或砌体水泥砂浆强度应达到设计要求。

（5）回填时采取防止管道发生位移或损伤的措施。

（6）化学建材管道或管径大于900mm的钢管、球墨铸铁管等柔性管道在沟槽回填前，应采取措施控制管道的竖向变形。

（7）雨期应采取措施防止管道漂浮。

（8）管道沟槽回填前应检查沟槽内砖、石、木块等杂物是否清除干净；沟槽内不得有积水；保持降排水系统正常运行，不得带水回填。

2. 回填作业检查

（1）检查回填土中杂质及含水率：槽底至管顶以上500mm范围内，土中不得含有机物、冻土以及大于 50mm 的砖、石等硬块；在抹带接口处、防腐绝缘层或电缆周围，应采用细粒土回填；控制在最佳含水率±2％范围内。

（2）检查回填土的虚铺厚度，其数值应根据所采用的压实机具选取。

（3）检查回填作业每层土的压实遍数，核查其是否压实度要求、压实工具、虚铺厚度和含水量，应经现场试验确定。

3. 井室、雨水口及其他附属构筑物周围回填

（1）井室周围的回填，应与管道沟槽回填同时进行；不便同时进行时，应留台阶形接槎。

（2）井室周围回填压实时应沿井室中心对称进行，且不得漏夯。

（3）回填材料压实后应与井壁紧贴。

（4）路面范围内的井室周围，应采用石灰土、砂、砂砾等材料回填，其回填宽度不宜小于 400mm。

（5）严禁在槽壁取土回填。

4. 刚性管道沟槽回填的压实

（1）回填压实应逐层进行，且不得损伤管道。

（2）管道两侧和管顶以上 500mm 范围内胸腔夯实，应采用轻型压实机具，管道两侧压实面的高差不应超过 300mm。

（3）管道基础为土弧基础时，应填实管道支撑角范围内腋角部位；压实时，管道两侧应对称进行，且不得使管道位移或损伤。

（4）同一沟槽中有双排或多排管道的基础底面位于同一高程时，管道之间的回填压实应与管道与槽壁之间的回填压实对称进行。

（5）同一沟槽中有双排或多排管道但基础底面的高程不同时，应先回填基础较低的沟槽；回填至较高基础底面高程后，再按上述（4）的规定回填。

（6）分段回填压实时，相邻段的接槎应呈台阶形，且不得漏夯。

（7）采用轻型压实设备时，应夯点相连；采用压路机时，碾压的重叠宽度不得小于 200mm。

（8）采用压路机、振动压路机等压实机械压实时，其行驶速度不得超过 2km/h。

（9）接口工作坑回填时底部凹坑应先回填压实至管底，然后与沟槽同步回填。

5. 柔性管道的沟槽回填

（1）回填前，检查管道有无损伤或变形，有损伤的管道应修复或更换。

（2）管内径大于 800mm 的柔性管道，回填施工时应在管内设有竖向支撑。

（3）管基有效支承角范围应采用中粗砂填充密实，与管壁紧密接触，不得用土或其他材料填充。

（4）管道半径以下回填时应采取防止管道上浮、位移的措施。

（5）管道回填时间宜在一昼夜中气温最低时段，从管道两侧同时回填，同时夯实。

（6）沟槽回填从管底基础部位开始到管顶以上 500mm 范围内，必须采用人工回填；管顶 500mm 以上部位，可用机械从管道轴线两侧同时夯实；每层回填高度应不大于 200mm。

（7）管道位于车行道下，铺设后即修筑路面或管道位于软土地层以及低洼、沼泽、地下水位高地段时，沟槽回填宜先用中、粗砂将管底腋角部位填充密实后，再用中、粗砂分层回填到管顶以上 500mm。

（8）回填作业的现场试验段长度应为一个井段或不少于 50m，因工程因素变化改变回填方式时，应重新进行现场试验。

（9）柔性管道回填至设计高程时，应在 12～24h 内检查管道变形率；管道变形率应符合设计要求；设计无要求时，钢管或球墨铸铁管道变形率应不超过 2%，化学建材管道变形率应不超过 3%；当超过时，应监督施工单位采取相应的处理措施。

6. 检查管道埋设的管顶覆土最小厚度

其数值应符合设计要求，且满足当地冻土层厚度要求；管顶覆土回填压实度达不到设计要求时应与设计协商进行处理。

4.3 开槽施工管道主体结构监理要点

4.3.1 一般要点

（1）管节下入沟槽时，不得与槽壁支撑及槽下的管道相互碰撞；沟内运管不得扰动原状地基。

（2）管道安装时，应将管节的中心及高程逐节调整正确，安装后的管节应进行复测，合格后方可进行下一工序的施工。

（3）管道安装时，应随时清除管道内的杂物，暂时停止安装时，两端应临时封堵。

（4）压力管道上的阀门，安装前应逐个进行启闭检验。

（5）钢管内、外防腐层遭受损伤或局部未做防腐层的部位，下管前应修补，修补的质量应符合设计或规范的有关规定。

（6）露天或埋设在对橡胶圈有腐蚀作用的土质及地下水中的柔性接口，应采用对橡胶圈无不良影响的柔性密封材料，封堵外露橡胶圈的接口缝隙。

（7）管道保温层的施工检查要点：

1）在管道焊接、水压试验合格后进行。

2）法兰两侧应留有间隙，每侧间隙的宽度为螺栓长加 20～30mm。

3）保温层与滑动支座、吊架、支架处应留出空隙。

4）硬质保温结构，应留伸缩缝。

5）施工期间，不得使保温材料受潮。

6）保温层伸缩缝宽度的允许偏差应为 ±5mm。

7）保温层厚度允许偏差应符合设计或规范的规定。

（8）管道安装完成后，应按相关规定和设计要求设置管道位置标识。

4.3.2 管道基础监理要点

1. 原状地基施工

（1）原状土地基局部超挖或扰动时应进行处理；岩石地基局部超挖时，应将基底碎渣全部清理，回填低强度等级混凝土或粒径 10～15mm 的砂石回填夯实。

（2）原状地基为岩石或坚硬土层时，管道下方应铺设砂垫层，其厚度应符合设计或规范的规定。

（3）非永冻土地区，管道不得铺设在冻结的地基上；管道安装过程中，应防止地基冻胀。

2. 混凝土基础施工

（1）在基础混凝土浇筑前，监理严格控制平基与管座面高程，其模板顶面高程正确、支立牢固，不得倾斜、漏浆。

（2）平基、管座的混凝土设计无要求时，宜采用强度等级不低于 C15 的低坍落度混凝土。

（3）检查管道基础是否按设计要求留变形缝，变形缝的位置应与柔性接口相一致。

（4）管道平基与井室基础宜同时浇筑；跌落水井上游接近井基础的一段应砌砖加固，并将平基混凝土浇至井基础边缘。

（5）混凝土浇筑中应防止离析；浇筑后应进行养护，强度低于 1.2MPa 时不得承受荷载。

3. 砂石基础施工

（1）铺设前，先检查槽底高程及槽宽须符合设计要求，且不应有积水和软泥。

（2）检查垫层厚度：柔性管道的基础结构设计无要求时，宜铺设厚度不小于 100mm 的中粗砂垫层；软土地基宜铺垫一层厚度不小于 150mm 的砂砾或 5～40mm 粒径碎石，其表面再铺厚度不小于 50mm 的中、粗砂垫层。

（3）柔性接口的刚性管道的基础结构，设计无要求时一般土质地段可铺设砂垫层，亦可铺设 25mm 以下粒径碎石，表面再铺 20mm 厚的砂垫层（中、粗砂），垫层总厚度符合规范要求。

（4）检查管道有效支承角范围必须用中、粗砂填充插捣密实，与管底紧密接触，不得用其他材料填充。

4. 见证取样

基础混凝土浇筑现场做好混凝土抗压试块见证取样及制作工作。

4.3.3　钢管安装监理要点

（1）检查沟槽开挖排水情况、基础施工质量，以预防浮管事故发生，保证安管顺利进行。

（2）检查管道安装高程、中心线、平面位置是否符合设计要求和有关规定。

（3）管道安装前，管节应逐根测量、编号，宜选用管径相差最小的管节组对对接。

（4）下管前应先检查管节的内外防腐层，合格后方可下管。

（5）管节组成管段下管时，管段的长度、吊距，应根据管径、壁厚、外防腐层材料的种类及下管方法确定。

（6）管节组对焊接时应先修口、清根，检查管端端面的坡口角度、钝边、间隙，应符合设计要求。

（7）对口时应使内壁齐平，错口的允许偏差应为壁厚的 20%，且不得大于 2mm。

（8）对口时纵、环向焊缝的位置检查要点：

1）纵向焊缝应放在管道中心垂线上半圆的 45°左右处。

2）纵向焊缝应错开，管径小于 600mm 时，错开的间距不得小于 100mm；管径大于或等于 600mm 时，错开的间距不得小于 300mm。

3）有加固环的钢管，加固环的对焊焊缝应与管节纵向焊缝错开，其间距不应小于 100mm；加固环距管节的环向焊缝不应小于 50mm。

4）环向焊缝距支架净距离不应小于 100mm。

5）直管管段两相邻环向焊缝的间距不应小于 200mm，并不应小于管节的外径。

6）管道任何位置不得有十字形焊缝。

（9）不同壁厚的管节对口时，管壁厚度相差不宜大于 3mm。不同管径的管节相连时，两管径相差大于小管管径的 15％时，可用渐缩管连接。渐缩管的长度不应小于两管径差值的 2 倍，且不应小于 200mm。

（10）管道上开孔位置检查要点：

1）不得在干管的纵向、环向焊缝处开孔。

2）管道上任何位置不得开方孔。

3）不得在短节上或管件上开孔。

4）开孔处的加固补强应符合设计要求。

（11）钢管对口检查合格后，方可进行接口定位焊接。定位焊接采用点焊时，检查要点如下：

1）点焊焊条应采用与接口焊接相同的焊条。

2）点焊时，应对称施焊，其焊缝厚度应与第一层焊接厚度一致。

3）钢管的纵向焊缝及螺旋焊缝处不得点焊。

4）点焊长度与间距应符合规范规定。

（12）管道对接时，环向焊缝的检验要点：

1）检查前应清除焊缝的渣皮、飞溅物。

2）应在无损检测前进行外观质量检查，并应符合设计或规范规定。

3）无损探伤检测方法应按设计要求选用。

4）无损检测取样数量与质量要求应按设计要求执行；设计无要求时，压力管道的取样数量应不小于焊缝量的 10％。

5）不合格的焊缝应返修，返修次数不得超过 3 次。

（13）钢管采用螺纹连接时，管节的切口断面应平整，偏差不得超过 1 扣；丝扣应光洁，不得有毛刺、乱扣、断扣，缺扣总长不得超过丝扣全长的 10％；接口紧固后宜露出 2～3 扣螺纹。

（14）管道法兰连接作业检查要点：

1）法兰应与管道保持同心，两法兰间应平行。

2）螺栓应使用相同规格，且安装方向应一致；螺栓应对称紧固，紧固好的螺栓应露出螺母之外。

3）与法兰接口两侧相邻的第一至第二个刚性接口或焊接接口，待法兰螺栓紧固后方可施工。

4）法兰接口埋入土中时，应采取防腐措施。

4.3.4 钢管内外防腐监理要点

（1）管体的内外防腐层宜在工厂内完成，现场连接的补口按设计要求处理。

（2）水泥砂浆内防腐层作业检查要点：

1）管道内壁的浮锈、氧化皮、焊渣、油污等，应彻底清除干净；焊缝突起高度不得大于防腐层设计厚度的1/3。

2）现场施做内防腐的管道，应在管道试验、土方回填验收合格，且管道变形基本稳定后进行。

3）内防腐层的材料质量应符合设计要求。

（3）液体环氧涂料内防腐层作业检查要点：

1）宜采用喷（抛）射除锈，除锈等级应不低于《涂覆涂料前钢材表面处理表面清洁度的目视评定 第1部分：未涂覆过的钢材表面和全面清除原有涂层后的钢材表面的锈蚀等级和处理等级》GB/T 8923.1—2011中规定的Sa2级；内表面经喷（抛）射处理后，应用清洁、干燥、无油的压缩空气将管道内部的砂粒、尘埃、锈粉等微尘清除干净。

2）管道内表面处理后，应在钢管两端60～100mm范围内涂刷硅酸锌或其他可焊性防锈涂料，干膜厚度为20～40μm。

3）内防腐层的材料质量应符合设计要求。

（4）石油沥青涂料外防腐层作业检查要点：

1）涂底料前管体表面应清除油垢、灰渣、铁锈；人工除氧化皮、铁锈时，其质量标准应达St3级；喷砂或化学除锈时，其质量标准应达Sa2.5级。

2）涂底料时基面应干燥，基面除锈后与涂底料的间隔时间不得超过8h。

3）沟槽内管道接口处施工，应在焊接、试压合格后进行，接槎处应粘结牢固、严密。

（5）环氧煤沥青外防腐层、环氧树脂玻璃钢外防腐层作业检查要点：

1）涂底料前管体表面应清除油垢、灰渣、铁锈；人工除氧化皮、铁锈时，其质量标准应达St3级；喷砂或化学除锈时，其质量标准应达Sa2.5级；焊接表面应光滑无刺、无焊瘤、棱角。

2）应按产品说明书的规定配制涂料。

（6）外防腐层的外观、厚度、电火花试验、粘结力应符合设计要求，

（7）防腐管在下沟槽前应进行检验，检验不合格应修补至合格。沟槽内的管道，其补口防腐层应经检验合格后方可回填。

（8）阴极保护施工应与管道施工同步进行。

（9）阴极保护系统的阳极的种类、性能、数量、分布与连接方式，测试装置和电源设备应符合国家有关标准的规定和设计要求。

4.3.5 球墨铸铁管安装监理要点

（1）管节及管件下沟槽前，检查承口、插口对应的工作面：应清除承口内部的油污、飞刺、铸砂及凹凸不平的铸瘤；柔性接口铸铁管及管件承口的内工作面、插口的外工作面应修整光滑，不得有沟槽、凸脊缺陷；有裂纹的管节及管件不得使用。

（2）沿直线安装管道时，宜选用管径公差组合最小的管节组对连接，确保接口的环向间隙应均匀。

（3）橡胶圈安装经检验合格后，方可进行管道安装。

（4）安装滑入式橡胶圈接口时，推入深度应达到标记环，并复查与其相邻已安好的第一至第二个接口推入深度。

（5）安装机械式柔性接口时，应使插口与承口法兰压盖的轴线相重合；螺栓安装方向应一致，用扭矩扳手均匀、对称地紧固。

4.3.6 钢筋混凝土管及预（自）应力混凝土管安装监理要点

（1）管节安装前应进行外观检查，发现裂缝、保护层脱落、空鼓、接口掉角等缺陷，应修补并经鉴定合格后方可使用。

（2）管节安装前应将管内外清扫干净，安装时应使管道中心及内底高程符合设计要求，稳管时必须采取措施防止管道发生滚动。

（3）采用混凝土基础时，管道中心、高程复验合格后，应及时浇筑管座混凝土。

（4）柔性接口的钢筋混凝土管、预（自）应力混凝土管安装前，承口内工作面、插口外工作面应清洗干净；套在插口上的橡胶圈应平直、无扭曲，应正确就位；橡胶圈表面和承口工作面应涂刷无腐蚀性的润滑剂；安装后放松外力，管节回弹不得大于10mm，且橡胶圈应在承、插口工作面上。

（5）钢筋混凝土管沿直线安装时，管口间的纵向间隙应符合设计及产品标准要求；预（自）应力混凝土管沿曲线安装时，管口间的纵向间隙最小处不得小于5mm，接口转角应符合相关规范的规定。

（6）预（自）应力混凝土管不得截断使用。

（7）井室内暂时不接支线的预留管（孔）应封堵。

（8）预（自）应力混凝土管道采用金属管件连接时，管件应进行防腐处理。

4.3.7 预应力钢筒混凝土管安装监理要点

（1）承插式橡胶圈柔性接口施工检查要点：

1）检查清理管道承口内侧、插口外部凹槽等连接部位和橡胶圈。

2）检查橡胶圈在凹槽内受力均匀、没有扭曲翻转现象。

3）用配套的润滑剂涂擦在承口内侧和橡胶圈上，检查涂覆是否完好。

4）安装时接头和管端应保持清洁。

（2）安装就位，放松紧管器具后进行下列检查：

1）复核管节的高程和中心线。

2）用特定钢尺插入承插口之间检查橡胶圈各部的环向位置，确认橡胶圈在同一深度。

3）接口处承口周围不应被胀裂。

4）橡胶圈应无脱槽、挤出等现象。

5）沿直线安装时，插口端面与承口底部的轴向间隙应大于5mm，且不大于设计或规范规定的数值。

（3）采用钢制管件连接时，检查管件是否进行防腐处理。

（4）现场合龙作业检查要点：

1）安装过程中，应严格控制合龙处上、下游管道接装长度、中心位移偏差。

2）合拢位置宜选择在设有人孔或设备安装孔的配件附近。

3）不允许在管道转折处合龙。

4）现场合龙施工焊接不宜在当日高温时段进行。

（5）管道需曲线铺设时，检查接口的最大允许偏转角度应符合设计要求。

4.3.8　玻璃钢管安装监理要点

（1）接口连接、管道安装应符合本书4.3.7中相关内容。

（2）采用套筒式连接的，应清除套筒内侧和插口外侧的污渍和附着物。

（3）管道安装就位后，套筒式或承插式接口周围不应有明显变形和胀破。

（4）施工过程中应防止管节受损伤，避免内表层和外保护层剥落。

（5）检查井、透气井、阀门井等附属构筑物或水平折角处的管节，应采取避免不均匀沉降造成接口转角过大的措施。

（6）混凝土或砌筑结构等构筑物墙体内的管节，可采取设置橡胶圈或中介层法等措施，管外壁与构筑物墙体的交界面密实、不渗漏。

（7）管道曲线铺设时，接口的允许转角不得大于设计或规范规定。

4.3.9　硬聚氯乙烯管、聚乙烯管及其复合管安装监理要点

1. 管道铺设作业检查要点

（1）采用承插式（或套筒式）接口时，宜人工布管且在沟槽内连接；槽深大于3m或管外径大于400mm的管道，宜用非金属绳索兜住管节下管；严禁将管节翻滚抛入槽中。

（2）采用电熔、热熔接口时，宜在沟槽边上将管道分段连接后以弹性铺管法移入沟槽；移入沟槽时，管道表面不得有明显的划痕。

2. 管道连接作业检查要点

（1）承插式柔性连接、套筒（带或套）连接、法兰连接、卡箍连接等方法采用的密封件、套筒件、法兰、紧固件等配套管件，必须由管节生产厂家配套供应；电熔连接、热熔连接应采用专用电器设备、挤出焊接设备和工具进行施工。

（2）管道连接时必须对连接部位、密封件、套筒等配件清理干净，套筒（带或套）连接、法兰连接、卡箍连接用的钢制套筒、法兰、卡箍、螺栓等金属制品应根据现场土质并参照相关标准采取防腐措施。

（3）承插式柔性接口连接宜在当日温度较高时进行，插口端不宜插到承口底部，应留出不小于10mm的伸缩空隙，插入前应在插口端外壁做出插入深度标记；插入完毕后，承插口周围空隙均匀，连接的管道平直。

（4）电熔连接、热熔连接、套筒（带或套）连接、法兰连接、卡箍连接应在当日温度较低或接近最低时进行；电熔连接、热熔连接时电热设备的温度控制、时间控制，挤出焊接时对焊接设备的操作等，必须严格按接头的技术指标和设备的操作程序进行；接头处应有沿管节圆周平滑对称的外翻边，内翻边应铲平。

（5）管道与井室宜采用柔性连接，连接方式符合设计要求；设计无要求时，可采用承

插管件连接或中介层做法。

（6）管道系统设置的弯头、三通、变径处应采用混凝土支墩或金属卡箍拉杆等技术措施；在消火栓及闸阀的底部应加垫混凝土支墩；非锁紧型承插连接管道，每根管节应有 3 点以上的固定措施。

（7）安装完的管道中心线及高程调整合格后，即将管底有效支撑角范围用中粗砂回填密实，不得用土或其他材料回填。

4.4 不开槽施工管道主体结构监理要点

4.4.1 一般要点

（1）根据工程设计、施工方法、工程水文地质条件，对邻近建（构）筑物、管线，督促施工单位采用土体加固或其他有效的保护措施。

（2）根据设计要求、工程特点及有关规定，对管（隧）道沿线影响范围地表或地下管线等建（构）筑物设置观测点，进行监控测量。监控测量的信息应及时反馈，以指导施工，发现问题及时处理。

（3）每次测量前应对控制点（桩）进行复核，如有扰动，应进行校正或重新补设。

（4）施工设备、主要配套设备和辅助系统安装完成后，应经试运行及安全性检验，合格后方可掘进作业。

（5）操作人员应经过培训，掌握设备操作要领，熟悉施工方法、各项技术参数，考试合格方可上岗。

（6）管（隧）道内涉及的水平运输设备、注浆系统、喷浆系统以及其他辅助系统应满足施工技术要求和安全、文明施工要求。

（7）施工供电应设置双路电源，并能自动切换；动力、照明应分路供电，作业面移动照明应采用低压供电。

（8）采用顶管、盾构、浅埋暗挖法施工的管道工程，应根据管（隧）道长度、施工方法和设备条件等确定管（隧）道内通风系统模式；设备供排风能力、管（隧）道内人员作业环境等还应满足国家有关标准规定。

（9）采用起重设备或垂直运输系统时，应符合下列规定：

1）起重设备必须经过起重荷载计算。

2）使用前应按有关规定进行检查验收，合格后方可使用。

3）起重作业前应试吊，吊离地面 100mm 左右时，应检查重物捆扎情况和制动性能，确认安全后方可起吊；起吊时工作井内严禁站人，当吊运重物下井距作业面底部小于 500mm 时，操作人员方可近前工作。

4）严禁超负荷使用。

5）工作井上、下作业时必须有联络信号。

（10）所有设备、装置在使用中应按规定定期检查、维修和保养。

（11）施工中应做好掘进、管道轴线跟踪测量记录。

4.4.2　工作井监理要点

（1）工作井的位置选择检查要点：

1）宜选择在管道井室位置。

2）便于排水、排泥、出土和运输。

3）尽量避开现有构（建）筑物，减小施工扰动对周围环境的影响。

4）顶管单向顶进时宜设在下游一侧。

（2）检查工作井的支护（撑）形式是否符合施工单位编制专项施工方案：应根据工作井的尺寸、结构形式、环境条件等因素确定。

（3）检查土方开挖与支撑：应遵循"开槽支撑、先撑后挖、分层开挖，严禁超挖"的原则。

（4）井底应保证稳定和干燥，并应及时封底。

（5）井底封底前，应设置集水坑，坑上应设有盖；封闭集水坑时应进行抗浮验算。

（6）在地面井口周围应设置安全护栏、防汛墙和防雨设施。

（7）检查工作井后背墙结构强度与刚度必须满足顶管、盾构最大允许顶力和设计要求。

（8）检查工作井尺寸：应结合施工场地、施工管理、洞门拆除、测量及垂直运输等要求确定。

（9）检查预留进、出洞口的位置应符合设计和施工方案的要求。

（10）检查导轨材料、强度和刚度应满足施工要求；导轨安装的坡度应与设计坡度一致。

（11）检查顶铁的强度、刚度是否满足最大允许顶力要求；其安装轴线应与管道轴线平行、对称，顶铁在导轨上滑动平稳且无阻滞现象，以使传力均匀和受力稳定。

（12）检查千斤顶、油泵等主顶进装置的型号、布置、性能应符合施工要求，应进行试运转；整个系统应满足耐压、无泄漏要求，千斤顶推进速度、行程和各千斤顶同步性应符合施工要求。

（13）检查盾构始发工作井内布置及设备安装、运行，应符合设计或相关规范的规定。

4.4.3　顶管监理要点

（1）检查顶进方法比选和顶管段单元长度的确定。

（2）检查顶管机选型及各类设备的规格、型号及数量。

（3）检查工作井位置选择、结构类型及其洞口封门设计。

（4）检查管节、接口选型及检验，内外防腐处理。

（5）检查顶管进、出洞口技术措施，地基改良措施。

（6）开始顶进前应检查下列内容，确认条件具备时方可开始顶进。

1）全部设备经过检查、试运转。

2）顶管机在导轨上的中心线、坡度和高程应符合要求。

3）防止流动性土或地下水由洞口进入工作井的技术措施。

4）拆除洞口封门的准备措施。

（7）检查顶力计算、后背设计和中继间设置；采用中继间顶进时，其设计顶力、设置数量和位置应符合施工方案的规定。

（8）检查减阻剂选择及相应技术措施；注浆前，应检查注浆装置水密性；注浆时压力应逐步升至控制压力。

（9）检查施工测量、纠偏的方法。

（10）检查曲线顶进及垂直顶升的技术控制及措施。

（11）检查地表及构筑物变形与形变监测和控制措施。

（12）检查施工单位安全技术措施、应急预案。

4.4.4　盾构监理要点

（1）检查盾构机的选型与安装方案。

（2）检查工作井的位置选择、结构形式、洞门封门设计。

（3）检查盾构基座设计，以及始发工作井后背布置形式。

（4）检查管片的拼装、防水及注浆方案：管片应按拼装顺序编号排列堆放。管片粘贴防水密封条前应将槽内清理干净；粘贴时应牢固、平整、严密，位置准确，不得有起鼓、超长和缺口等现象；粘贴后应采取防雨、防潮、防晒等措施。

（5）注浆前应对注浆孔、注浆管路和设备进行检查；注浆结束及时清洗管路及注浆设备。

（6）检查盾构进、出洞口的技术措施，以及地基、地层加固措施。

（7）检查掘进施工工艺、技术管理方案。

（8）检查垂直运输、水平运输方式及管道内断面布置。

（9）检查掘进施工测量及纠偏措施。

（10）检查地表变形及周围环境保护的要求、监测和控制措施：包括：地表隆沉、管道轴线监测，以及地下管道保护、地面建（构）筑物变形的量测等。有特殊要求时还应进行管道结构内力、分层土体变位、孔隙水压力的测量。施工监测情况应及时反馈，并指导施工。

（11）检查安全技术措施、应急预案。

4.4.5　浅埋暗挖监理要点

（1）检查土层加固措施和开挖方案：钢筋锚杆加固土层稳定洞体时采用的锚杆类型、锚杆间距、锚杆长度及排列方式，应符合施工方案的要求；同批每 100 根为一组，每组 3 根，同批试件抗拔力平均值不得小于设计锚固力值。

（2）检查施工降排水方案。

（3）检查工作井的位置选择、结构类型及其洞口封门的设计、井内布置。

（4）检查施工程序（步序）设计。

（5）检查垂直运输、水平运输方式及管道内断面布置。

（6）防水层施工应在初期支护基本稳定，且衬砌检查合格后进行。防水材料铺设质量应符合设计或规范规定。

（7）二次衬砌施工混凝土浇筑前，应对设立模板的外形尺寸、中线、标高、各种预埋件等进行隐蔽工程检查，并填写记录；模板接缝拼接严密，不得漏浆。

（8）检查结构安全和环境安全、保护的要求、监测和控制措施。

（9）检查安全技术措施、应急预案。

4.4.6 定向钻及夯管监理要点

1. 地表式定向钻法

（1）设备、人员检查要点：

1）设备应安装牢固、稳定，钻机导轨与水平面的夹角符合入土角要求。

2）钻机系统、动力系统、泥浆系统等调试合格。

3）导向控制系统安装正确，校核合格，信号稳定。

4）钻进、导向探测系统的操作人员经培训合格。

（2）检查定向钻的入土点、出土点位置，应符合施工组织设计要求。

（3）检查钻进轨迹设计（入土角、出土角、管道轴向曲率半径要求）。

（4）检查终孔孔径及扩孔次数，控制回拉力、转速、泥浆流量等技术参数，确保成孔稳定和线形要求，无坍孔、缩孔等现象。

（5）管材管段的组对拼接、钢管的防腐层施工、钢管接口焊接无损检验应符合相关规范的规定和设计要求。

（6）回拖管段的质量、拖拉装置安装及其与管段连接等经检验合格后，方可进行拖管。

（7）检查定向钻机、钻头、钻杆及扩孔头、拉管头等的使用。

（8）检查护孔减阻泥浆的配制及泥浆系统的布置。

（9）检查地面管道布置走向及管道材质、组对拼装、防腐层要求。

（10）检查导向定位系统设备的选择及施工探测（测量）技术要求、控制措施。

（11）出现下列情况时，必须停止作业，待问题解决后方可继续作业：

1）没备无法正常运行或损坏，钻机导轨、工作井变形。

2）钻进轨迹发生突变、钻杆发生过度弯曲。

3）回转扭矩、回拖力等突变，钻杆扭曲过大或拉断。

4）坍孔、缩孔。

5）待回拖管表面及钢管外防腐层损伤。

6）遇到未预见的障碍物或意外的地质变化。

7）地层、邻近建（构）筑物、管线等周围环境的变形量超出控制允许值。

（12）检查周围环境保护及监控措施。根据地质条件、周围环境、施工方式等，对沿线地面、建（构）筑物、管线等进行监测，并监督施工单位做好保护工作。

2. 夯管法

（1）夯管条件检查要点：

1）工作井结构施工是否符合设计或规范要求，其尺寸应满足单节管长安装、接口焊接作业、夯管锤及辅助设备布置、气动软管弯曲等要求。

2）气动系统、各类辅助系统的选择及布置符合要求，管路连接结构安全、无泄漏，阀门及仪器仪表的安装和使用安全可靠。

3）工作井内的导轨安装方向与管道轴线一致，安装稳固、直顺，确保夯进过程中导轨无位移和变形。

4）成品钢管及外防腐层质量检验合格，接口外防腐层补口材料准备就绪。

5）连接器与穿孔机、钢管刚性连接牢固、位置正确、中心轴线一致，第一节钢管顶入端的管靴制作和安装符合要求。

6）设备、系统经检验、调试合格后方可使用；滑块与导轨面接触平顺、移动平稳。

7）进、出洞口范围土体稳定。

（2）检查工作井位置选择、结构类型、尺寸要求及其进、出洞口技术措施。

（3）计算锤击力，检查施工单位确定管材、规格。

（4）检查夯管锤及辅助设备的选用及作业要求。

（5）第一节管入土层时应检查设备运行工作情况，并控制管道轴线位置；每夯入 1m 应进行轴线测量，其偏差控制在 15mm 以内。

（6）管节夯进过程中应严格控制气动压力、夯进速率，气压必须控制在穿孔机工作气压定值内；并应及时检查导轨变形情况以及设备运行、连接器连接、导轨面与滑块接触情况等。

（7）检查减阻技术措施。

（8）检查管组对焊接、防腐层施工要求，外防腐层的保护措施。

（9）检查施工测量技术要求、控制措施。

（10）检查管内土排除方式。

（11）出现下列情况时，必须停止作业，待问题解决后方可继续作业：

1）设备无法正常运行或损坏，导轨、工作井变形。

2）气动压力超出规定值。

3）穿孔机在正常的工作气压、频率、冲击功等条件下，管节无法夯入或变形、开裂。

4）钢管夯入速率突变。

5）连接器损伤、管节接口破坏。

6）遇到未预见的障碍物或意外的地质变化。

7）地层、邻近建（构）筑物、管线等周围环境的变形量超出控制值。

（12）检查周围环境控制要求及监控措施。

（13）检查安全技术措施、应急预案。根据地质条件、周围环境、施工方式等，对沿线地面、建（构）筑物、管线等进行监测，并监督施工单位做好保护工作。

4.5　沉管和桥管施工主体结构

4.5.1　一般要点

（1）检查施工场地布置、土石方堆弃及成槽排出的土石方等，不得影响航运、航道及水利灌溉。施工中，对危及的堤岸、管线和建筑物应监督施工单位采取保护措施。

（2）施工前应对施工范围内及河道地形进行校测，建立施工测量控制系统，并可根据需要设置水上、水下控制桩。设置在河道两岸的管道中线控制桩及临时水准点，每侧不应少于 2 个，且应设在稳固地段和便于观测的位置，并监督施工单位采取保护措施。

（3）管节组对拼装时应校核沉管及桥管的长度；分段沉放水下连接的沉管，其每段长度应保证水下接口的纵向间隙符合设计和安装连接要求；分段吊装拼接的桥管，其每段接口拼接位置应符合设计和吊装要求。

（4）检查钢管、聚乙烯管、聚丙烯管组对拼装的接口连接，且钢管接口的焊接方法和焊缝质量等级应符合设计要求。

（5）沉管施工时，管节组对拼装完成后，应对管道（段）进行预水压试验，合格后方可进行管节接口的防腐处理和沉管铺设。

（6）组对拼装后管道（段）预水压试验应按设计要求进行，设计无要求时，试验压力应为工作压力的 2 倍，且不得小于 1.0MPa，试验压力达到规定值后保持恒压 10min，不得有降压和渗水现象。

（7）沉管和桥管工程的管道功能性试验应符合下列规定：

1）给水管道宜单独进行水压试验。

2）超过 1km 的管道，可不分段进行整体水压试验。

3）大口径钢筋混凝土沉管，也可按闭气法进行检查。

4.5.2　沉管监理要点

（1）审批施工单位上报的沉管方案。

（2）检查施工平面布置图及剖面图、施工机械设备数量与型号的配备。

（3）沉管施工方法的选择及相应的技术要求。

（4）陆上管节组对拼装方法；分段沉管铺设时管道接口的水下或水上连接方法；铺管船铺设时待发送管与已发送管的接口连接及质量检验方案。

（5）水下成槽、施工检查要点：

1）沉管水下基槽浚挖前，应对管位进行测量放样复核。

2）开挖成槽过程中应及时进行复测；基槽底部宽度和边坡应根据工程具体情况进行确定，必要时进行试挖。

3）基槽浚挖深度应符合设计要求，超挖时应采用砂或砾石填补。

4）基槽经检验合格后应及时进行管基施工和管道沉放。

5）管道（段）发送前应对基槽断面尺寸、轴线及槽底高程进行测量复核；待发送管与已发送管的接口连接及防腐层施工质量应经检验合格；铺管前应经测量定位。

6）管道（段）底拖牵引前应对基槽断面尺寸、轴线及槽底高程进行测量复核；发送装置、牵引道等设置满足施工要求；牵引钢丝绳位于管沟内，并与管道轴线一致。

（6）检查管道基础顶面高程和宽度是否符合设计要求。

（7）及时做好牵引速率、牵引力、管位测量等沉管记录。

（8）沉管施工各阶段的管道浮力计算，并根据施工方法进行施工各阶段的管道强度、刚度、稳定性验算。

（9）预制管节的混凝土强度、抗渗性能、管节渗漏检验达到设计要求后，方可进水浮运。

（10）管节（段）下沉检查要点：

1）管节（段）下沉前应设置接口对接控制标志并进行复核测量；下沉时应控制管节（段）轴向位置、已沉放管节（段）与待沉放管节（段）间的纵向间距，确保接口准确对接。

2）所有沉放设备、系统经检查运行可靠，管段定位、锚碇系统设置可靠。

3）沉放应分初步下沉、靠拢下沉和着地下沉阶段，严格按施工方案执行，并应连续测量和及时调整压载。

4）沉放作业应考虑管节的惯性运行影响，下沉应缓慢均匀，压载应平稳同步，管节（段）受力应均匀稳定、无变形损伤。

（11）管道沉放完成后，应检查下列内容，并做好记录：

1）检查管底与沟底接触的均匀程度和紧密性，管下如有冲刷，应采用砂或砾石铺填。

2）检查接口连接情况。

3）测量管道高程和位置。

（12）管节（段）沉放经检查合格后应及时进行稳管和回填，防止管道漂移。

（13）水上运输航线的确定，通航管理措施。

（14）施工场地临时供电、供水、通讯等设计。

（15）水上、水下等安全作业和航运安全的保证措施。

4.5.3　桥管监理要点

（1）检查施工平面布置图及剖面图。

（2）检查桥管吊装施工方法的选择及相应的技术要求。

（3）桥管的地基与基础、下部结构工程经验收合格，并满足管道安装条件。

（4）墩台顶面高程、中线及孔跨径，经检查满足设计和管道安装要求；与管道支架底座连接的支承结构、预埋件已找正合格。

（5）应对不同施工工况条件下临时支架、支承结构、吊机能力等进行强度、刚度及稳定性验算。

（6）待安装的管节（段）应符合下列规定：

1）钢管组对拼装及管件、配件、支架等经检验合格。

2）分段拼装的钢管，其焊接接口的坡口加工、预拼装的组对满足焊接工艺、设计和施工吊装要求。

3）钢管除锈、涂装等处理符合有关规定。

4）表面附着污物已清除。

5）检查吊装前地上管节组对拼装方法，进行管道位置、挠度的跟踪测量，必要时应进行应力跟踪测量。

（7）检查施工机械设备数量与型号的配备。

（8）检查管道支架安装方法。

（9）施工各阶段的管道强度、刚度、稳定性验算。

（10）钢管管道外防腐层的涂装前基面处理及涂装施工应符合设计要求。

（11）检查管道吊装测量控制方法。

（12）检查水上运输航线的确定，通航管理措施。

（13）检查施工场地临时供电、供水、通信等设计。

（14）检查水上、水下等安全作业和航运安全的保证措施。

4.6　管道附属构筑物监理要点

4.6.1　井室监理要点

1. 砌筑结构的井室施工

（1）砌筑砂浆配合比符合设计要求，现场拌制应拌合均匀、随用随拌。

（2）监测检查井形状、尺寸及相应位置的准确性，预留管及支管的设置位置、井口、井盖的安装高程。

（3）砌块应垂直砌筑，需收口砌筑时，应按设计要求的位置设置钢筋混凝土梁进行收口；圆井采用砌块逐层砌筑收口，四面收口时每层收进不应大于30mm，偏心收口时每层收进不应大于50mm。

（4）砌块砌筑时，铺浆应饱满，灰浆与砌块四周粘结紧密、不得漏浆，上下砌块应错缝砌筑。

（5）砌筑时应同时安装踏步，踏步安装后在砌筑砂浆未达到规定抗压强度前不得踩踏。

2. 预制装配式结构的井室施工

（1）预制构件及其配件经检验符合设计和安装要求。

（2）预制构件装配位置和尺寸正确，安装牢固。

（3）采用水泥砂浆接缝时，检查企口坐浆与竖缝灌浆是否饱满，装配后的接缝砂浆凝结硬化期间应加强养护，并不得受外力碰撞或振动。

（4）设有橡胶密封圈时，胶圈应安装稳固，止水严密可靠。

（5）检查预留短管的预制构件与管道的连接。

（6）底板与井室、井室与盖板之间的拼缝，水泥砂浆应填塞严密，抹角光滑平整。

3. 现浇钢筋混凝土结构的井室施工

（1）钢筋、模板工程经检验合格，混凝土配合比满足设计要求。

（2）振捣密实，无漏振、走模、漏浆等现象。

（3）及时进行养护，强度等级未达设计要求不得受力。

（4）浇筑时应同时安装踏步，踏步安装后在混凝土未达到规定抗压强度前不得踩踏。

4. 井室附件、尺寸和井盖

（1）有支、连管接入的井室，应在井室施工的同时安装预留支、连管。预留管的管径、方向、高程应符合设计要求，管与井壁衔接处应严密；排水检查井的预留管管口宜采用低强度砂浆砌筑封口抹平。

（2）查验预留孔、预埋件是否符合设计和管道施工工艺要求。

（3）排水检查井的流槽表面应平顺、圆滑、光洁，并与上下游管道底部接顺。

（4）检查透气井及排水落水井、跌水井的工艺尺寸应按设计要求进行施工。

（5）检查阀门井的井底距承口或法兰盘下缘以及井壁与承口或法兰盘外缘应留有安装作业空间，其尺寸应符合设计要求。

（6）检查给排水井盖选用的型号、材质是否符合设计要求，设计未要求时，宜采用复合材料井盖，行业标志明显；道路上的井室必须使用重型井盖，装配稳固。

（7）检查雨期、冬期施工是否按施工组织设计进行。

4.6.2 支墩监理要点

（1）检查支墩和锚定结构位置是否准确，锚定是否牢固。钢制锚固件必须采取相应的防腐处理。

（2）支墩应在坚固的地基上修筑。无原状土作后背墙时，应采取措施保证支墩在受力情况下，不致破坏管道接口。采用砌筑支墩时，原状土与支墩之间应采用砂浆填塞。

（3）支墩应在管节接口做完、管节位置固定后修筑。

（4）支墩施工前，应将支墩部位的管节、管件表面清理干净。

（5）支墩宜采用混凝土浇筑，其强度等级不应低于 C15。采用砌筑结构时，水泥砂浆强度不应低于 M7.5。

（6）管节安装过程中的临时固定支架，应在支墩的砌筑砂浆或混凝土达到规定强度后方可拆除。

（7）管道及管件支墩施工完毕，并达到强度要求后方可进行水压试验。

4.6.3 雨水口监理要点

（1）检查雨水口的位置及深度是否符合设计要求。

（2）基础施工检查要点：

1）检查开挖雨水口槽及雨水管支管槽的施工宽度，每侧宜留出 300～500mm。

2）检查槽底是否夯实并及时浇筑混凝土基础。

3）采用预制雨水口时，基础顶面宜铺设 20～30mm 厚的砂垫层。

（3）雨水口砌筑检查要点：

1）管端面在雨水口内的露出长度，不得大于 20mm，管端面应完整无破损。

2）砌筑时，灰浆应饱满，随砌、随勾缝，抹面应压实。

3）雨水口底部应用水泥砂浆抹出雨水口泛水坡。

4）砌筑完成后雨水口内应保持清洁，及时加盖，保证安全。

（4）检查预制雨水口安装是否牢固、位置平正。

（5）雨水口与检查井的连接管的坡度应符合设计要求，管道铺设应符合设计或相关规范的有关规定。

（6）位于道路下的雨水口、雨水支、连管应根据设计要求浇筑混凝土基础。坐落于道路基层内的雨水支连管应作 C25 级混凝土全包封，且包封混凝土达到 75％设计强度前，不得放行交通。

（7）井框、井箅应完整无损、安装平稳、牢固。

（8）井周回填土应符合设计要求和相关规范的有关规定。

4.7 管道功能性试验监理要点

4.7.1 压力管道水压试验

压力管道水压试验，试验分为预试验和主试验阶段；试验合格的判定依据分为允许压力降值和允许渗水量值，按设计要求确定；设计无要求时，应根据工程实际情况，选用其中一项值或同时采用两项值作为试验合格的最终判定依据。

(1) 审查承包人上报的水压试验方案；管道的试验长度除设计另有要求外，压力管道水压试验的管段长度不宜大于 1.0km。

(2) 检查水压试验采用的设备、仪表规格、检定情况及安装位置。

(3) 开槽施工管道试验前，检查附属设备安装是否符合设计和试验要求。

(4) 检查后背及堵板的设计和措施。

(5) 检查进水管路、排气孔及排水孔的设计和措施。

(6) 检查加压设备、压力计的选择及安装的设计和措施。

(7) 检查排水疏导措施。

(8) 升压分级的划分及观测制度的规定。

(9) 检查试验管段的稳定措施和安全措施。

(10) 预试验阶段：将管道内水压缓缓地升至试验压力并稳压 30min，期间如有压力下降可注水补压，但不得高于试验压力；检查管道接口、配件等处有无漏水、损坏现象；有漏水、损坏现象时应及时停止试压，查明原因并采取相应措施后重新试压。

(11) 主试验阶段：停止注水补压，稳定 15min；当 15min 后压力下降不超过设计式规范允许压力降数值时，将试验压力降至工作压力并保持恒压 30min，进行外观检查若无漏水现象，则水压试验合格。

(12) 大口径球墨铸铁管、玻璃钢管及预应力钢筒混凝土管道的接口单口水压试验检查要点：

1) 安装时应注意将单口水压试验用的进水口（管材出厂时已加工）置于管道顶部。

2) 管道接口连接完毕后进行单口水压试验。试验压力为管道设计压力的 2 倍，且不得小于 0.2MPa。

3) 试压采用手提式打压泵，管道连接后将试压嘴固定在管道承口的试压孔上，连接试压泵，将压力升至试验压力，恒压 2min，无压力降为合格。

4) 单口试压不合格且确认是接口漏水时，应马上拔出管节，找出原因，重新安装，直至符合要求为止。

(13) 给水管道必须水压试验合格，并网运行前进行冲洗与消毒，经检验水质达到标准后，方可允许并网通水投入运行。

4.7.2 压管道严密性试验

无压管道的严密性试验，严密性试验分为闭水试验和闭气试验，按设计要求确定；设计无要求时，应根据实际情况选择闭水试验或闭气试验进行管道功能性试验。

管道的试验长度除设计另有要求外，无压力管道的闭水试验，条件允许时可一次试验不超过 5 个连续井段；对于无法分段试验的管道，应由工程有关方面根据工程具体情况确定。

1. 无压管道的闭水试验

（1）审查施工单位上报的闭水方案。

（2）试验管段应按井距分隔，抽样选取，带井试验。

（3）无压管道闭水试验时，试验管段检查要点：

1）管道及检查井外观质量已验收合格。

2）管道未回填土且沟槽内无积水。

3）全部预留孔应封堵，不得渗水。

4）管道两端堵板承载力经核算应大于水压力的合力；除预留进出水管外，应封堵坚固，不得渗水。

5）顶管施工，其注浆孔封堵且管口按设计要求处理完毕，地下水位于管底以下。

（4）管道闭水试验应符合下列规定：

1）试验段上游设计水头不超过管顶内壁时，试验水头应以试验段上游管顶内壁加 2m 计。

2）试验段上游设计水头超过管顶内壁时。试验水头应以试验段上游设计水头加 2m 计。

3）计算出的试验水头小于 10m，但已超过上游检查井井口时，试验水头应以上游检查井井口高度为准。

2. 无压管道的闭气试验

（1）闭气试验适用于混凝土类的无压管道在回填土前进行的严密性试验。

（2）闭气试验时，地下水位应低于管外底 150mm，环境温度为 $-15 \sim 50 ℃$。

（3）下雨时不得进行闭气试验。

（4）设计规定标准闭气试验时间内，管内实测气体压力 $P \geqslant 1500Pa$，则管道闭气试验合格。

（5）管道闭气试验不合格时，应进行漏气检查、修补后复检。

4.7.3 给水管道冲洗与消毒

（1）审查施工单位上报的管道冲洗与消毒实施方案。

（2）给水管道严禁取用污染水源进行水压试验、冲洗，施工管段距离污染水水域较近时，必须严格控制污染水进入管道；如不慎污染管道，应由水质检测部门对管道污染水进行化验，并按其要求在管道并网运行前进行冲洗与消毒。

（3）消毒方法和用品已经确定，并准备就绪。

（4）排水管道已安装完毕，并保证畅通、安全。

（5）冲洗管段末端已设置方便、安全的取样口。

（6）照明和维护等措施已经落实。

（7）水质检测、管理部门取样化验合格，监理工程师签认后管道消毒工作完毕。

习　题

1. 给水排水管道工程需要进行旁站监理的工序和部位有哪些？

2. 施工单位沟槽开挖与支护施工方案主要内容有哪些？

3. 给水排水管道沟槽回填条件有哪些？

4. 管道保温层的施工检查要点有哪些？

5. 简述钢管道对接环向焊缝的检验要点。

6. 简述钢管道法兰连接作业检查要点。

7. 顶管施工的作业条件有哪些？

8. 夯管施工的作业条件有哪些？

9. 夯管施工必须停止作业的情况有哪些？

10. 雨水口砌筑检查要点有哪些？

11. 大口径球墨铸铁管、玻璃钢管及预应力钢筒混凝土管道的接口单口水压试验检查要点有哪些？

12. 无压管道闭水试验时，试验管段检查要点有哪些？

5 燃气管道工程施工监理

5.1 基 本 监 理 要 点

燃气管道工程施工质量控制、检查、验收，应符合现行行业标准《城镇燃气输配工程施工及验收规范》CJJ 33—2005 及相关标准的规定。

5.1.1 工程竣工验收

工程竣工验收应以批准的设计文件、国家现行有关标准、施工承包合同、工程施工许可文件和相关规范为依据。

1. 工程竣工验收的基本条件

工程竣工验收的基本条件应符合下列要求：

（1）完成工程设计和合同约定的各项内容。

（2）施工单位在工程完工后对工程质量自检合格，并提出《工程竣工报告》。

（3）工程资料齐全。

（4）有施工单位签署的工程质量保修书。

（5）监理单位具对施工单位的工程质量自检结果予以确认，并提出《工程质量评估报告》。

（6）工程施工中，工程质量检验合格，检验记录完整。

2. 整体工程竣工资料内容

竣工资料的收集、整理工作应与工程建设过程同步，工程完工后应及时作好整理和移交工作。整体工程竣工资料宜包括下列内容：

（1）工程依据文件：

1）工程项目建议书、申请报告及审批文件、批准的设计任务书、初步设计、技术设计文件、施工图和其他建设文件。

2）工程项目建设合同文件、招标投标文件、设计变更通知单、工程量清单等。

3）建设工程规划许可证、施工许可证、质量监督注册文件、报建审核书、报建图、竣工测量验收合格证、工程质量评估报告。

（2）交工技术文件：

1）施工资质证书。

2）图纸会审记录、技术交底记录、工程变更单（图）、施工组织设计等。

3）开工报告、工程竣工报告、工程保修书等。

4）重大质量事故分析、处理报告。

5）材料、设备、仪表等的出厂的合格证明，材质书或检验报告。

6）施工记录：隐蔽工程记录、焊接记录、管道吹扫记录、强度和严密性试验记录、阀门试验记录、电气仪表工程的安装调试记录等。

7）竣工图纸：竣工图应反映隐蔽工程、实际安装定位、设计中未包含的项目、燃气管道与其他市政设施特殊处理的位置等。

（3）检验合格记录：

1）测量记录。

2）隐蔽工程验收记录。

3）沟槽及回填合格记录。

4）防腐绝缘合格记录。

5）焊接外观检查记录和无损探伤检查记录。

6）管道清扫合格记录。

7）强度和气密性试验合格记录。

8）设备安装合格记录。

9）储配与调压各项工程的程序验收及整体验收合格记录。

10）电气、仪表安装测试合格记录。

11）在施工中受检的其他合格记录。

3. 工程竣工验收程序

工程竣工验收应由建设单位主持，可按下列程序进行：

（1）工程完工后，施工单位按要求完成验收准备工作后，向监理部门提出验收申请。

（2）监理部门对施工单位提交的《工程竣工报告》、竣工资料及其他材料进行初审，合格后提出《工程质量评估报告》，并向建设单位提出验收申请。

（3）建设单位组织勘探、设计、监理及施工单位对工程进行验收。

（4）验收合格后，各部门签署验收纪要。建设单位及时将竣工资料、文件归档，然后办理工程移交手续。

（5）验收不合格应提出书面意见和整改内容，签发整改通知，限期完成。整改完成后重新验收。整改书面意见、整改内容和整改通知编入竣工资料文件中。

4. 工程验收要求

（1）审阅验收材料内容应完整、准确、有效。

（2）按照设计、竣工图纸对工程进行现场检查。竣工图应真实、准确，路面标志符合要求。

（3）工程量符合合同的规定。

（4）设施和设备的安装符合设计的要求，无明显的外观质量缺陷，操作可靠，保养完善。

（5）对工程质量有争议、投诉和检验多次才合格的项目，应重点验收，必要时可开挖检验、复查。

5.1.2 管道、附件、构配件和设备进场检查

1. 一般要点

（1）燃气管道与附件的材质应根据管道的使用条件确定，其性能应符合国家现行相关

标准的规定。

（2）钢质燃气管道和钢质附属设备应根据环境条件和管线的重要程度采取腐蚀控制措施。

（3）工程施工所用设备、管道组成件等，应符合国家现行有关产品标准的规定，且必须具有生产厂质量检验部门的产品合格文件。否则不得使用。

（4）在入库或进入施工现场前，应对管道组成件进行检查，其材质、规格、型号应符合设计文件和合同的规定，并按现行的国家产品标准进行外观检查；对外观质量有异议、设计文件或规范有要求时应进行有关质量检验的管材，不合格者不得使用。

（5）设计文件要求进行低温冲击韧性试验的材料，供货方应提供低温冲击韧性试验结果的文件，否则应按现行国家标准《金属材料夏比摆锤冲击试验法》GB/T 229—2007 的要求进行试验，其指标不得低于规定值的下限。

2. 管道及管道附件进场检查

（1）钢管：钢管的材料、规格、压力等级应符合设计规定，应有出厂合格证，表面应无显著锈蚀、裂纹、斑疤、重皮和压延等缺陷，不得有超过壁厚负偏差的凹陷和机械损伤。钢管材质指标符合《低压流体输送用焊接钢管》GB/T 3091—2008、《输送流体用无缝钢管》GB/T 8163—2008 或《普通流体输送管道用埋弧焊钢管》SY/T 5037—2012 的规定。

（2）铸铁管进场检查

1）铸铁管应平直，端口平整，垂直于管轴线，管壁厚度均匀，内外径尺寸合格，承、插口尺寸合格。

2）内外表面应整洁，不得有裂缝，冷隔，瘪陷和错位等缺陷。

3）承插部分不得有粘砂及凸起，其他部分不得有大于 2mm 厚的粘砂及 5mm 高的凸起。

4）承口的根部不得有凹陷，其他部分的局部凹陷不得大于 5mm。

5）法兰与管子或管件中心线应垂直，两端法兰应平行。法兰面应有凸台及密封沟。

6）按相关文件要求的百分比作水压试验。

（3）塑料及有机合成管进场检查

1）管子应平直，端口平整，并垂直与管轴线。

2）管壁厚度均匀，内外径尺寸与公称直径相匹配。

3）强度，比重，硬度，韧性等检验指标应合格。

4）申报方应出具该塑料管相关有效证明文件。

（4）管件：弯头、三通、封头宜采用成品件，应具有制造厂的合格证明书。热弯弯管应符合《油气输送用钢制感应加热弯管》SY/T 5257—2012 标准、三通应符合《钢制对焊无缝管件》GB/T 12459—2005、封头应符合《油气输送用钢制感应加热弯管压力容器 第1部分：通用要求》GB 150.1—2011 的规定。管件与管道母材材质应相同或相近。管道附件不得采用螺旋缝埋弧焊钢管制作，严禁采用铸铁制作。

（5）焊条、焊丝：应有出厂合格证。焊条的化学成分、机械强度应与管道母材相同且匹配，兼顾工作条件和工艺性；焊条质量应符合现行国家标准《非合金钢及细晶粒钢焊条》GB/T 5117—2012、《热强钢焊条》GB/T 5118—2012 的规定，焊条应干燥。

（6）阀门、波形管：阀门规格型号必须符合设计要求，安装前应先进行检验，出厂产品合格证、质量检验证明书和安装说明书等有关技术资料齐全。阀门现场检查要点：

1）外观无裂纹、砂眼等缺陷，法兰密封面应平滑，无影响密封性能的划痕、划伤。

2）阀杆无加工缺陷及运输保管过程中的损伤。

3）阀门安装前应进行强度和严密性试验。

4）试压合格的阀门应及时排出内部积水和污物，密封面涂防锈油，关闭阀门，封闭进出口，作好标记并填写试验记录。

5）进口阀门的检验应按业主提供的标准和要求进行。

（7）螺栓、螺母：应有出厂合格证，螺栓螺母的螺纹应完整，无伤痕、毛刺等缺陷，螺栓与螺母应配合良好，无松动或卡涩现象。

（8）法兰：应有出厂合格证，法兰盘密封面及密封垫片，应进行外观检查，不得有影响密封性能的缺陷存在。

3. 防腐材料进场检查

（1）钢质管道外防腐有挤压聚乙烯防腐层、熔结环氧粉末防腐、聚乙烯胶带防腐层。

（2）防腐层各种原材料均应有出厂质量证明书及检验报告、使用说明书、出厂合格证、生产日期及有效期。

（3）防腐层各种原材料应包装完好，按厂家说明书的要求存放。在使用前均应由通过国家计量认证的检验机构，按国家现行标准《埋地钢质管道聚乙烯防腐层》GB/T 23257—2009 以及《城镇燃气埋地钢质管道腐蚀控制技术规程》CJJ 95—2013 等的有关规定进行检测，性能达不到规定要求的不能使用。

4. 设备进场检查

设备进场后，报验方应出具报验单、设备装箱清单、说明书、合格证、检验记录、必要的装配图和其他技术文件。如果是进口设备，要出具出关单、商检证明。

监理人员要认真仔细的核对设计图纸，确定部位设备的名称、品牌、商标、制造厂家、国籍、型号、规格、流量、风量、风压、扬程、热效率、耐压限度等重要数据资料。设备现场检查要点：

（1）设备外形尺寸应与设计相符，不应有变形、扭曲。

（2）设备表面应无损伤，联动装置应转动灵活。

（3）设备主体零件部件、仪表、接口、控制装置、润滑装置、传动装置、动力装置、电动装置、冷却装置应完好无损、无锈蚀。

（4）全部零件，部件，附属材料，专用工具，易损件应齐全。

（5）设备充填的保护气体无泄漏，油封应完好。

（6）叶轮旋转方向应符合设备技术文件规定。

（7）叶轮，机壳和其他部位的主要尺寸，进出风口的位置等应与设计相符。

（8）进出风口，进出水、汽、油管口应有盖板、丝堵遮盖。各切削加工面，机壳和转子不应有变形或锈蚀，碰损等缺陷。

（9）设备的外形应规则，平直，圆弧形表面应平整无明显偏差，结构应完整，焊缝应饱满，无缺损和孔洞。

（10）金属设备的构件表面应作除锈和防腐处理，外表面色调应一致，且无明显划伤，锈斑，伤痕，气泡和剥落现象。

（11）衬里保温结构应无缺损，无松动。

5. 管道、设备的装卸、运输和存放监理要点

（1）管材、设备装卸时，严禁抛摔、拖拽和剧烈撞击。

（2）管材、设备运输、存放时的堆放高度、环境条件（湿度、温度、光照等）必须符合产品的要求，应避免曝晒和雨淋。

（3）运输时应逐层堆放，捆扎、固定牢靠，避免相互碰撞。

（4）运输、堆放处不应有可能损伤材料、设备的尖凸物，并应避免接触可能损伤管道、设备的油、酸、碱、盐等类物质。

（5）聚乙烯管道、钢骨架聚乙烯复合管道和已做防腐的管道，捆扎和起吊时应使用具有足够强度，且不致损伤管道防腐层的绳索（带）。

（6）管道、设备入库前必须查验产品质量合格文件或质量保证文件等，并妥善保管。

（7）管道、设备应存放在通风良好、防雨、防晒的库房或简易棚内。

（8）应按产品储存要求分类储存，堆放整齐、牢固，便于管理。

（9）管道、设备应平放在地面上，并应采用软质材料支撑，离地面的距离不应小于30mm，支撑物必须牢固，直管道等长物件应作连续支撑。

（10）对易滚动的物件应做侧支撑，不得以墙、其他材料和设备做侧支撑体。

5.1.3 旁站与平行检查

燃气工程的旁站与平行检查内容，应根据设计和规范的要求，结合工程实际情况确定，一般情况下旁站监理部位应包括：管道焊接、管道吹扫、强度和气密试验、阀门的试验、管沟回填等；平行检查内容参，见表5-1。

管道、设备安装、防腐保温工程平行检查内容参考表   表5-1

序号	主要施工工序	平行检查内容
1	管沟开挖及回填	管沟宽、深及管距
2	阀门质量检验	二次试压、外观
3	设备进场开箱检验	包装完好、外观、零部件、装箱单、合格证、说明书、设备图
4	防腐工程除锈检查	除锈质量等级
5	防腐层厚度检查，防腐层浮着力抽查、针眼、气孔、漏点检查	涂层测厚、外观

5.2 土方工程监理要点

5.2.1 一般要点

（1）土方施工前，参加建设单位应组织有关单位向施工单位进行现场交桩。临时水准点、管道轴线控制桩、高程桩，应经过复核后方可使用，并应经常校核。

（2）参加施工单位应会同建设等有关单位，核对管线路由、相关地下管线以及构筑物的资料，必要时局部开挖核实。

（3）施工前，提醒建设单位应对施工区域内有碍施工的已有地上、地下障碍物，与有关单位协商处理完毕。

（4）在施工中，燃气管道穿越其他市政设施时，检查施工单位是否对市政设施采取保护措施，必要时应征得产权单位的同意。

（5）在地下水位较高的地区或雨季施工时，检查施工单位采取降低水位或排水措施，及时清除沟内积水。

（6）检查施工现场安全防护措施

1）在沿车行道、人行道施工时，应在管沟沿线设置安全护栏，并应设置明显的警示标志。在施工路段沿线，应设置夜间警示灯。

2）在繁华路段和城市主要道路施工时，宜采用封闭式施工方式。

3）在交通不可中断的道路上施工，应有保证车辆、行人安全通行的措施，并应设有负责安全的人员。

5.2.2 开槽监理要点

（1）混凝土路面和沥青路面的开挖应使用切割机切割。

（2）检查管道沟槽是否按设计规定的平面位置和标高开挖。

（3）测量槽底预留值：当采用人工开挖且无地下水时，槽底预留值宜为 $0.05\sim0.10$m；当采用机械开挖或有地下水时，槽底预留值不应小于 0.15m。

（4）管道安装前督促施工单位采用人工清底至设计标高。

（5）监理人员检查管沟沟底宽度和工作坑尺寸，并应根据现场实际情况和管道敷设方法综合确定两者的数值。

（6）根据现场沟槽土壤天然湿度、构造均匀、无地下水、水文地质条件及挖深，监理人员应检查施工单位是否采用边坡或采用支撑加固沟壁。对不坚实的土壤应及时做连续支撑，支撑物应有足够的强度。

（7）检查沟槽一侧或两侧临时堆土位置和高度，不得影响边坡的稳定性和管道安装。堆土前应督促施工单位对消防栓、雨水口等设施进行保护。

（8）沟槽局部超挖部分，监理人员应督促施工单位及时回填压实。当沟底无地下水时，超挖在 0.15m 以内，可用原土回填；超挖在 0.15m 以上，可用石灰土处理。当沟底有地下水或含水量较大时，应用级配砂石或天然砂回填至设计标高。超挖部分回填后应压实，其密实度应接近原地基天然土的密实度。

（9）在湿陷性黄土地区，不宜在雨期施工，或在施工时督促施工单位切实排除沟内积水，开挖时应在槽底预留 $0.03\sim0.06$m 厚的土层进行压实处理。

（10）沟底遇有废弃构筑物、硬石、木头、垃圾等杂物时必须清除，然后铺一层厚度不小于 0.15m 的砂土或素土，并整平压实至设计标高。

（11）对软土基及特殊性腐蚀土壤，检查施工单位是否按设计要求处理。

（12）当开挖难度较大时，审查施工单位编制安全施工的技术措施，检查其是否向现场施工人员进行安全技术交底。

5.2.3 回填与路面恢复监理要点

（1）管道主体安装检验合格后，沟槽应及时回填，但需留出未检验的安装接口。回填前，必须将槽底施工遗留的杂物清除干净。

（2）对特殊地段应经监理（建设）单位认可，并采取有效的技术措施，方可在管道焊接、防腐检验合格后全部回填。

（3）回填不得用冻土、垃圾、木材及软性物质。管道两侧及管顶以上 0.5m 内的回填土，不得含有碎石、砖块等杂物，且不得用灰土回填。检查距管顶 0.5m 以上的回填土中的石块不得多于 10%，直径不得大于 0.1m，且均匀分布。

（4）沟槽的支撑应在管道两侧及管顶以上 0.5m 回填完毕并压实后，在保证安全的情况下进行拆除，并以细砂填实缝隙。

（5）检查沟槽回填顺序，施工单位应先回填管底局部悬空部位，然后回填管道两侧。

（6）回填土应分层压实，每层虚铺厚度 0.2～0.3m，管道两侧及管顶以上 0.5m 内的回填土必须采用人工压实，管顶 0.5m 以上的回填土可采用小型机械压实，每层虚铺厚度宜为 0.25～0.4m。

（7）检查沥青路面和混凝土路面的恢复，是否由具备专业施工资质的单位施工。

（8）检查回填路面的基础和修复路面材料的性能不应低于原基础和路面材料。

（9）埋设燃气管道的沿线应连续敷设警示带。警示带敷设前应对敷设面压实，并平整地敷设在管道的正上方，距管顶的距离宜为 0.3～0.5m，但不得敷设于路基和路面里。

5.3　埋地钢管敷设监理要点

燃气管道焊接安装工程控制点：焊条型号、性能及焊接钢管材质、焊缝质量、焊工上岗等，控制手段；现场检查量测，现场抽查试验，审核焊工上岗证，审核钢管材质及出厂合格证、质保书、焊缝探伤试验报告等，如焊工要对证上岗等，存在问题时，限期解决。

5.3.1 管道焊接

（1）检查沟底标高和管基质量检查合格后，方可进行管道安装。

（2）检查管道的切割及坡口加工宜采用机械方法，当采用气割等热加工方法时，必须除去坡口表面的氧化皮，并进行打磨。

（3）检查防腐管线安装时是否采用柔性吊管带吊装。

（4）检查组对的间隙、坡口角度、钝边、错边量、法兰垂直度应符合设计要求和规范规定。

（5）审查焊接工艺评定和作业指导书，并按照审批合格后的技术文件及技术交底等实施。

（6）不应在管道焊缝上开孔。管道开孔边缘与管道焊缝的间距不应小于 100mm。当无法避开时，应对以开孔中心为圆心，1.5 倍开孔直径为半径的圆中所包容的全部焊缝进行 100％射线照相检测。

（7）管道焊接完成后，强度试验及严密性试验之前，必须对所有焊缝进行外观检查和对焊缝内部质量进行检验，外观检查应在内部质量检验前进行。

（8）焊缝内部质量的抽样检验应符合下列要求：

1）管道内部质量的无损探伤数量，应按设计规定执行。当设计无规定时，抽查数量不应少于焊缝总数的 15％，且每个焊工不应少于一个焊缝。抽查时，应侧重抽查固定焊口。

2）对穿越或跨越铁路、公路、河流、桥梁、有轨电车及敷设在套管内的管道环向焊缝，必须进行 100％的射线照相检验。

3）当抽样检验的焊缝全部合格时，则此次抽样所代表的该批焊缝应为全部合格；当抽样检验出现不合格焊缝时，对不合格焊缝返修后，应按下列规定扩大检验：

① 每出现一道不合格焊缝，应再抽查两道该焊工所焊的同一批焊缝，按原探伤方法进行检验。

② 如第二次抽检仍出现不合格焊缝，则应对该焊工所焊全部同批的焊缝按原探伤方法进行检验。对出现的不合格焊缝必须进行反修，并应对返修的焊缝按原探伤方法进行检验。

③ 同一焊缝的返修的次数不应超过 2 次。

5.3.2 法兰连接

（1）法兰在安装前，外观检查要点：

1）法兰的公称压力应符合设计要求。

2）法兰密封面应平整光洁，不得有毛刺及径向沟槽。法兰螺纹部分应完整，无损伤。凹凸面法兰应能自然嵌合，凸面的高度不得低于凹槽的深度。

3）螺栓及螺母的螺纹应完整，不得有伤痕、毛刺等缺陷；螺栓与螺母应配合良好，不得有松动或卡涩现象。

（2）设计压力大于或等于 1.6MPa 的管道使用的高强度螺栓，螺母检查要点：

1）螺栓、螺母应每批各取 2 个进行硬度检查，若有不合格，需加倍检查，如仍有不合格则应逐个检查，不合格者不得使用。

2）硬度不合格的螺栓应取该批中硬度值最高、最低的螺栓各 1 只，校验其机械性能，若不合格，再取其硬度最接近的螺栓加倍校验，如仍不合格，则该批螺栓不得使用。

（3）法兰垫片检查要点：

1）石棉橡胶垫，橡胶垫及软塑料等非金属垫片应质地柔韧，不得有老化变质或分层现象，表面不应有折损、皱纹等缺陷。

2）金属垫片的加工尺寸、精度、光洁度及硬度应符合要求，表面不得有裂纹、毛刺、凹槽、径向划痕及锈斑等缺陷。

3）包金属及缠绕式垫片不应有径向划痕、松散、翘曲等缺陷。

（4）法兰与管道组对检查要点：

1）法兰端面应与管道中心线相垂直，其偏差值可用角尺和钢尺检查，当管道公称直径小于或等于 300mm 时，允许偏差值为 1mm；当管道公称直径大于＞300mm 时，允许偏差值为 2mm。

2）管道和法兰的焊接结构应符合现行行业标准《钢制管路法兰　技术条件》JB/T 74—2015 中的要求。

（5）法兰应在自由状态下安装连接检查要点：

1）法兰连接时应保持平行，其偏差不得大于法兰外径的 1.5‰，且不得大于 2mm，不得采用紧螺栓的方法消除偏斜。

2）法兰连接应保持同一轴线，其螺孔中心偏差一般不宜超过孔径的 5%，并应保证螺栓自由穿入。

3）法兰垫片应符合标准，不得使用斜垫片或双层垫片。采用软垫片时，周边应整齐，垫片尺寸应与法兰密封面相符。

4）螺栓与螺孔的直径应配套，并使用同一规格螺栓，安装方向一致，紧固螺栓应对称均匀，紧固适度，紧固后螺栓外露长度不应大于 1 倍螺距，且不得低于螺母。

5）螺栓紧固后应与法兰紧贴，不得有楔缝。需要加垫片时，每个螺栓所加垫片每侧不应超过 1 个。

（6）法兰与支架边缘或墙面距离不宜小于 200mm。

（7）法兰直埋时，必须对法兰和紧固件按管道相同的防腐等级进行防腐。

5.3.3　钢管敷设

（1）检查燃气管道是否按照设计图纸的要求控制管道的平面位置、高程、坡度，与其他管道或设施的间距应符合现行国家标准《城镇燃气设计规范》GB 50028—2006 的相关规定。

（2）管道在保证与设计坡度一致且满足设计安全距离和埋深要求的前提下，管道高程和中心线允许偏差应控制在当地规划部门允许的范围内。

（3）检查管道在套管内敷设时，套管内的燃气管道不宜有环向环缝。

（4）管道下沟前，应清除沟内的所有杂物，管沟内积水应抽净。

（5）管道下沟宜使用吊装机具，严禁采用抛、滚、撬等破坏防腐层的做法。吊装时应保护管口不受损伤。

（6）管道吊装时，吊装点间距不应大于 8m。吊装管道的最大长度不宜大于 36m。

（7）管道在敷设时应在自由状态下安装连接，严禁强力组对。

（8）管道环焊缝间距不应小于管道的公称直径，且不得小于 150mm。

（9）管道对口前应将管道、管件内部清理干净，不得存有杂物。每次收工时，敞口管端应临时封堵。

（10）当管道的纵断、水平位置折角大于 22.5°时，必须采用弯头。

（11）管道下沟前必须对防腐层进行 100% 的外观检查，和电火花检漏；回填前应进行 100%电火花检漏，回填后必须对防腐层完整性进行全线检查，不合格必须返工处理直至合格。

5.4 球墨铸铁管敷设监理要点

5.4.1 管道连接监理要点

（1）检查施工单位将管段放入沟渠过程中，不得损坏管材和保护性涂层。当起吊或放下管子的时候，应使用钢丝绳或尼龙吊具。当使用钢丝绳的时候，必须使用衬垫或橡胶套。

（2）安装前对球墨铸铁管及管件的检查要求：

1）管道及管件表面不得有裂纹及影响使用的凹凸不平的缺陷。

2）使用橡胶密封圈密封时，其性能必须符合燃气输送介质的使用要求。橡胶圈应光滑、轮廓清晰，不得有影响接口密封的缺陷。

（3）管道连接前，检查施工单位是否将管道中的异物清理干净。

（4）督促施工单位清除管道承口和插口端工作面的团块状物、铸瘤和多余的涂料，并整修光滑，擦干净。

（5）检查管道的插口端插入到承口内时，是否紧密、均匀地将密封胶圈按进填密槽内，橡胶圈安装就位后不得扭曲。在连接过程中，承插接口环形间隙应均匀。

（6）检查施工单位是否使用扭力扳手拧紧螺栓。控制拧紧螺栓顺序：底部的螺栓→顶部的螺栓→两边的螺栓→其他对角线的螺栓。

拧紧螺栓时应重复上述步骤分几次逐渐拧紧至其规定的扭矩。

（7）检查采用钢制螺栓时，是否采取防腐措施。

（8）使用扭力扳手来检查螺栓和螺母的紧固力矩。

5.4.2 球墨铸铁管敷设监理要点

（1）管道安装就位前，应采用测量工具复查管段的坡度，并应符合设计要求。

（2）管道或管件安装就位时，要求生产厂的标记宜朝上。

（3）已安装的管道暂停施工时，检查其附属临时封口。

（4）复查管道最大允许借转角度及距离是否符合规范的规定。

（5）管道敷设时，弯头、三通和固定盲板处均应砌筑永久性支墩。

（6）临时盲板应采用足够的支撑，除设置端墙外，应采用两倍于盲板承压的千斤顶支撑。

5.5 聚乙烯和钢骨架聚乙烯复合管敷设监理要点

5.5.1 一般要点

（1）聚乙烯和钢骨架聚乙烯复合管敷设应符合现行行业标准《聚乙烯燃气管道工程技术规程》CJJ 63—2008 的规定。管道施工前应审查施工单位制定的施工方案，重点审查连接方法、连接条件、焊接设备及工具、操作规范、焊接参数、操作者的技术水平要求和质量控制方法等内容。

（2）管道连接前应对连接设备按说明书进行检查，在使用过程中应定期校核。

（3）管道连接前，应核对欲连接的管材、管件规格、压力等级；不宜有磕、碰、划伤，伤痕深度不应超过管材壁厚的 10%。

（4）管道连接应在环境温度 -5～45℃ 范围内进行。当环境温度低于 -5℃ 或在风力大于 5 级天气条件下施工时，应采取防风、保温措施等，并调整连接工艺。管道连接过程中，应避免强烈阳光直射而影响焊接温度。

（5）当管材、管件存放处与施工现场温差较大时，连接前应将管材、管件在施工现场搁置一定时间，使其温度和施工现场温度接近。

（6）连接完成后的接头应自然冷却，冷却过程中不得移动接头、拆卸加紧工具或对接头施加外力。

（7）管道连接完成后，应进行序号标记，并做好记录。

（8）管道应在沟底标高和管基质量检查合格后，方可下沟。

（9）管道安装时，管沟内积水应抽净，每次收工时，敞口管端应临时封堵。

（10）不得使用金属材料直接捆扎和吊运管道。管道下沟时应防止划伤、扭曲和强力拉伸。

（11）对穿越铁路、公路、河流、城市主要道路的管道，应减少接口，且穿越前应对连接好的管段进行强度和严密性试验。

（12）管材、管件从生产到使用之间的存放时间，黄色管道不宜超过 1 年，黑色管道不宜超过 2 年。超过上述期限时必须重新抽样检验，合格后方可使用。

5.5.2 聚乙烯管道敷设监理要点

（1）检查施工单位拟采用的管材、管件连接方法是否符合以下要求：

1）直径在 90mm 以上的聚乙烯燃气管材、管件连接可采用热熔对接连接或电熔连接。直径小于 90mm 的管材及管件宜使用电熔连接。聚乙烯燃气管道和其他材质的管道、阀门、管路附件等连接应采用法兰或钢塑过渡接头连接。

2）对不同级别、不同熔体流动速率的聚乙烯原料制造的管材或管件，不同标准尺寸比（SDR 值）的聚乙烯燃气管道连接时，必须采用电熔连接。施工前应进行试验，判定试验连接质量合格后，方可进行电熔连接。

（2）热熔连接的焊接接头连接完成后，应进行 100% 外观检验及 10% 翻边切除检验，并应符合现行行业标准《聚乙烯燃气管道工程技术规程》CJJ 63—2008 的要求。

（3）电熔连接的焊接接头连接完成后，应进行外观检查，并应符合现行行业标准《聚乙烯燃气管道工程技术规程》CJJ 63—2008 的要求。

1）对接热熔、电熔接口检查要点：

① 检查热熔接口尺寸、形状和均匀度是否符合要求。

② 反边高度是否同样。

③ 两边是否熔为一体形成均匀的凸缘；无气孔、鼓泡和裂纹。

④ 切片抽检断面无气泡、和未熔合的间隙。

⑤ 用手折弯条状试片不应有裂缝出现。

2）承插热熔接口检查要点：

① 检查管材插入深度标记线与承插口是否吻合，形成均匀一致的凸缘。

② 承口管件与插入管材的轴线是否一致。

③ 承插接口不得有未熔合间隙。

④ 切片检查切片抽检断面无气泡、和未熔合的间隙。

⑤ 用手折弯条状试片不应有裂缝出现。

（4）电熔鞍形连接完成后，应进行外观检查，并应符合现行行业标准《聚乙烯燃气管道工程技术规程》CJJ 63—2008 的要求。

1）检查鞍形管件的轴线与主管道轴线是否垂直。

2）检查鞍形管件与主管道的连接处是否形成均匀凸缘，无未熔合的缝隙。

（5）钢塑过渡接头金属端与钢管焊接时，过渡接头金属端应采取降温措施，但不得影响焊接接头的力学性能。

（6）法兰或钢塑过渡连接完成后，其金属部分应按设计要求的防腐等级进行防腐，并检验合格。

（7）聚乙烯燃气管道利用柔性自然弯曲改变走向时，其弯曲半径不应小于 25 倍的管材外径。

（8）聚乙烯燃气管道敷设时，应在管顶同时随管道走向敷设示踪线，示踪线的接头应有良好的导电性。

（9）聚乙烯燃气管道敷设完毕后，应对外壁进行外观检查，不得有影响产品质量的划痕、磕碰等缺陷；检查合格后，方可对管沟进行回填，并作好纪录。

（10）在旧管道内插入敷设聚乙烯管的施工，应符合现行行业标准《聚乙烯燃气管道工程技术规程》CJJ 63—2008 的要求。

5.5.3 钢骨架聚乙烯复合管敷设监理要点

（1）钢骨架聚乙烯复合管道连接应采用电熔连接或法兰连接。当采用法兰连接时，宜设置检查井。

（2）检查电熔连接所选焊机类型是否与安装管道规格相适应。

（3）施工现场断管时，其截面应与管道轴线垂直，截口应进行塑料（与母材相同材料）热封焊。严禁使用未封口的管材。

（4）电熔连接后应进行外观检查，溢出电熔管件边缘的溢料量（轴向尺寸）应符合规范的规定。

（5）电熔连接内部质量应符合现行行业标准《燃气用钢骨架聚乙烯塑料复合管及管件》CJ/T 125—2014 的规定，可采用现场抽检试验件的方式检查。试验件的接头应采用与实际施工相同的条件焊接制备。

（6）法兰连接检查要求：

1）法兰密封面、密封件（垫圈、垫片）不得有影响密封性能的划痕、凹坑等缺陷。

2）管材应在自然状态下连接，严禁强行扭曲组装。

（7）钢制套管内径应大于穿越管段上直径最大部位的外径加 50mm；混凝土套管内径

应大于穿越管段上直径最大部位的外径加 100mm。套管内严禁法兰接口，并尽量减少电熔接口数量。

（8）在钢骨架聚乙烯复合管道上安装口径大于 100mm 的阀门、凝水缸等管路附件时，应督促施工单位设置支撑。

（9）钢骨架聚乙烯复合管道可随地形弯曲敷设，检查其弯曲半径，应符合表 5-2 的规定。

复合管道允许弯曲半径（mm）　　　　　　　　　表 5-2

管道公称直径 DN（mm）	允许弯曲半径
50～150	≥80DN
200～300	≥100DN
350～500	≥110DN

5.6 管道附件与设备安装监理要点

5.6.1 一般要点

（1）安装前应将管道附件及设备的内部清理干净，不得存有杂物。

（2）阀门、凝水缸及补偿器等在正式安装前，检查施工单位是否按其产品标准要求单独进行强度和严密性试验，试验合格的设备、附件应做好标记，施工单位上报试验记录经专业监理工程师签认。

（3）核查试验使用的压力表是否经校验合格，且在有效期内，量程宜为被测压力的 1.5～2.0 倍，阀门试验用压力表的精度等级不得低于 1.5 级。

（4）每处安装宜一次完成，安装时不得有再次污染已吹扫完毕管道的操作。

（5）管道附件、设备应抬入或吊入安装处，不得采用抛、扔、滚的方式。

（6）管道附件、设备安装完成后，督促施工单位及时对连接部位进行防腐。

（7）阀门、补偿器及调压器等设施严禁参与管道的清扫。

（8）检查凝水缸盖和阀门井盖面与路面的高度差，应控制在 0～＋5mm 范围内。

（9）管道附件、设备安装完成后，应与管线一起进行严密性试验。

5.6.2 阀门安装监理要点

（1）安装前应检查阀芯的开启度和灵活度，并督促施工单位根据需要对阀体进行清洗、上油。

（2）安装有方向性要求的阀门时，检查阀体上的箭头方向是否与燃气流向一致。

（3）检查法兰或螺纹连接的阀门是否在关闭状态下安装，焊接阀门应在打开状态下安装。焊接阀门与管道连接焊缝宜采用氩弧焊打底。

（4）检查安装时，吊装绳索是否拴在阀体上，严禁拴在手轮、阀杆或转动机构上。

（5）阀门安装时，与阀门连接的法兰应保持平行，检查其偏差不应大于法兰外径的1.5‰，且不得大于2mm。严禁强力组装，安装过程中应保证受力均匀，阀门下部应根据设计要求设置承重支撑。

（6）法兰连接时，应使用同一规格的螺栓，并符合设计要求。检查紧固螺栓时是否对称均匀用力，松紧适度，螺栓紧固后螺栓与螺母宜齐平，但不得低于螺母。

（7）在阀门井内安装阀门和补偿器时，阀门应与补偿器先组对好，然后与管道上的法兰组对，将螺栓与组对法兰紧固好后，方可进行管道与法兰的焊接。

（8）对直埋的阀门，检查施工单位是否按设计要求做好阀体、法兰、紧固件及焊口的防腐。

检查安全阀是否垂直安装，在安装前必须经法定检验部门检验并铅封。

5.6.3 凝水缸安装监理要点

（1）钢制凝水缸在安装前，是否按设计要求对外表面进行防腐。

（2）安装完毕后，凝水缸的抽液管是否按同管道的防腐等级进行防腐。

（3）检查凝水缸是否安装在所在管段的最低处。

（4）检查凝水缸盖是否安装在凝水缸井的中央位置，出水口阀门的安装位置是否合理，实测阀门安装位置是否有足够的操作和检修空间。

5.6.4 补偿器安装监理要点

1. 波纹补偿器安装

（1）安装前应按设计规定的补偿量进行预拉伸（压缩），受力应均匀。

（2）补偿器应与管道保持同轴，不得偏斜。安装时不得用补偿器的变形（轴向、径向、扭转等）来调整管位的安装误差。

（3）安装时应设临时约束装置，待管道安装固定后再拆除临时约束装置，并解除限位装置。

2. 填料式补偿器安装

（1）应按设计规定的安装长度及温度变化，留有剩余的收缩量，允许偏差应满足产品的安装说明书的要求。

（2）应与管道保持同心，不得歪斜。

（3）导向支座应保证运行时自由伸缩，不得偏离中心。

（4）插管应安装在燃气流入端。

（5）填料石棉绳应涂石墨粉并应逐圈装入，逐圈压紧，各圈接口应相互错开。

5.6.5 绝缘法兰安装监理要点

（1）安装前，施工单位应对绝缘法兰进行绝缘试验检查，其绝缘电阻不应小于1MΩ；当相对湿度大于60%时，其绝缘电阻不应小于500kΩ。

（2）两对绝缘法兰的电缆线连接应按设计要求，并应做好电缆线及接头的防腐，金属部分不得裸露于土中。

（3）绝缘法兰外露时，检查其是否有保护措施。

5.7 管道穿（跨）越监理要点

5.7.1 顶管施工监理要点

（1）顶管的施工参照现行国家标准《给水排水管道工程施工及验收规范》GB 50268—2008 的有关规定执行。

（2）采用钢管时，燃气钢管的焊缝应进行 100% 的射线照相检验。

（3）采用 PE 管时，要求施工单位先做相同人员、工况条件下的焊接试验。

（4）接口宜采用电熔连接；当采用热熔对接时，应要求施工单位切除所有焊口的翻边，并应进行检查。

（5）燃气管道穿入套管前，管道的防腐已验收合格。

（6）在燃气管道穿入过程中，检查施工单位是否采取措施防止管体或防腐层损伤。

5.7.2 水下敷设监理要点

1. 施工准备

（1）在江（河、湖）水下敷设管道，施工方案及设计文件应报河道管理或水利管理部门审查批准，施工组织设计应征得上述部门同意。

（2）主管部门批准的对江（河、湖）的断流、断航、航管等措施，应预先公告。

（3）工程开工时，应在敷设管道位置的两侧水体各 50m 距离处设置警戒标志。

（4）施工时应严格遵守国家及行业现行的水上水下作业安全操作规程。

2. 测量放线复核

（1）管槽开挖前，应测出管道轴线，并在两岸管道轴线上设置固定醒目的岸标。施工时岸上设专人用测量仪器观测，校正管道施工位置，检测沟槽超挖、欠挖情况。

（2）水面管道轴线上以每隔 50m 左右抛设一个浮标标示位置。

（3）两岸应各设置水尺一把，水尺零点标高应经常检测。

3. 沟槽开挖检查

（1）检查沟槽宽度及边坡坡度，两者的数值应按设计规定执行；当设计无规定时，由施工单位根据水底泥土流动性和挖沟方法在施工组织设计中确定，但最小沟底宽度应大于管道外径 1m。

（2）当两岸没有泥土堆放场地时，督促施工单位使用驳船装载泥土运走。在水流较大的江中施工，且没有特别环保要求时，开挖泥土可排至河道中，任水流冲走。

（3）水下沟槽挖好后，复测沟底标高。宜按 3m 间距复测，当标高符合设计要求后即可同意施工单位下管。若挖深不够应补挖；若超挖应采用砂或小块卵石补到设计标高。

4. 管道组装检查

（1）在岸上将管道组装成管段，管段长度宜控制在 50～80m。

（2）组装完成后，焊缝质量应符合上述"管道焊接"的要求，并应按"试验与验收"进行试验，合格后按设计要求加焊加强钢箍套。

（3）检查焊口是否进行防腐（补口），并应进行质量检查。

（4）组装后的管段应采用下水滑道牵引下水，置于浮箱平台，并调整至管道设计轴线水面上，将管段组装成整管。焊口应进行射线照相探伤和防腐补口，并应在管道下沟前应对整条管道的防腐层做电火花绝缘检查。

5. 沉管与稳管检查

（1）沉管时，应提醒施工单位谨慎操作牵引起重设备，松缆与起吊均应逐点分步分别进行；各定位船舶须严格执行统一指令。应在管道各吊点的位置与管槽设计轴线一致时，管道方可下沉入沟槽内。

（2）管道入槽后，应由潜水员下水检查、调平。

（3）稳管措施按设计要求执行。当使用平衡重块时，重块与钢管之间应加橡胶隔垫；当采用复壁管时，应在管线过江（河、湖）后，再向复壁管环形空间灌水泥浆。

6. 旁站监理

（1）旁站施工单位对管道进行整体吹扫和试验过程，记录旁站日记。

（2）管道试验合格后，督促施工单位及时采用砂卵石回填。旁站施工单位的回填顺序：回填时先填管道拐弯处使之固定，然后再均匀回填沟槽。

5.7.3　定向钻施工监理要点

（1）审查施工单位上报的施工方案，该施工方案应在收集施工现场资料的基础上制订，并应符合下列要求：

1）现场交通、水源、电源、施工运输道路、施工场地等资料的收集。

2）各类地上设施（铁路、房屋等）的位置、用途、产权单位等的查询。

3）与其他部门（通信、电力电缆、供水、排水等）核对地下管线，并用探测仪或局部开挖的方法确定定向钻施工路由位置的其他管线的种类、结构、位置走向和埋深。

4）用地质勘探钻取样或局部开挖的方法，取得定向钻施工路由位置的地下土层分布、地下水位及土壤、水分的酸碱度等资料。

（2）定向钻施工穿越铁路等重要设施处，必须征求相关主管部门的意见。当与其他地下设施的净距不能满足设计规范要求时，应报设计单位，采取防护措施，并应取得相关单位的同意。

（3）定向钻施工宜按现行国家标准《油气输送管道穿越工程施工规范》GB 50424—2015 的有关规定执行。

（4）燃气管道安装检查要点：

1）燃气管道的焊缝应进行 100% 的射线照相检查。

2）在目标井工作坑应按要求放置燃气钢管，用导向钻回拖敷设，回拖过程中应根据需要不停注入配制的泥浆。

3）燃气钢管的防腐应为特加强级。

4）燃气钢管敷设的曲率半径应满足管道强度要求，且不得小于钢管外径的 1500 倍。

5.7.4　跨越施工监理要点

（1）认真审查施工方案，不同的穿越方式有不同的施工方案，施工方案一定要与穿越方法相适应。

（2）穿越工程施工过程的质量控制要按照现行国家标准《油气输送管道穿越工程施工规范》GB 50424—2015 的有关规定进行认真的检查，确保施工质量。

（3）若穿越管道用钢管，就必须按钢管的焊接工艺检查焊接质量，并对 100％ 的照片进行审查，若是聚乙烯管，就按聚乙烯技术规程检验，钢管必须是加强防腐。

（4）检查管道的敷设是否符合相应穿越方式的要求。

5.8　室外架空燃气管道监理要点

5.8.1　管道支、吊架的安装监理要点

（1）管道支、吊架安装前，监理人员要复核管道标高和坡降。

（2）检查固定后的支、吊架位置应正确，安装应平整、牢固，与管子接触良好。

（3）检查固定支架是否按设计规定安装，安装补偿器时，应在补偿器预拉伸（压缩）之后固定。

（4）检查导向支架或滑动支架的滑动面是否洁净平整，不得有歪斜和卡涩现象。其安装位置应从支承面中心向位移反方偏移，偏移量应为设计计算位移值的 1/2 或按设计规定。

（5）焊接应由有上岗证的焊工施焊，并不得有漏焊、欠焊或焊接裂纹等缺陷。管道与支架焊接时，管道表面不得有咬边、气孔等缺陷。

焊工资格应必须具有锅炉压力容器压力管道特种设备操作人员资格证（焊接）焊工合格证书，且在证书的有效期及合格范围内从事焊接工作。间断焊接时间超过 6 个月，再次上岗前应重新考试。

5.8.2　管道的防腐监理要点

（1）防腐涂料应有制造厂的质量合格文件。涂漆前应检查施工单位是否清除被涂表面的铁锈、焊渣、毛刺、油、水等污物。

（2）检查防腐涂料的种类、涂敷次序、层数、各层的表干要求及施工的环境温度是否按设计和所选涂料的产品规定进行。

（3）在涂敷施工时，检查施工单位是否有相应的防火、防雨（雪）及防尘措施。

（4）涂层质量检查要点：

1）涂层应均匀，颜色应一致。

2）漆膜应附着牢固，不得有剥落、皱纹、针孔等缺陷。

3）涂层应完整，不得有损坏、流淌。

5.8.3　管道安装监理要点

（1）管道安装前，检查其是否已除锈并涂完底漆。

（2）管道的焊接应按"管道焊接"的要求执行。

（3）实测焊缝距支、吊架净距，其数值不应小于 50mm。

（4）管件、设备的安装检查应按上述"管道附件与设备安装"执行。

（5）吹扫与压力试验旁站监理应按"试验与验收"的要求执行。

（6）吹扫、压力试验完成后，应检查施工单位是否补刷底漆并完成管道设备的防腐。

5.9 管道试验监理要点

5.9.1 一般要点

（1）管道安装完毕后应依次进行管道吹扫、强度试验和严密性试验。

（2）燃气管道穿（跨）越大中型河流、铁路、二级以上公路、高速公路时，应单独进行试压。

（3）管道吹扫、强度试验及中高压管道严密性试验前应编制施工方案并上报监理部门签认，施工方案必须制定详细、可行的安全措施，确保施工人员及附近民众与设施的安全。

（4）试验时应设巡视人员，无关人员不得进入。在试验的连续升压过程中和强度试验的稳压结束前，所有人员不得靠近试验区。人员离试验管道的安全间距可按表 5-3 确定。

安全间距 表 5-3

管道设计压力（MPa）	安全间距（m）
<0.4	6
0.4～1.6	10
2.5～4.0	20

（5）管道上的所有堵头必须加固牢靠，试验时堵头端严禁人员靠近。

（6）吹扫和待试管道应与无关系统采取隔离措施，与已运行的燃气系统之间，必须加装盲板且有明显标志。试验完成后应做好记录，并由有关部门签字。

（7）试验前应按设计图检查管道的所有阀门，试验段段必须全部开启。

（8）在对聚乙烯管道或钢骨架聚乙烯复合管道吹扫及试验时，进气口应采取油水分离及冷却等措施，确保管道进气口气体干燥，且其温度不得高于 40℃；排气口应采取防静电措施。

（9）试验时所发现的缺陷，必须待试验压力降至大气压后进行处理，处理合格后应重新试验。

5.9.2 管道吹扫监理要点

1. 管道吹扫的介质选择要求

（1）球墨铸铁管道、聚乙烯管道、钢骨架聚乙烯符合管道和公称直径小于 100mm 或长度小于 100m 的钢质管道，可采用气体吹扫。

（2）公称直径大于或等于 100mm 的钢质管道，宜采用清管球进行清扫。

2. 管道吹扫检查要求

（1）吹扫范围内的管道安装工程除补口、涂漆外，已按设计图纸全部完成。

（2）管道安装检验合格后，应由施工单位负责组织吹扫工作，监理人员应在吹扫前审查施工单位上报编制的吹扫方案。

（3）应按主管、支管、庭院管的顺序进行吹扫，吹扫出的脏物不得进入已合格的管道。

（4）吹扫管段内的调压器、阀门、孔板、过滤网、燃气表等设备等不应参与吹扫，待吹扫合格后再安装复位。

（5）吹扫口应设在开阔地段并加固，吹扫时应设安全区域，吹扫出口前严禁站人。

（6）吹扫压力不得大于管道的设计压力，且不应大于 0.3MPa。

（7）吹扫介质宜采用压缩空气，严禁采用氧气和可燃性气体。

（8）吹扫合格设备复位后，不得再进行影响管内清洁的其他作业。

3. 气体吹扫检查要求

（1）控制吹扫气体流速不宜小于 20m/s。

（2）吹扫口与地面的夹角应在 30°～45°，吹扫口管段与被吹扫管段必须采取平缓过渡对焊。

（3）每次吹扫管道的长度不宜超过 500m；当管道长度超过 500m 时，宜分段吹扫。

（4）当管道长度在 200m 以上，且无其他管段或储气容器可利用时，应在适当部位安装吹扫阀，采取分段储气，轮换吹扫；当管道长度不足 200m，可采用管段自身储气放散的方式吹扫，打压点与放散点应分别设在管道的两端。

（5）当目测排气无烟尘时，应在排气口设置白布或涂白漆木靶板检验，5min 内靶上无铁锈、尘土等其他杂物为合格。

4. 清管球清扫检查要求

（1）管道直径必须是同一规格，不同管径的管道应断开分别进行清扫。

（2）对影响清管球通过的管件、设施，在清管前应采取必要措施。

（3）清管球清扫完成后，应在排气口设置白布或涂白漆木靶板检验，5min 内靶上无铁锈、尘土等其他杂物为合格，如不合格可采用气体再清扫至合格。

5.9.3 强度试验监理要点

（1）检查强度试验条件：

1）试验用的压力计及温度记录仪应在校验有效期内。

2）试验方案已经批准，有可靠的通信系统和安全保障措施，已进行了技术交底。

3）管道焊接检验、清扫合格。

4）埋地管道回填土宜回填至管上方 0.5m 以上，并留出焊接口。

（2）管道应分段进行压力试验，检查试验管道分段最大长度，其数值宜按表 5-4 执行。

管道试压分段最大长度　　　　　　　　　　　　　　　表 5-4

设计压力 PN（MPa）	试验管段最大长度（m）
$PN \leqslant 0.4$	1000
$0.4 < PN \leqslant 1.6$	5000
$1.6 < PN \leqslant 4.0$	10000

（3）管道试验用压力计及温度记录仪表均不应少于两块，并应分别安装在试验管道的两端。

（4）试验用压力计的量程应为试验压力的 1.5～2 倍，其精度不应低于 1.5 级。

（5）强度试验压力和介质应符合设计或规范的规定。

（6）水压试验时，试验管段任何位置的管道环向应力不得大于管材标准屈服强度的 90%。架空管道采用水压试验前，应复核管道及其支撑结构的强度，必要时应督促施工单位临时加固。试压宜在环境温度 5℃以上进行，否则应采取防冻措施。

（7）水压试验应符合现行国家标准《液体石油管道压力试验》GB/T 16805—2009 的有关规定。

（8）进行强度试验时，压力应逐步缓升，首先升至试验压力的 50%，应进行初检，如无泄露、异常，继续升压至试验压力，然后宜稳压 1h 后，观察压力计不应小于 30min，无压力降为合格。

（9）水压试验合格后，应及时将管道中的水放（抽）净，并应进行吹扫。

（10）经分段试压合格的管段相互连接的焊缝，经射线照相检验合格后，可不再进行强度试验。

5.9.4　严密性试验监理要点

（1）严密性试验的时间，应在强度试验合格、管线回填后进行。

（2）检查试验用的压力计是否在校验有效期内，其量程应为试验压力的 1.5～2 倍，其精度等级、最小分格值及表盘直径应满足试验的要求。

（3）严密性试验介质宜采用空气，试验压力实测要求：

1）设计压力小于 5kPa 时，试验压力应为 20kPa。

2）设计压力大于或等于 5kPa 时，试验压力应为设计压力的 1.15 倍，且不得小于 0.1MPa。

（4）试验时的升压速度不宜过快。对设计压力大于 0.8MPa 的管道试压，压力缓慢上升至 30% 和 60% 试验压力时，应分别停止升压，稳压 30min，并检查系统有无异常情况，如无异常情况继续升压。管内压力升至严密性试验压力后，待温度、压力稳定后开始记录。

（5）严密性试验稳压的持续时间应为 24h，每小时记录不应少于 1 次，当修正压力降小于 133Pa 为合格。

（6）所有未参加严密性试验的设备、仪表、管件，应在严密性试验合格后进行复位，然后按设计压力对系统升压，应采用发泡剂检查设备、仪表、管件及其与管道的连接处，不漏为合格。

习　题

1. 燃气管道整体工程竣工资料的工程依据文件、交工技术文件各包括哪些内容？
2. 燃气管道工程竣工验收程序是什么？
3. 埋地钢管焊缝内部质量的抽样检验的要求有哪些？
4. 埋地钢管法兰连接的法兰垫片检查要点有哪些？
5. 球墨铸铁管敷设监理要点有哪些？
6. 聚乙烯管道对接热熔、电熔接口检查有哪些？
7. 聚乙烯管道承插热熔接口检查要点有哪些？
8. 钢骨架聚乙烯复合管道法拉连接检查要求有哪些？
9. 室外架空燃气管道防腐涂层质量检查要点有哪些？
10. 燃气管道吹扫检查要求有哪些？

6 城镇供热管网工程施工监理

6.1 基本监理要点

城镇供热管网工程施工质量控制、检查、验收，应符合现行行业标准《城镇供热管网工程施工及验收规范》CJJ 28—2014 及相关标准的规定。

6.1.1 施工质量验收的规定

1. 基本规定

(1) 供热管网工程的竣工验收应在单位工程验收和试运行合格后进行。

(2) 竣工验收应包括下列主要项目：

1) 承重和受力结构。

2) 结构防水效果。

3) 补偿器、防腐和保温。

4) 热机设备、电气和自控设备。

5) 其他标准设备安装和非标准设备的制造安装。

6) 竣工资料。

(3) 供热管网工程竣工验收合格后应签署验收文件，移交工程应填写竣工交接书。

(4) 在试运行结束后 3 个月内应向城建档案馆、管道管理单位提供纸质版竣工资料和电子版形式竣工资料，所有隐蔽工程应提供影像资料。

(5) 工程验收后，保修期不应少于 2 个采暖期。

2. 竣工验收时应提供的资料

(1) 施工技术资料应包括施工组织设计及审批文件、图纸会审（审查）记录、技术交底记录、工程洽商（变更）记录等。

(2) 施工管理资料应包括工程概况、施工日志、施工过程中的质量事故相关资料。

(3) 工程物资资料应包括工程用原材料、构配件等质量证明文件及进场检验或复试报告、主要设备合格证书及进场验收文件、质监部门核发的特种设备质量证明文件和设备竣工图、安装说明书、技术性能说明书、专用工具和备件的移交证明。

(4) 施工测量监测资料应包括工程定位及复核记录、施工沉降和位移等观（量）测记录。

(5) 施工记录应包括下列资料：

1) 检查及情况处理记录应包括隐蔽工程检查记录、地基处理记录、钎探记录、验槽记录、管道变形记录、钢管焊接检查和管道排位记录（图）、混凝土浇筑等。

2) 施工方法及相关内容记录应包括小导管注浆记录、浅埋暗挖法施工检查记录、定向钻施工等相关记录、防腐施工记录、防水施工记录等。

3）设备安装记录应包括支架、补偿器及各种设备安装记录等。

（6）施工试验及检测报告应包括回填压实检测记录、混凝土抗压（渗）报告及统计评定记录、砂浆强度报告及统计评定记录、管道无损检测报告和相关记录、喷射混凝土配比、管道的冲洗记录、管道强度和严密性试验记录、管网试运行记录等。

（7）施工质量验收资料应包括检验批、分项、分部工程质量验收记录、单位工程质量评定记录。

（8）工程竣工验收资料应包括竣工报告、竣工测量报告、工程安全和功能、工程观感及内业资料核查等相关记录。

3. 竣工验收鉴定事项

（1）供热管网输热能力及热力站各类设备应达到设计参数，输热损耗应符合国家标准规定，管网末端的水力工况、热力工况应满足末端用户的需求。

（2）管网及站内系统、设备在工作状态下应严密，管道支架和热补偿装置及热力站热机、电气及控制等设备应正常、可靠。

（3）计量应准确，安全装置应灵敏、可靠。

（4）各种设备的性能及工作状况应正常，运转设备产生的噪声应符合国家标准规定。

（5）供热管网及热力站防腐工程施工质量应合格。

（6）工程档案资料应齐全。

4. 测定与评价报告

保温工程在第一个采暖季结束后，应对设备及管道保温效果进行测定与评价，且应符合现行国家标准《设备及管道绝热效果的测试与评价》GB/T 8174—2008 的相关规定，并应提出测定与评价报告。

5. 验收合格判定

（1）工程质量验收分为合格和不合格。不合格项目应进行返修、返工至合格。

（2）工程质量验收可划分为分项、分部、单位工程，并应符合下列规定：

1）分部工程可按长度划分为若干个部位，当工程规模较小时，可不划分。

2）分项工程可按下列规定划分：

①沟槽、模板、钢筋、混凝土（垫层、基础、构筑物）、砌体结构、防水、止水带、预制构件安装、检查室、回填土等工序。

②管道安装、焊接、无损检验、支架安装、设备及管路附件安装、除锈及防腐、水压试验、管道保温等工序。

③热力站、中继泵站的建筑和结构部分等的质量验收应符合国家现行有关标准的规定。

3）单位工程为具备试运行条件的工程，可以是一个或几个设计阶段的工程。

（3）工程质量的验收应按分项、分部及单位工程三级进行，当工程不划分分部工程时，可按分项、单位工程两级进行验收。

（4）竣工验收合格判定应符合下列要求：

1）分项工程符合下列条件为合格：

① 主控项目的合格率应达到100%。

② 一般项目的合格率达到 80%，且最大偏差小于允许偏差的 1.5 倍，可判定为合格。

2）分部工程应所有分项为合格，则该分部工程为合格。

3）单位工程应所有分部为合格，则该单位工程为合格。

（5）工程竣工质量验收还应符合下列规定：

1）工序（分项）交接检验应在施工班组自检、互检的基础上由检验人员进行工序交接检验，检验完成后应填写质量验收报告。

2）分部检验应在工序交接检验的基础上进行，检验完成后应填写质量验收报告。

3）单位工程检验应在分部检验或工序交接检验的基础上进行，检验完成后应填写质量验收报告。

6.1.2 主要材料、设备、构配件质量控制

管道附属构筑物施工所用的钢筋、水泥、砂、石、石灰、砌体材料、混凝土外加剂、掺加料等材料的质量控制见本书 1.1.3。

管道需要进场报验的主要材料有：管材、管件、阀门、法兰、补偿器、型钢、管道防腐材料、保温和焊接材料等。

1. 管材及管件

（1）审查管材或板材应有制造厂的质量合格证及材料质量复验报告，复验内容应包括：材料品种及名称、代号、规格、生产厂名称、化学成分、机械性能等。

（2）外观检查：

1）管材表面应光滑，无氧化皮、过烧、疤痕等。

2）不得有深度大于公称壁厚的 5% 且不大于 0.8mm 的结疤、折叠、皱折、离层、发纹。

3）不得有深度大于公称壁厚的 12% 且不大于 1.6mm 的机械划痕和凹坑。

（3）三通、弯头、变径管等管路附件应采用机制管件，当需要现场制作时，应符合现行国家标准《钢制对焊无缝管件》《钢制对焊无缝管件》GB/T 12459—2005、《工业金属管道工程施工规范》GB 50235—2010 及《工业金属管道工程施工质量验收规范》GB 50184—2011 的相关规定。管件防腐漆膜应均匀，无气泡、皱褶和起皮，管件的焊接坡口处不得涂防腐漆，管件内部不得涂防腐漆。

（4）预制直埋管道和管件应采用工厂预制的产品，质量应符合相关标准的规定。

2. 管道设备、补偿器、阀门

（1）热力管道工程所用的管道设备、补偿器、阀门等必须有制造厂家的产品合格证书及质量检测报告。

（2）阀门外观检查：阀体无裂纹、开关灵活严密、手轮无损坏。

（3）法兰应符合现行国家标准《钢制管法兰 技术条件》GB/T 9124—2010 的相关规定，安装前应对密封面及密封垫片进行外观检查。法兰密封面应表面光洁，法兰螺纹完整、无损伤，法兰端面应保持平行，偏差不大于 2mm。

（4）阀门试验：进行阀门的强度和严密性试验。

一级管网的主干线所用阀门及与一级管网主干线直接连通的阀门等重要阀门应由有资质的检测部门进行强度和严密性试验，检验合格。

3. 管道防腐、保温和焊接材料

（1）防腐材料及涂料的品种、规格、性能应符合设计和环保要求，产品应具有质量合格证明文件。

（2）防腐材料应在有效期内使用。

（3）保温材料的品种、规格、性能等应符合设计和环保的要求，产品应具有质量合格证明文件。保温材料检验应符合下列规定：

1）保温材料进场前应对品种、规格、外观等进行检查验收，并应从进场的每批材料中，任选1～2组试样进行导热系数、保温层密度、厚度和吸水（质量含水、憎水）率等测定。

2）应对预制直埋保温管、保温层和保护层进行复检，并应提供复检合格证明；预制直埋保温管的复检项目应包括：保温管的抗剪切强度、保温层的厚度、密度、压缩强度、吸水率、闭孔率、导热系数及外护管的密度、壁厚、断裂伸长率、拉伸强度、热稳定性。

3）按工程要求可进行现场抽检。

（4）施工现场应对保温管和保温材料进行妥善保管，不得雨淋、受潮。受潮的材料经过干燥处理后应进行检测，不合格时不得使用。

（5）石棉水泥不得采用闪石棉等国家禁止使用的石棉制品。

6.1.3 隐蔽工程

（1）要求施工单位按有关规定对隐蔽工程先进行自检，自检合格，填写隐蔽工程检查记录，报送监理部。

（2）应对隐蔽工程记录内容到现场进行检测，抽查。

（3）对隐蔽不合格的工程，应填写不合格处置记录，要求施工单位整改，合格在予以复查，合格后应签认《隐蔽工程检查记录》并批准进入下道工序。

（4）室外供热管道工程在管道保温之前、管沟土方回填和不通行地沟封闭之前，监理人员应对管道系统进行隐蔽验收，隐蔽验收合格后方可进行回填。

（5）供热管道在保温之前的隐蔽工程验收内容：

1）核对管道支架、补偿器及阀门井间距和位置等是否正确。

2）检测测量管道坐标和标高等是否符合设计要求。

3）检查管道接口焊接质量，核查无损检测的报告资料。

4）核查水压试验合格资料。

5）检查管道除锈防腐处理是否符合设计或相关规范要求。

（6）供热管道在管沟土方回填和不通行地沟封闭之前的隐蔽工程主要验收管道保温处理是否符合设计要求。

当管道为预制保温管时，隐蔽验收的内容应按上述（5）执行。

6.1.4 旁站监理

参照设计、《房屋建筑工程施工旁站监理管理试行办法》以及相关规范的规定，结合工程实际需要，一般需要进行旁站监理的工序和部位：

（1）管沟回填。

（2）顶管。

（3）土建结构混凝土浇筑、钢筋连接检查。

（4）供热管道的强度试验和严密性试验。

（5）供热管网的清洗。

（6）供热管网的试运行。

6.1.5 施工测量复核

（1）施工单位使用的测量仪器需经指定单位年检合格，使用前应向监理方出示有关证明材料。

（2）测量人员必须持证上岗，人员进场后应将上岗证复印件报监理备案。

（3）复核临时水准点闭合差和导线方位闭合差，是否符合允许范围之内，是否与另一水准点闭合。

（4）复核各管道中线的控制点，中心桩，中心钉高程，复核接入原有管道接头高程，检查挖槽边线、堆土、交通、排水等设施是否完善。

（5）检查控制点是否应设置在便于观测的稳固部位。

（6）当新建管线与既有管线相接时，应先测量既有管线接口处的管线走向、管中坐标、管顶高程，新建管线应与既有管线顺接。

（7）管线定位应按设计给定的坐标数据测定，并应经复核和监理人员复测后，再测定管线点位。

（8）直线段上中线桩位的间距不宜大于50m。

（9）管线定线完成后，应对点位进行顺序编号，起点、终点和中间各转角点的中线桩应进行加固或埋设标石，并应绘点标记。

（10）管线转角点应在附近永久性建（构）筑物上标志点位，控制点坐标应做记录。当附近没有永久性工程时，应埋设标石。

（11）管线中线定位完成后，应对施工范围的地上障碍物进行核查。对施工图中标出的地下障碍物的位置，应在地面上做标识。

（12）当暗挖施工时，应进行平面联系测量；在竖井处应进行高程联系测量。

（13）在管线起点、终点、固定支架及地下穿越部位的附近应设置临时水准点。临时水准点设置应明显、稳固，间距不宜大于300m。

（14）固定支架之间的管道支架、管道等高程，可采用固定支架高程进行控制。直埋管道的高程可采用变坡点、转折点的高程进行控制。

6.2 土建工程监理要点

6.2.1 土方明挖监理要点

（1）土方开挖前应根据施工现场条件、结构埋深、土质和有无地下水等因素检查施工单位选用不同的开槽断面，并应实测各施工段的槽底宽度、边坡、留台位置、上口宽度及堆土和外运土量。

（2）土方开挖过程中，检查开槽断面的中线、横断面、高程。当采用机械开挖时，应预留不少于 150mm 厚的原状土，人工清底至设计标高，不得超挖。

（3）检查土方开挖施工范围内的排水是否畅通，同时检查施工单位采取防止地面水、雨水流入沟槽的措施。

（4）土方开挖完成后，测量检查槽底高程、坡度、平面拐点、坡度折点等数值应合格。

（5）土方开挖至槽底后，对地基进行验收。

（6）当槽底土质不符合设计要求时，检查并签认施工单位制定处理方案。在地基处理完成后应对地基处理进行记录。

（7）沟槽开挖与地基处理后的质量要求：

1）沟槽开挖不应扰动原状地基。

2）槽底不得受水浸泡或受冻。

3）地基处理应符合设计要求。

4）槽壁应平整，边坡坡度应符合现行国家标准《建筑地基基础工程施工质量验收规范》GB 50202—2002 的相关规定。

5）沟槽中心线每侧的最小净宽不应小于管道沟槽设计底部开挖宽度的 1/2。

6）检查槽底高程的允许偏差：开挖土方应为 ±20mm；开挖石方应为 −200～+20mm。

（8）沟槽验收合格后，应对隐蔽工程检查进行记录。

6.2.2 土方暗挖监理要点

1. 一般要点

（1）隧道开挖面应在无水条件下施工，开挖过程中应对地面、建（构）筑物和支护结构进行动态监测。

（2）隧道初期支护结构完工后，应对完工的隧道初期支护结构进行分段验收。

（3）隧道二衬完工后，应对暗挖法施工检查进行记录。对完工的隧道应进行分段验收，对基础/主体结构工程验收应进行记录。

2. 竖井施工检查要点

（1）竖井提升运输设备不得超负荷作业，运输速度应符合设备技术要求。

（2）竖井上下应设联络信号。

（3）龙门架和竖井提升运输设备架设前应编制专项方案，并应附负荷验算。龙门架和提升机应在安装完毕并经验收合格后方可投入使用。

（4）竖井应设防雨篷，井口应设防汛墙和栏杆。

（5）井壁施工中，竖向应遵循分步开挖的原则，每榀应采用对角开挖。

（6）施工过程中应及时安装竖井支撑。

（7）竖井与隧道连接处应采取加固措施。

3. 隧道的施工检查要点

（1）隧道开挖前检查施工单位是否备好抢险物资，并在现场堆码整齐。

（2）进入隧道前检查施工单位是否应先对隧道洞口进行地层超前支护及加固。

（3）隧道开挖应检查循环进尺、留设核心土。核心土面积不得小于断面的1/2，核心土应设1∶0.3～1∶0.5的安全边坡。

（4）隧道开挖过程中应进行地质描述并应进行记录，必要时应进行超前地质勘探。

（5）隧道开挖过程中，当采用超前小导管支护施工时，应对小导管施工部位、规格尺寸、布设角度、间距及根数、注浆类型、数量等应进行记录。

（6）当采用大管棚超前支护时，应填写施工记录。

（7）采用隧道台阶法施工应在拱部初期支护结构基本稳定，且在喷射混凝土达到设计强度70%以上时，方可允许施工单位进行下部台阶开挖，并应符合下列规定：

1）边墙应采用单侧或双侧交错开挖。

2）边墙挖至设计高程后，应及时支立钢筋格栅并喷射混凝土。

3）仰拱应根据监控量测结果及时施工，并应封闭成环。

（8）隧道相对开挖中，当两个工作面相距15～20m时应一端停挖，另一端继续开挖，并应做好测量工作，及时纠偏。中线贯通平面位置允许偏差应为±30mm，高程允许偏差应为±20mm。

6.2.3 顶管监理要点

（1）复查顶管机型是否根据工程地质、水文情况、施工条件、施工安全、经济性等因素选用。

（2）顶管施工的管材不得作为供热管道的工作管。

（3）顶管工作坑施工检查要点：

1）检查顶管工作坑是否设置在便于排水、出土和运输，且易于对地上与地下建（构）筑物采取保护和安全生产措施处。

2）检查工作坑的支撑是否形成封闭式框架，矩形工作坑的四角是否加设斜支撑。

（4）顶管顶进检查要点：

1）在饱和含水层等复杂地层或临近水体施工前，应要求施工单位调查水文地质资料，并应对开挖面涌水或塌方采取防范和应急措施。

2）当采用人工顶管时，应要求施工单位将地下水位降至管底0.5m以下，并应采取防止其他水源进入顶管管道的措施。

（5）顶管施工中，应对管线位置、顶管类型、设备规格、顶进推力、顶进措施、接管形式、土质状况、水文状况进行检查，检查完成后应对顶管施工进行记录。

（6）采用人工顶进施工检查：

1）钢管接触或切入土层后，应要求施工单位自上而下分层开挖。

2）顶进过程中应复核中心和高程偏差。钢管进入土层5m以内，每顶进0.3m，测量不得少于1次；进入土层5m以后，每顶进1m应测量1次；当纠偏时应增加测量次数。

（7）当钢管顶进过程中产生偏差时应要求施工单位进行纠偏。纠偏应在顶进过程中采用小角度逐渐纠偏。

（8）钢管在顶进前应进行外防腐，顶管完成后应对管材进行内防腐及牺牲阳极防腐保护。

6.2.4 土方回填监理要点

（1）沟槽、检查室的主体结构经隐蔽工程验收合格及测量后应及时进行回填，在固定支架、导向支架承受管道作用力之前，应回填到设计高度。

（2）回填前应要求施工单位先将槽底杂物、积水清除干净。

（3）回填过程中不得影响构筑物的安全，并应复查墙体结构强度、外墙防水抹面层硬结程度、盖板或其他构件安装强度，当能承受施工操作动荷载时，方可允许施工单位进行回填。

（4）检查回填土，不得含有碎砖、石块、大于100mm的冻土块及其他杂物。

（5）直埋保温管道沟槽回填检查要点：

1）回填前，验收直埋管外护层及接头，不得有破损。

2）检查管顶是否铺设警示带，警示带距离管顶不得小于300mm，且不得敷设在道路基础中。

3）检查弯头、三通等管路附件处的回填应按设计要求进行。

4）设计要求进行预热伸长的直埋管道，回填方法和时间应按设计要求进行。

（6）回填土厚度应根据夯实或压实机具的性能及压实度确定，并应分层夯实。

（7）回填压实不得影响管道或结构的安全。管顶或结构顶以上500mm范围内应采用人工夯实，不得采用动力夯实机或压路机压实。

（8）沟槽回填土种类、密实度检查要点：

1）回填土种类、密实度应符合设计要求。

2）回填土的密实度应逐层进行测定。

（9）检查室部位的回填检查要点：

1）主要道路范围内的井室周围应采用石灰土、砂、砂砾等材料回填。

2）检查室周围的回填应与管道沟槽的回填同时进行，当不能同时进行时应留回填台阶。

3）检查室周围回填压实应沿检查室中心对称进行，且不得漏夯。

4）密实度应按明挖沟槽回填要求执行。

（10）暗挖竖井的回填应根据现场情况选择回填材料，并应符合设计要求。

6.3 管道安装监理要点

6.3.1 管道支架、吊架监理要点

管道支架、吊架的安装应在管道安装、检验前完成。检查支架、吊架的位置应正确、平整、牢固，标高和坡度应满足设计要求，安装完成后应对安装调整进行记录。

1. 管道支架、吊架制作

(1) 检查支架和吊架的形式、材质、外形尺寸、制作精度及焊接质量应符合设计要求。

(2) 检查滑动支架、导向支架的工作面应平整、光滑，不得有毛刺及焊瘤等异物。

(3) 组合式弹簧支架应具有合格证书，安装前应进行检查，并应符合下列规定：

1) 弹簧不得有裂纹、皱褶、分层、锈蚀等缺陷。

2) 弹簧两端支撑面应与弹簧轴线垂直，其允许偏差不得大于自由高度的 2%。

(4) 已预制完成并经检查合格的管道支架等应按设计要求进行防腐处理，并应妥善保管。

(5) 焊制在钢管外表面的弧形板应采用模具压制成型，当采用同径钢管切割制作时，应采用模具进行整形，不得有焊缝。

2. 管道支架、吊架安装

(1) 检查支架、吊架安装位置是否正确，标高和坡度是否符合设计要求，安装应平整，埋设应牢固。

(2) 检查支架结构接触面是否洁净、平整。

(3) 检查固定支架卡板和支架结构接触面应贴实。

(4) 检查活动支架的偏移方向、偏移量及导向性能应符合设计要求。

(5) 弹簧支架、吊架安装高度应按设计要求进行调整。弹簧的临时固定件应在管道安装、试压、保温完毕后拆除。

(6) 管道支架、吊架处不应有管道焊缝，导向支架、滑动支架和吊架不得有歪斜和卡涩现象。

(7) 支架、吊架应按设计要求焊接，焊缝不得有漏焊、缺焊、咬边或裂纹等缺陷。当管道与固定支架卡板等焊接时，不得损伤管道母材。

(8) 当管道支架采用螺栓紧固在型钢的斜面上时，应配置与翼板斜度相同的钢制斜垫片，找平并焊接牢固。

(9) 当使用临时性的支架、吊架时，应避开正式支架、吊架的位置，且不得影响正式支架、吊架的安装。临时性的支架、吊架应做出明显标识，并应在管道安装完毕后拆除。

(10) 有轴向补偿器的管段，补偿器安装前，管道和固定支架之间不得进行固定。

(11) 有角向型、横向型补偿器的管段应与管道同时进行安装及固定。

(12) 检查管道支架、吊架安装的允许偏差。

6.3.2 管沟及地上管道监理要点

(1) 管道安装前的准备工作检查要点：

1) 管径、壁厚和材质应符合设计要求并检验合格。

2) 安装前应对钢管及管件进行除污，对有防腐要求的宜在安装前进行防腐处理。

3) 安装前应对中心线和支架高程进行复核。

(2) 管道安装检查要点：

1) 管道安装坡向、坡度应符合设计要求。

2) 安装前应清除封闭物及其他杂物。

3）管道应使用专用吊具进行吊装，运输吊装应平稳，不得损坏管道、管件。

4）管道在安装过程中不得碰撞沟壁、沟底、支架等。

5）地上敷设的管道应采取固定措施，管组长度应按空中就位和焊接的需要确定，宜大于或等于2倍支架间距。

6）管件上不得安装、焊接任何附件。

（3）管口对接检查要点：

1）当每个管组或每根钢管安装时应按管道的中心线和管道坡度对接管口。

2）对接管口应在距接口两端各200mm处检查管道平直度，允许偏差应为0～1mm，在所对接管道的全长范围内，允许偏差应为0～10mm。

3）管道对口处应垫置牢固，在焊接过程中不得产生错位和变形。

4）管道焊口距支架的距离应满足焊接操作的需要。

5）焊口及保温接口不得置于建（构）筑物等的墙壁中，且距墙壁的距离应满足施工的需要。

（4）管道穿越建（构）筑物的墙板处应安装套管，并应符合下列规定：

1）当穿墙时，套管的两侧与墙面的距离应大20mm；当穿楼板时，套管高出楼板面的距离应大于50mm。

2）套管中心的允许偏差应为0～10mm。

3）套管与管道之间的空隙应用柔性材料填充。

4）防水套管应按设计要求制作，并应在建（构）筑物砌筑或浇灌混凝土之前安装就位。套管缝隙应按设计要求进行填充。

（5）当管道开孔焊接分支管道时，管内不得有残留物，且分支管伸进主管内壁长度不得大于2mm。

（6）检查管道安装的允许偏差及管件安装对口间隙允许偏差。

（7）管沟及地上敷设的管道应做标识，并应符合下列规定：

1）管道和设备应标明名称、规格型号，并应标明介质、流向等信息。

2）管沟应在检查室内标明下一个出口的方向、距离。

3）检查室应在井盖下方的人孔壁上安装安全标识。

6.3.3 预制直埋管道监理要点

1. 一般要点

（1）预制直埋管道和管件应采用工厂预制的产品，质量应符合相关标准的规定。

（2）预制直埋管道及管件在运输、现场存放及施工过程中的安全保护应符合下列规定：

1）不得直接拖拽，不得损坏外护层、端口和端口的封闭端帽。

2）保温层不得进水，进水后的直埋管和管件应修复后方可使用。

3）当堆放时不得大于3层，且高度不得大于2m。

（3）预制直埋管道及管件外护管的划痕深度应符合下列规定，不合格应进行修补：

1）高密度聚乙烯外护管划痕深度不应大于外护管壁厚的10%，且不应大于1mm。

2）钢制外护管防腐层的划痕深度不应大于防腐层厚度的20%。

（4）检查预制直埋管道在施工过程中采取的防火措施。

（5）预制直埋管道安装坡度应与设计一致。当管道安装过程中出现折角或管道折角大于设计值时，应与设计单位确认后再进行安装。

（6）当管道中需加装圆筒形收缩端帽或穿墙套袖时，应在管道焊接前将收缩端帽或穿墙套袖套装在管道上。

（7）预制直埋管道现场切割后的焊接预留段长度应与原成品管道一致，且应清除表面无污物。

（8）预制直埋管道现场安装完成后，要求施工单位必须对保温材料裸露处进行密封处理。

（9）检查预制直埋管道在固定墩结构承载力，未达到设计要求之前，不得进行预热伸长或试运行。

2. 接头保温施工检查要点

（1）现场保温接头使用的原材料在存放过程中应根据材料特性采取保护措施。

（2）接头保温的结构、保温材料的材质及厚度应与直埋管相同。

（3）接头保温施工应在工作管强度试验合格，且在沟内无积水、非雨天的条件下进行，当雨、雪天施工时应采取防护措施。

（4）接头的保温层应与相接的直埋管保温层衔接紧密，不得有缝隙。

（5）当管段被水浸泡时，应要求施工单位清除被浸湿的保温材料后方可进行接头保温。

3. 预制直埋蒸汽管道的安装检查

（1）在现场切割时应避开保温管内部支架，且应防止防腐层被损坏。

（2）在管道焊接前应检查管道、管路附件的排序以及管道支座种类和排列，并应与设计图纸相符合。

（3）应按产品的方向标识进行排管后方可进行焊接。

（4）在焊接管道接头处的钢外护管时，应在钢外护管焊缝处保温材料层的外表面衬垫耐烧穿的保护材料。

（5）焊接完成后应拆除管端的保护支架。

4. 预制直埋热水管的安装检查

（1）当采用预应力安装时，应以一个预热段作为一个施工分段。预应力安装应符合现行行业标准《城镇供热直埋热水管道技术规程》CJJ/T 81—2013 的相关规定。

（2）管道在穿套管前应完成接头保温施工，在穿越套管时不得损坏直埋热水管的保温层及外护管。

（3）现场切割配管的长度不宜小于 2m，切割时应采取防止外护管开裂的措施。

（4）在现场进行保温修补前，应对与其相连管道的管端泡沫进行密封隔离处理。

（5）接头保温应符合下列规定：

1）接头保温的工艺应有合格的检验报告。

2）接头处的钢管表面应干净、干燥。

3）应采用发泡机发泡，发泡后应及时密封发泡孔。

（6）接头外观不应出现过烧、鼓包、翘边、褶皱或层间脱离等缺陷。

5. 气密性检验要点

（1）接头外护层安装完成后，必须全部进行气密性检验并应合格。

（2）气密性检验应在接头外护管冷却到 40℃ 以下进行。气密性检验的压力应为 0.02MPa，保压时间不应小于 2min，压力稳定后应采用涂上肥皂水的方法检查，无气泡为合格。

6. 监测系统

监测系统的安装应符合现行行业标准《城镇供热直埋热水管道技术规程》CJJ/T 81—2013 的相关要求，并应符合下列规定：

（1）监测系统应与管道安装同时进行。

（2）在安装接头处的信号线前，应清除直埋管两端潮湿的保温材料。

（3）接头处的信号线应在连接完毕并检测合格后进行接头保温。

6.3.4 补偿器监理要点

1. 一般要点

（1）安装前应按设计图纸核对每个补偿器的型号和安装位置，并应对补偿器外观进行检查、核对产品合格证。

（2）补偿器应与管道保持同轴。安装操作时不得损伤补偿器，不得采用使补偿器变形的方法来调整管道的安装偏差。

（3）补偿器应按设计要求进行预变位，预变位完成后应对预变位量进行记录。

（4）补偿器安装完毕后应拆除固定装置，并应调整限位装置。

（5）补偿器应进行防腐和保温，采用的防腐和保温材料不得腐蚀补偿器。

（6）补偿器安装完成后应进行记录。

2. 波纹管补偿器、套筒补偿器

（1）波纹管补偿器的安装检查要点：

1）轴向波纹管补偿器的流向标记应与管道介质流向一致。

2）角向型波纹管补偿器的销轴轴线应垂直于管道安装后形成的平面。

（2）套筒补偿器安装检查要点：

1）采用成型填料圈密封的套筒补偿器，填料应符合产品要求。

2）采用非成型填料的补偿器，填注密封填料应按产品要求依次均匀注压。

3. 球形补偿器、方形补偿器和直埋补偿器

（1）球形补偿器的安装应符合设计要求，外伸部分应与管道坡度保持一致。

（2）方形补偿器的安装检查要点：

1）当水平安装时，垂直臂应水平放置，平行臂应与管道坡度相同。

2）预变形应在补偿器两端均匀、对称地进行。

（3）直埋补偿器安装过程中，补偿器固定端应锚固，活动端应能自由活动。

4. 一次性补偿器的安装检查要点

（1）一次性补偿器与管道连接前，应按预热位移量确定限位板位置并进行固定。

（2）预热前，应将预热段内所有一次性补偿器上的固定装置拆除。

（3）管道预热温度和变形量达到设计要求后方可进行一次性补偿器的焊接。

5. 自然补偿管段的预变位检查要点

(1) 检查预变位焊口位置应留在利于操作的地方，预变位长度应符合设计规定。

(2) 完成下列工作后方可进行预变位：

1) 预变位段两端的固定支架已安装完毕，并应达到设计强度。

2) 管段上的支架、吊架已安装完毕，管道与固定支架已固定连接。

3) 预变位焊口附近吊架的吊杆应预留位移余量。

4) 管段上的其他焊口已全部焊完并经检验合格。

5) 管段的倾斜方向及坡度符合设计规定。

6) 法兰、仪表、阀门等的螺栓均已拧紧。

(3) 预变位焊口焊接完毕并经检验合格后，方可拆除预变位卡具。

(4) 管道预变位施工应进行记录。

6.3.5 法兰和阀门监理要点

1. 法兰安装检查

(1) 法兰安装前应对密封面及密封垫片进行外观检查。

(2) 两个法兰连接端面应保持平行，偏差不应大于法兰外径的 1.5%，且不得大于 2mm。不得采用加偏垫、多层垫或采用强力拧紧法兰一侧螺栓的方法消除法兰接口端面的偏差。

(3) 法兰与法兰、法兰与管道应保持同轴，螺栓孔中心偏差不得大于孔径的 5%，垂直偏差应为 0~2mm。

(4) 软垫片的周边应整齐，垫片尺寸应与法兰密封面相符，其允许偏差应符合现行国家标准《工业金属管道工程施工规范》GB 50235—2010 的相关规定。

(5) 垫片应采用高压垫片，其材质和涂料应符合设计要求。

垫片尺寸应与法兰密封面相同，当垫片需要拼接时，应采用斜口拼接或迷宫形式的对接，不得采用直缝对接。

(6) 不得采用先加垫片并拧紧法兰螺栓，再焊接法兰焊口的方法进行法兰安装。

(7) 法兰内侧应进行封底焊。

(8) 法兰螺栓应涂二硫化钼油脂或石墨机油等防锈油脂进行保护。

(9) 法兰连接应使用同一规格的螺栓，安装方向应一致。紧固螺栓应对称、均匀地进行，松紧应适度。紧固后丝扣外露长度应为 2~3 倍螺距，当需用垫圈调整时，每个螺栓应只能使用一个垫圈。

(10) 法兰距支架或墙面的净距不应小于 200mm。

2. 阀门安装检查

(1) 泄水阀和放气阀与管道连接的插入式支管台应采用厚壁管，厚壁管厚度不得小于母管厚度的 60%，且不得大于 8mm。

(2) 阀门进场前应进行强度和严密性试验，试验完成后应进行记录。

(3) 阀门安装检查要点：

1) 阀门吊装应平稳，不得用阀门手轮作为吊装的承重点，不得损坏阀门，已安装就位的阀门应防止重物撞击。

2）安装前应清除阀口的封闭物及其他杂物。

3）阀门的开关手轮应安装于便于操作的位置。

4）阀门应按标注方向进行安装。

5）当闸阀、截止阀水平安装时，阀杆应处于上半周范围内。

6）阀门的焊接参见本书 6.3.7"焊接及检验监理要点"的相关内容。

7）当焊接安装时，焊机地线应搭在同侧焊口的钢管上，不得搭在阀体上。

8）阀门焊接完成降至环境温度后方可操作。

9）焊接蝶阀的安装检查要点：

① 阀板的轴应安装在水平方向上，轴与水平面的最大夹角不应大于 60°，不得垂直安装。

② 安装焊接前应关闭阀板，并应采取保护措施。

10）当焊接球阀水平安装时应将阀门完全开启；当垂直管道安装，且焊接阀体下方焊缝时应将阀门关闭。焊接过程中应对阀体进行降温。

（4）阀门安装完毕后应正常开启 2～3 次。

（5）阀门不得作为管道末端的堵板使用，应在阀门后加堵板，热水管道应在阀门和堵板之间充满水。

（6）电动调节阀的安装检查要点：

1）电动调节阀安装之前应将管道内的污物和焊渣清除干净。

2）当电动调节阀安装在露天或高温场合时，应采取防水、降温措施。

3）当电动调节阀安装在有振源的地方时，应采取防振措施。

4）电动调节阀应按介质流向安装。

5）电动调节阀宜水平或垂直安装，当倾斜安装时，应对阀体采取支承措施。

6）电动调节阀安装好后应对阀门进行清洗。

6.3.6　焊接及检验监理要点

1. 焊前检查

（1）管材或板材应有制造厂的质量合格证及材料质量复验报告。

（2）焊接材料应按设计规定选用，当设计无规定时应选用焊缝金属性能、化学成分与母材相应且工艺性能良好的焊接材料。

（3）焊接施工单位检查要点：

1）应有负责焊接工艺的焊接技术人员、检查人员和检验人员。

2）应有符合焊接工艺要求的焊接设备且性能应稳定可靠。

3）应有保证焊接工程质量达到标准的措施。

（4）焊工应持有效合格证，并应在合格证准予的范围内焊接。

对焊工应进行资格审查，并填写焊工资格备案表。

（5）当首次使用钢材品种、焊接材料、焊接方法和焊接工艺时，在实施焊接施前应进行焊接工艺评定。

（6）实施焊接前，重点审查施工单位上报焊接工艺方案的下列内容：

1）管材、板材性能和焊接材料。

2）焊接方法。

3）坡口形式及制作方法。

4）焊接结构形式及外形尺寸。

5）焊接接头的组对要求及允许偏差。

6）焊接电流的选择。

7）焊接质量保证措施。

8）检验方法及合格标准。

（7）钢管和现场制作的管件，焊缝根部应进行封底焊接。封底焊接应采用气体保护焊。

2. 焊缝位置检查

（1）钢管、容器上焊缝的位置应合理选择，焊缝应处于便于焊接、检验、维修的位置，并应避开应力集中的区域。

（2）管道任何位置不得有十字形焊缝。

（3）管道在支架处不得有环形焊缝。

（4）当有缝管道对口及容器、钢板卷管相邻筒节组对时，纵向焊缝之间相互错开的距离不应小于 100mm。

（5）容器、钢板卷管同一筒节上两相邻纵缝之间的距离不应小于 300mm。

（6）管道两相邻环形焊缝中心之间的距离应大于钢管外径，且不得小于 150mm。

（7）在有缝钢管上焊接分支管时，分支管外壁与其他焊缝中心的距离应大于分支管外径，且不得小于 70mm。

3. 管口及对口检查

（1）钢管切口端面应平整，不得有裂纹、重皮等缺陷，并应将毛刺、熔渣清理干净。

（2）当外径和壁厚相同的钢管或管件对口时，检查对口错边量允许偏差。

（3）壁厚不等的管口对接，当薄件厚度小于或等于 3mm，且厚度差大于 3mm，薄件厚度大于 4mm，且厚度差大于薄件厚度的 30%或大于 5mm 时，应将厚件削薄。

（4）当使用钢板制造可双面焊接的容器时，对口错边量检查要点：

1）纵向焊缝的错边量不得大于壁厚的 10%，且不得大于 3mm。

2）环焊缝检查要点：

① 当壁厚小于或等于 6mm 时，错边量不得大于壁厚的 25%。

② 当壁厚大于 6mm 且小于或等于 10mm 时，错边量不得大于壁厚的 20%。

③ 当壁厚大于 10mm 时，错边量不得大于壁厚的 10%加 1mm，且不得大于 4mm。

（5）不得采用在焊缝两侧加热延伸管道长度、螺栓强力拉紧、夹焊金属填充物和使补偿器变形等法强行对口焊接。

（6）对口前应检查坡口的外形尺寸和坡口质量。坡口表面应整齐、光洁，不得有裂纹、锈皮、熔渣和其他影响焊接质量的杂物，不合格的管口应进行修整。

4. 焊件组对检查

（1）在焊接前应对定位焊缝进行检查，当发现缺陷时应在处理后焊接。

（2）应采用与根部焊道相同的焊接材料和焊接工艺。

（3）在螺旋管、直缝管焊接的纵向焊缝处不得进行点焊。

（4）定位焊应均匀分布，检查点焊长度及点焊数应符合表 6-1 的规定。

点焊长度和点数 表 6-1

工程管径（mm）	电焊长度	电焊数
50～150	5～10	2～3
200～300	10～20	4
350～500	15～30	5
600～700	40～60	6
800～1000	50～70	7
>1000	80～100	点间距离宜为 300mm

5. 焊接质量检验次序

（1）对口质量检验。

（2）外观质量检验。

（3）无损探伤检验。

（4）强度和严密性试验。

6. 焊缝外观质量检验

焊缝应进行 100％外观质量检验，并应符合下列规定：

（1）焊缝表面应清理干净，焊缝应完整并圆滑过渡，不得有裂纹、气孔、夹渣及熔合性飞溅物等缺陷。

（2）焊缝高度不应小于母材表面，并应与母材圆滑过渡。

（3）加强高度不得大于被焊件壁厚的 30％，且应小于或等于 5mm。焊缝宽度应焊出坡口边缘 1.5～2.0mm。

（4）咬边深度应小于 0.5mm，且每道焊缝的咬边长度不得大于该焊缝总长的 10％。

（5）表面凹陷深度不得大于 0.5mm，且每道焊缝表面凹陷长度不得大于该焊缝总长的 10％。

（6）焊缝表面检查完毕后应填写检验报告。

7. 焊缝无损检测

（1）焊缝的无损检测应由有资质的单位进行检测。

（2）宜采用射线探伤。当采用超声波探伤时，应采用射线探伤复检，复检数量应为超声波探伤数量的 20％。角焊缝处的无损检测可采用磁粉或渗透探伤。

（3）无损检测数量应符合设计的要求，当设计未规定时应符合下列规定：

1）干线管道与设备、管件连接处和折点处的焊缝应进行 100％无损探伤检测。

2）穿越铁路、高速公路的管道在铁路路基两侧各 10m 范围内，穿越城市主要道路的不通行管沟在道路两侧各 5m 范围内，穿越江、河或湖等的管道在岸边各 10m 范围内的焊缝应进行 100％无损探伤。

3）不具备强度试验条件的管道焊缝，应进行 100％无损探伤检测。

4）现场制作的各种承压设备和管件，应进行 100％无损探伤检测。

5）其他无损探伤检测数量应按《城镇供热管网工程施工及验收规范》CJJ 28—2014 的规定执行，且每个焊工不应少于一个焊缝。

（4）无损检测合格标准应符合设计的要求。

（5）当无损探伤抽样检出现不合格焊缝时，对不合格焊缝返修后，并应按下列规定扩大检验：

1）每出现一道不合格焊缝，应再抽检两道该焊工所焊的同一批焊缝，按原探伤方法进行检验。

2）第二次抽检仍出现不合格焊缝，应对该焊工所焊全部同批的焊缝按原探伤方法进行检验。

3）同一焊缝的返修次数不应大于 2 次。

（6）对焊缝无损探伤记录应进行整理，并应纳入竣工资料中。

磁粉探伤或渗透探伤应填写检测报告；射线探伤、超声波探伤检测报告应符合规范的规定。

8. 焊接质量检查记录

（1）焊接质量应根据每道焊缝外观质量和无损探伤记录结果进行综合评价，并应填写焊缝综合质量记录表。

（2）焊接工作完成后应编制焊缝排位记录及示意图。

（3）支架、吊架的焊缝均应进行检查，固定支架的焊接安装进行检查和记录。

（4）管道焊接完成并检验合格后应进行强度和严密性试验。

6.4 防腐和保温工程监理要点

6.4.1 防腐监理要点

1. 防腐材料及作业条件检查

（1）防腐材料及涂料的品种、规格、性能应符合设计和环保要求，产品应具有质量合格证明文件。

（2）防腐材料在运输、储存和施工过程中应采取防止变质和污染环境的措施。涂料应密封保存，不得遇明火或曝晒。所用材料应在有效期内使用。

（3）检查涂料的涂刷层数、涂层厚度及表面标记等应符合设计规定，当设计无规定时，应符合下列规定：

1）涂刷层数、厚度应符合产品质量要求。

2）涂料的耐温性能、抗腐蚀性能应按供热介质温度及环境条件进行选择。

（4）当采用多种涂料配合使用时，应按产品说明书对涂料进行选择。各涂料性能应相互匹配，配比应合适。调制成的涂料内不得有漆皮等影响涂刷的杂物。涂料应按涂刷工艺要求稀释，搅拌应均匀，色调应一致，并应密封保存。

（5）涂料涂刷前应对钢材表面进行处理，并应符合设计要求和现行国家标准《涂覆涂料前钢材表面处理 表面清洁度的目视评定 第 1 部分：未涂覆过的钢材表面和全角清除原有涂层后的钢材表面的锈蚀等级和处理等级》GB/T 8923.1—2011 的相关规定。

（6）涂料涂刷时的环境温度和相对湿度应符合涂料产品说明书的要求。当产品说明书无要求时，环境温度宜为 5~40℃，相对湿度不应大于 75%。涂刷时金属表面应干燥，不得有结露。

在雨雪和大风天气中进行涂刷时，应进行遮挡。涂料未干燥前应免受雨淋。在环境温度在 5℃以下施工时应有防冻措施，在相对湿度大于 75% 时应采取防结露措施。

2. 加强防腐层

当采用涂料和玻璃纤维做加强防腐层时，应符合下列规定：

（1）底漆应涂刷均匀完整，不得有空白、凝块和流痕。

（2）玻璃纤维的厚度、密度、层数应符合设计要求，缠绕重叠部分宽度应大于布宽的 1/2，压边量应为 10~15mm。当采用机械缠绕时，缠布机应稳定匀速，并应与钢管旋转转速相配合。

（3）玻璃纤维两面沾油应均匀，经刮板或挤压滚轮后，布面应无空白，且不得淌油和滴油。

（4）防腐层的厚度不得小于设计厚度。玻璃纤维与管壁粘结牢固应无空隙，缠绕应紧密且无皱褶。防腐层表面应光滑，不得有气孔、针孔和裂纹。钢管两端应留 200~250mm 空白段。

3. 埋地钢管牺牲阳极防腐检查

（1）检查安装的牺牲阳极规格、数量及埋设深度应符合设计要求，当设计无规定时，应按现行国家标准《埋地钢质管道阴极保护设计规范》GB/T 21448—2008 的相关规定执行。

（2）牺牲阳极填包料应注水浸润。

（3）牺牲阳极电缆焊接应牢固，焊点应进行防腐处理。

（4）检查钢管的保护电位值，且不应小于 $-0.85V_{CSE}$。

4. 涂刷细节检查

（1）要求现场涂刷过程中应防止漆膜被污染和受损坏。当多层涂刷时，第一遍漆膜未干前不得涂刷第二遍漆。全部涂层完成后，漆膜未干燥固化前，施工单位不得进行下道工序施工。

（2）对已完成防腐的管道、管路附件、设备和支架等，在漆膜干燥过程中应防止冻结、撞击、振动和湿度剧烈变化，且不得进行施焊、气割等作业。

（3）要求施工单位对已完成防腐的成品应做保护，不得踩踏或当作支架使用。

（4）检查管道、管路附件、设备和支架安装后无法涂刷或不易涂刷涂料的部位，是否在安装前预先涂刷。

（5）检查预留的未涂刷涂料部位，在其他工序完成后，应按要求进行涂刷。

（6）检查涂层上的缺陷、不合格处以及损坏的部位应及时修补，并应验收合格。

（7）涂料涂刷的外观检查：

1）涂层应与基面粘结牢固、均匀，厚度应符合产品说明书的要求，面层颜色应一致。

2）漆膜应光滑平整，不得有皱纹、起泡、针孔、流挂等现象，并应均匀完整，不得漏涂、损坏。

3）色环宽度应一致，间距应均匀，且应与管道轴线垂直。

4）当设计有要求时应进行涂层附着力测试。

5）检查钢材除锈、涂刷质量。

（8）工程竣工验收前，管道、设备外露金属部分所刷涂料的品种、性能、颜色等应与原管道和设备所刷涂料一致。

（9）当保温外保护层采用金属板时，表面应清理干净，缝隙应填实、打磨光滑，并应按设计要求进行防腐。

（10）直埋管道的接头防腐应在气密性试验合格后进行，防腐层应采用电火花检漏仪检测。

6.4.2 保温监理要点

1. 保温材料及作业条件检查

（1）施工现场应对保温管和保温材料进行妥善保管，不得雨淋、受潮。受潮的材料经过干燥处理后应进行检测，不合格时不得使用。

（2）管道、管路附件、设备的保温应在压力试验、防腐验收合格后进行。当钢管需预先做保温时，应将环形焊缝等需检查处留出，待各项检验合格后，方可对留出部位进行防腐、保温。

（3）在雨、雪天进行室外保温施工时应采取防水措施。

（4）当采用湿法保温时，施工环境温度不得低于5℃，否则应采取防冻措施。

2. 保温层施作检查

（1）当保温层厚度大于100mm时，应分为两层或多层逐层施工。

（2）检查保温棉毡、垫的密实度是否均匀，外形是否规整，保温厚度和容重是否符合设计要求。

（3）检查瓦块保温拼缝宽度及错缝做法：瓦块式保温制品的拼缝宽度不得大于5mm。当保温层为聚氨酯瓦块时，应用同类材料将缝隙填满。其他类硬质保温瓦内应抹3～5mm厚的石棉灰胶泥层，并应砌严密。保温层应错缝铺设，缝隙处应采用石棉灰胶泥填实。当使用两层以上的保温制品时，同层应错缝，里外层应压缝，其搭接长度不应小于50mm。每块瓦应使用两道镀锌钢丝或箍带扎紧，不得采用螺旋形捆扎方法，镀锌钢丝的直径不得小于设计要求。

（4）检查支架及管道设备等部位的保温，是否预留出一定间隙，保温结构不得妨碍支架的滑动及设备的正常运行。

（5）检查管道端部或有盲板的部位是否做保温。

3. 硬质保温预留伸缩缝位置检查

检查硬质保温施工是否按设计要求预留伸缩缝，当设计无要求时应符合下列规定：

（1）两固定支架间的水平管道至少应预留1道伸缩缝。

（2）立式设备及垂直管道，应在支承环下面预留伸缩缝。

（3）弯头两端的直管段上，宜各预留1道伸缩缝。

（4）当两弯头之间的距离小于1m时，可仅预留1道伸缩缝。

（5）管径大于$DN300$、介质温度大于$120°$的管道应在弯头中部预留1道伸缩缝。

（6）伸缩缝的宽度：管道宜为20mm，设备宜为25mm。

（7）伸缩缝材料应采用导热系数与保温材料相接近的软质保温材料，并应充填严实、捆扎牢固。

4. 保温细节检查

（1）立式设备和垂直管道应设置保温固定件或支撑件，每隔 3～5m 应设保温层承重环或抱箍，承重环或抱箍的宽度应为保温层厚度的 2/3，并应对承重环或抱箍进行防腐。

（2）设备应按设计要求进行保温。当保温层遮盖设备铭牌时，应将铭牌复制到保温层外。

（3）保温层端部应做封端处理。设备人孔、手孔等需要拆装的部位，保温层应做成 45°坡面。

（4）保温结构不应影响阀门、法兰的更换及维修。靠近法兰处，应在法兰的一侧留出螺栓长度加 25mm 的空隙。有冷紧或热紧要求的法兰，应在完成冷紧或热紧后再进行保温。

（5）纤维制品保温层应与被保温表面贴实，纵向接缝应位于下方 45°位置，接头处不得有间隙。双层保温结构的层间应盖缝，表面应保持平整，厚度应均匀，捆扎间距不应大于 200mm，并应适当紧固。

（6）软质复合硅酸盐保温材料应按设计要求施工。当设计无要求时，每层可抹 10mm 并应压实，待第一层有一定强度后，再抹第二层并应压光。

（7）预制保温管道保温质量检验应按"预制直埋管道监理要点"的相关执行。

5. 现场保温层施工质量检验

（1）保温固定件、支承件的安装应正确、牢固，支承件不得外露，其安装间距应符合设计要求。

（2）保温层厚度应符合设计要求。

（3）保温层密度应现场取试样检查。对棉毡类保温层，密度允许偏差为 0～10%，保温板、壳类密度允许偏差为 0～5%；聚氨酯类保温的密度不得小于设计要求。

（4）检查保温层施工允许偏差。

6.4.3 保护层监理要点

保护层施工前，保温层应已干燥并经检查合格，保护层应牢固、严密。

1. 复合材料保护层

（1）检查玻璃纤维布搭接及捆扎：玻璃纤维布应以螺纹状紧缠在保温层外，前后均搭接不应小于 50mm。布带两端及每隔 300mm 应采用镀锌钢丝或钢带捆扎，镀锌钢丝的直径不得小于设计要求，搭接处应进行防水处理。

（2）检查复合铝箔接缝处是否采用压敏胶带粘贴、铆钉固定。

（3）检查玻璃钢保护壳连接处是否采用铆钉固定，沿轴向搭接宽度应为 50～60mm，环向搭接宽度应为 40～50mm。

（4）用于软质保温材料保护层的铝塑复合板正面应朝外，不得损伤其表面。轴向接缝应用保温钉固定，且间距为 60～80mm。环向搭接宽度应为 30～40mm，纵向搭接宽度不得小于 10mm。

（5）顺水接缝检查：当垂直管道及设备的保护层采用复合铝箔、玻璃钢保护壳和铝塑复合板等时，应由下向上，成顺水接缝。

2. 石棉水泥保护层

(1) 涂抹石棉水泥保护层应检查钢丝网有无松动，并应对有缺陷的部位进行修整，保温层的空隙应采用胶泥填充。保护层应分2层，首层应找平、挤压严实，第2层应在首层稍干后加灰泥压实、压光。保护层厚度不应小于15mm。

(2) 抹面保护层的灰浆干燥后不得产生裂缝、脱壳等现象，金属网不得外露。

(3) 抹面保护层未硬化前应防雨雪。当环境温度小于5℃，应采取防冻措施。

3. 金属保护层

(1) 金属保护层材料应符合设计要求，当设计无要求时，宜选用镀锌薄钢板或铝合金板。

(2) 安装前，金属板两边应先压出两道半圆凸缘。设备的保温，可在每张金属板对角线上压两条交叉筋线。

(3) 水平管道的施工可直接将金属板卷合在保温层外，并应按管道坡向自下而上顺序安装。两板环向半圆凸缘应重叠，金属板接口应在管道下方。

(4) 搭接处应采用铆钉固定，其间距不应大于200mm。

(5) 金属保护层应留出设备及管道运行受热膨胀量。

(6) 当在结露或潮湿环境安装时，金属保护层应嵌填密封剂或在接缝处包缠密封带。

(7) 金属保护层上不得踩踏或堆放物品。

4. 保护层施工质量检验

(1) 缠绕式保护层应裹紧，搭接部分应为100~150mm，不得有松脱、翻边、皱褶和鼓包等缺陷，缠绕的起点和终点应采用镀锌钢丝或箍带捆扎结实，接缝处应进行防水处理。

(2) 保护层表面应平整光洁、轮廓整齐，镀锌钢丝头不得外露，抹面层不得有酥松和裂缝。

(3) 金属保护层不得有松脱、翻边、豁口、翘缝和明显的凹坑。保护层的环向接缝应与管道轴线保持垂直。纵向接缝应与管道轴线保持平行。保护层的接缝方向应与设备、管道的坡度方向一致。保护层的不圆度不得大于10mm。

(4) 检查保护层表面不平度，其允许偏差应符合《城镇供热管网工程施工及验收规范》CJJ 28—2014 的规定。

6.5 压力试验、清洗、试运行监理要点

6.5.1 压力试验监理要点

1. 试验压力的确定

供热管网工程施工完成后应按设计要求进行强度试验和严密性试验，当设计无要求时应符合下列规定：

(1) 强度试验压力应为1.5倍设计压力，且不得小于0.6MPa；严密性试验压力应为1.25倍设计压力，且不得小于0.6MPa。

（2）当设备有特殊要求时，试验压力应按产品说明书或根据设备性质确定。

（3）开式设备应进行满水试验，以无渗漏为合格。

2. 试验作业准备

（1）压力试验应按强度试验、严密性试验的顺序进行，试验介质宜采用清洁水。

（2）压力试验前，检查焊接质量外观和无损检验是否合格。

（3）检查安全阀的爆破片与仪表组件等是否拆除或已加盲板隔离。

（4）加盲板处应有明显的标记，并应做记录。安全阀应处于全开，填料应密实。

（5）审查压力试验方案，检查施工单位是否在试验前应进行技术、安全交底。

（6）检查压力施工单位是否在试验前划定试验区、设置安全标志。在整个试验过程是否有专人值守试验区。

（7）站内、检查室和沟槽中应有可靠的排水系统。试验现场应进行清理，具备检查的条件。

3. 强度试验条件检查

（1）强度试验应在试验段内的管道接口防腐、保温及设备安装前进行。

（2）管道安装使用的材料、设备资料应齐全。

（3）管道自由端的临时加固装置应安装完成，并应经设计核算与检查确认安全可靠。试验管道与其他管线应用盲板或采取其他措施隔开，不得影响其他系统的安全。

（4）试验用的压力表应经校验，其精度不得小于 1.0 级，量程应为试验压力的 1.5～2 倍，数量不得少于 2 块，并应分别安装在试验泵出口和试验系统末端。

4. 严密性试验条件检查

（1）严密性试验应在试验范围内的管道工程全部安装完成后进行。压力试验长度宜为一个完整的设计施工段。

（2）试验用的压力表应经校验，其精度不得小于 1.5 级，量程应为试验压力的 1.5～2 倍，数量不得少于 2 块，并应分别安装在试验泵出口和试验系统末端。

（3）横向型、铰接型补偿器在严密性试验前不宜进行预变位。

（4）管道各种支架已安装调整完毕，固定支架的混凝土已达到设计强度，回填土及填充物已满足设计要求。

（5）管道自由端的临时加固装置已安装完成，并经设计核算与检查确认安全可靠。试验管道与无关系统应采用盲板或采取其他措施隔开，不得影响其他系统的安全。

5. 试验步骤

（1）当管道充水时应将管道及设备中的空气排尽。

（2）试验时环境温度不宜低于 5℃。当环境温度低于 5℃ 时，应有防冻措施。

（3）当运行管道与压力试验管道之间的温度差大于 100℃ 时，应根据传热量对压力试验的影响采取运行管道和试验管道安全的措施。

（4）地面高差较大的管道，试验介质的静压应计入试验压力中。热水管道的试验压力应以最高点的压力为准，最低点的压力不得大于管道及设备能承受的额定压力。

（5）试验过程中发现渗漏时，不得带压处理。消除缺陷后，应重新进行试验。

（6）试验结束后应及时排尽管内积水、拆除试验用临时加固装置。排水时不得形成负压，试验用水应排到指定地点，不得随意排放，不得污染环境。

（7）压力试验合格后应填写供热管道水压试验记录、设备强度和严密性试验记录。

6.5.2 清洗监理要点

1. 清洗方法与方案

（1）清洗方法应根据设计及供热管网的运行要求、介质类别确定。可采用人工清洗、水力冲洗和气体吹洗。当采用人工清洗时，管道的公称直径应大于或等于 $DN800$；蒸汽管道应采用蒸汽吹洗。空气吹洗适用于管径小于 $DN300$ 的热水管道。

（2）检查施工单位清洗前编制的清洗方案，方案中应包括清洗方法、技术要求、操作及安全措施等内容。

（3）要求施工单位在清洗前应进行技术、安全交底。

2. 清洗准备

（1）减压器、疏水器、流量计和流量孔板（或喷嘴）、滤网、调节阀芯、止回阀芯及温度计的插入管等应已拆下并妥善存放，待清洗结束后方可复装。

（2）不与管道同时清洗的设备、容器及仪表管等应隔开或拆除。

（3）支架的承载力应能承受清洗时的冲击力，必要时应经设计核算。

（4）水力冲洗进水管的截面积不得小于被冲洗管截面积的 50％，排水管截面积不得小于进水管截面积。

（5）蒸汽吹洗排汽管的管径应按设计计算确定。吹洗口及冲洗箱应已按设计要求加固。

（6）设备和容器应有单独的排水口。

（7）清洗使用的其他装置已安装完成，并应经检查合格。

3. 人工清洗

（1）钢管安装前应进行人工清洗，管内不得有浮锈等杂物。

（2）钢管安装完成后、设备安装前应进行人工清洗，管内不得有焊渣等杂物，并应验收合格。

（3）人工清洗过程应有保证安全的措施。

4. 水力冲洗

（1）冲洗应按主干线、支干线、支线分别进行。二级管网应单独进行冲洗。冲洗前先应充满水并浸泡管道。冲洗水流方向应与设计的介质流向一致。

（2）清洗过程中管道中的脏物不得进入设备；已冲洗合格的管道不得被污染。

（3）冲洗应连续进行，冲洗时的管内平均流速不应小于 1m/s；排水时，管内不得形成负压。

（4）冲洗水量不能满足要求时，宜采用密闭循环的水力冲洗方式。循环水冲洗时管道内流速应达到或接近管道正常运行时的流速。在循环冲洗后的水质不合格时，应更换循环水继续进行冲洗，并达到合格。

（5）水力冲洗应以排水水样中固形物的含量接近或等于冲洗用水中固形物的含量为合格。

（6）水力清洗结束后应打开排水阀门排污，合格后应对排污管、除污器等装置进行人工清洗。

（7）排放的污水不得随意排放，不得污染环境。

5. 蒸汽吹洗

（1）蒸汽吹洗时必须划定安全区，并设置标志。在整个吹洗作业过程中，应有专人值守。

（2）吹洗前应缓慢升温进行暖管，暖管速度不宜过快，并应及时疏水。检查管道热伸长、补偿器、管路附件及设备等工作情况，恒温 1h 后再进行吹洗。

（3）吹洗使用的蒸汽压力和流量应按设计计算确定。吹洗压力不应大于管道工作压力的 75％。

（4）吹洗次数应为 2～3 次，每次的间隔时间宜为 20～30min。

（5）蒸汽吹洗应以出口蒸汽无污物为合格。

6.5.3　单位工程验收

（1）供热管网工程的单位工程验收，应在分项工程、分部工程验收合格后进行。

（2）单位工程完工后，施工单位应自行组织有关人员进行检查评定，并应提交工程验收报告。

（3）单位工程质量验收合格应符合下列规定：

1）单位工程所含各分部工程的质量应验收合格。

2）质量控制资料应完整。

3）单位工程所含各分部工程有关安全和功能的检测资料应完整。

4）主要项目的抽查合格。

5）工程外观应符合观感质量验收要求。

（4）单位工程验收包括下列主要项目：

1）承重和受力结构。

2）结构防水效果。

3）管道、补偿器和其他管路附件。

4）支架。

5）焊接。

6）防腐和保温。

7）爬梯、平台。

8）热机设备、电气和自控设备。

9）隔振和降噪设施。

10）标准和非标准设备。

（5）单位工程验收合格后应签署验收文件。

6.5.4　试运行

1. 试运行检查

（1）试运行应在单位工程验收合格、热源具备供热条件后进行。

（2）检查施工单位编制的试运行方案。在环境温度低于 5℃时，应检查施工单位制定的防冻措施。试运行方案应监管部门审查同意，并应进行技术交底。

（3）供热管线工程应与热力站工程联合进行试运行。

（4）试运行应有完善可靠的通信系统及安全保障措施。

（5）试运行应在设计的参数下运行。试运行的时间应在达到试运行的参数条件下连续运行72h。试运行应缓慢升温，升温速度不得大于10℃/h，在低温试运行期间，应对管道、设备进行全面检查，支架的工作状况应作重点检查。在低温试运行正常以后，方可缓慢升温至试运行温度下运行。

（6）在试运行期间管道法兰、阀门、补偿器及仪表等处的螺栓应进行热拧紧。热拧紧时的运行压力应降低至0.3MPa以下。

（7）试运行期间应观察管道、设备的工作状态，并应运行正常。试运行应完成各项检查，并应做好试运行记录。

（8）解决的问题时，应先停止试运行，然后进行处理。问题处理完后，应重新进行72h试运行。

（9）试运行完成后应对运行资料、记录等进行整理，并应存档。

2. 蒸汽管网工程的试运行

蒸汽管网工程的试运行应带热负荷进行，试运行合格后可直接转入正常的供热运行。蒸汽管网试运行应符合下列规定：

（1）试运行前应进行暖管，暖管合格后方可略开启阀门，缓慢提高蒸汽管的压力。待管道内蒸汽压力和温度达到设计规定的参数后，保持恒温时间不宜少于1h。试运行期间应对管道、设备、支架及凝结水疏水系统进行全面检查。

（2）确认管网各部位符合要求后，应对用户用汽系统进行暖管和各部位的检查，确认合格后，再缓慢提高供汽压力，供汽参数达到运行参数，即可转入正常运行。

3. 热力站试运行

（1）供热管网与热用户系统应已具备试运行条件。

（2）热力站内所有系统和设备应已验收合格。

（3）热力站内的管道和设备的水压试验及冲洗应已合格。

（4）软化水系统经调试应已合格后，并向补给水箱中注入软化水。

（5）水泵试运转应已合格，并检查是否符合下列规定：

1）各紧固连接部位不应松动。

2）润滑油的质量、数量应符合设备技术文件的规定。

3）安全、保护装置应灵敏、可靠。

4）盘车应灵活、正常。

5）起动前，泵的进口阀门应完全开启，出口阀门应完全关闭。

6）水泵在启动前应与管网连通，水泵应充满水并排净空气。

7）水泵应在水泵出口阀门关闭的状态下起动，水泵出口阀门前压力表显示的压力应符合水泵的最高扬程，水泵和电机应无异常情况。

8）逐渐开启水泵出口阀门，流入水泵的扬程与设计选定的扬程应接近或相同，水泵和电机应无异常情况。

9）水泵振动应符合设备技术文件的规定。

（6）应组织做好用户试运行准备工作。

（7）当换热器为板式换热器时，两侧应同步逐渐升压直至工作压力。

4. 热水管网和热力站试运行

（1）试运行前应确认关闭全部泄水阀门。

（2）排气充水，水满后应关闭放气阀门。

（3）全线水满后应再次逐个进行放气并确认管内无气体后，关闭放气阀。

（4）试运行开始后，每隔 1h 应对补偿器及其他设备和管路附件等进行检查，并记录。

习　题

1. 城镇供热管网竣工验收应包括哪些主要项目？

2. 城镇供热管网竣工验收时提交的施工记录应包括哪些内容？

3. 供热管道在保温之前的隐蔽工程验收内容有哪些？

4. 城镇供热管网工程中需要进行旁站监理的工序和部位有哪些？

5. 直埋保温管道沟槽回填检查要点有哪些？

6. 管沟及地上供热管道安装检查要点有哪些？

7. 管沟及地上供热管道管口对接检查要点有哪些？

8. 供热管道穿越建（构）筑物的墙板处安装套管的检查要点有哪些？

9. 预制直埋供热管道接头保温施工检查要点有哪些？

10. 简述波纹补偿器、套筒补偿器、球形补偿器、方形补偿器的安装检查要点。

11. 电动调节阀的安装检查要点有哪些？

12. 供热管道施焊前，施工单位上报的焊接工艺方案应包括哪些内容？

13. 供热管防腐涂料涂刷的外观检查要点有哪些？

14. 供热管道现场保温层施工质量检验内容有哪些？

15. 供热管道保护层施工质量检验内容有哪些？

16. 简述供热管道严密性试验条件。

7 园林绿化工程施工监理

7.1 基本监理要点

7.1.1 施工质量验收的基本规定

园林绿化工程的施工质量控制、检查、验收，应符合现行行业标准《园林绿化工程施工及验收规范》CJJ 82—2012 及相关标准的规定。

1. 一般规定

（1）园林绿化工程的质量验收，应按检验批、分项工程、分部（子分部）工程、单位（子单位）工程的顺序进行。

（2）园林绿化工程施工质量验收的规定：

1）参加工程施工质量验收的各方人员应具备规定的资格。

2）园林绿化工程的施工应符合工程设计文件的要求。

3）园林绿化工程施工质量应符合《园林绿化工程施工及验收规范》CJJ 82—2012 及国家现行相关专业验收标准的规定。

4）工程质量的验收均应在施工单位自行检查评定的基础上进行。

5）隐蔽工程在隐蔽前应由施工单位通知有关单位进行验收，并应形成验收文件。

6）分项工程的质量应按主控项目和一般项目验收。

7）关系到植物成活的水、土、基质，涉及结构安全的试块、试件及有关材料，应按规定进行见证取样检测。

8）承担见证取样检测及有关结构安全检测的单位应具有相应资质。

（3）园林绿化工程物资的主要原材料、成品、半成品、配件、器具和设备必须具有质量合格证明文件，规格型号及性能检测报告，应符合国家现行技术标准及设计要求。植物材料、工程物资进场时应做检查验收，并经监理工程师核查确认，形成相应的检查记录。

（4）工程竣工验收后，建设单位应将有关文件和技术资料归档。

2. 质量验收的规定

（1）《园林绿化工程施工及验收规范》CJJ 80—2012 规定园林绿化工程的分项、分部、单位工程质量等级均应为"合格"。

（2）检验批质量验收的规定：

1）主控项目和一般项目的质量经抽样检验应合格。

2）应具有完整的施工操作依据、质量检查记录。

（3）分项工程质量验收的规定：

1）分项工程质量验收的项目和要求，应符合《园林绿化工程施工及验收规范》CJJ

80—2012附录B的规定。

2）分项工程所含的检验批，均应符合合格质量的规定。

3）分项工程所含的检验批的质量验收记录应完整。

（4）分部（子分部）工程质量验收的规定：

1）分部（子分部）工程所含分项工程的质量均应验收合格。

2）质量控制资料应完整。

3）栽植土质量、植物病虫害检疫，有关安全及功能的检验和抽样检测结果应符合有关规定。

4）观感质量验收应符合要求。

（5）单位（子单位）工程质量验收的规定：

1）单位（子单位）工程所含分部（子分部）工程的质量均应验收合格。

2）质量控制资料应完整。

3）单位（子单位）工程所含分部工程有关安全和功能的检测资料应完整。

4）观感质量验收应符合要求。

5）乔灌木成活率及草坪覆盖率应不低于95%。

（6）当园林绿化工程质量不符合要求时，应按下列规定进行处理：

1）经返工或整改处理的检验批应重新进行验收。

2）经有资质的检测单位检测鉴定能够达到设计要求的检验批，应予以验收。

3）经有资质的检测单位检测鉴定达不到设计要求，但经原设计单位和监理单位认可能够满足植物生长要求、安全和使用功能的检验批，可予以验收。

4）经返工或整改处理的分项、分部工程，虽然降低质量或改变外观尺寸但仍能满足安全使用、基本的观赏要求并能保证植物成活，可按技术处理方案和协商文件进行验收。

（7）通过返修或整改处理仍不能保证植物成活、基本的观赏和安全要求的分部工程、单位（子单位）工程，严禁验收。

3. 园林绿化单位（子单位）工程、分部（子分部）工程、分项工程划分

园林绿化单位（子单位）工程、分部（子分部）工程、分项工程划分，见表7-1。

园林绿化单位（子单位）工程、分部（子分部）工程、分项工程划分　　　表7-1

单位（子单位）工程	分部（子分部）工程		分项工程
绿化工程	栽植基础工程	栽植前土壤处理	栽植土、栽植前场地清理、栽植土回填及地形造型、栽植土施肥和表层整理
		重盐碱、重黏土地土壤改良工程	管沟、隔淋（渗水）层开槽、排盐（水）管敷设、隔淋（渗水）层
		设施顶面栽植基层（盘）工程	耐根穿刺防水层、排蓄水层、过滤层、栽植土、设施障碍性面层栽植基盘
		坡面绿化防护栽植基层工程	坡面绿化防护栽植层工程（坡面整理、混凝土格构、固土网垫、格栅、土工合成材料、喷射基质）
		水湿生植物栽植槽工程	水湿生植物栽植槽、栽植土

单位（子单位）工程	分部（子分部）工程		分项工程
绿化工程	栽植工程	常规栽植	植物材料、栽植穴（槽）、苗木运输和假植、苗木修剪、树木栽植、竹类栽植、草坪及草本地被播种、草坪及草本地被分栽、铺设草块及草卷、运动场草坪、花卉栽植
		大树移植	大树挖掘及包装、大树吊装运输、大树栽植
		水湿生植物栽植	湿生类植物、挺水类植物、浮水类植物、栽植
		设施绿化栽植	设施顶面栽植工程、设施顶面垂直绿化
	养护	坡面绿化栽植	喷播、铺植、分栽
		施工期养护	施工期的植物养护（支撑、浇灌水、裹干、中耕、除草、浇水、施肥、除虫、修剪抹芽等）
园林附属工程	园路与广场铺装工程		基层、面层（碎拼花岗岩、卵石、嵌草、混凝土板块、侧石、冰梅、花街铺地、大方砖、压膜、透水砖、小青砖、自然石块、水洗石、透水混凝土面层）
	假山、叠石、置石工程		地基基础、山石拉底、主体、收顶、置石
	园林理水工程		管道安装、潜水泵安装、水景喷头安装
	园林设施安装		座椅（凳）、标牌、果皮箱、栏杆、喷灌喷头等安装

4. 施工质量验收的程序和组织

（1）检验批和分项工程施工质量验收的程序和组织

1）施工单位首先应对检验批和分项工程进行自检。自检合格后填写检验批和"分项工程质量验收记录"，施工单位项目机构专业质量检验员和项目专业技术负责人应分别在验收记录相关栏目签字后向监理单位或建设单位报验。

2）监理工程师组织施工单位专业质检员和项目专业技术负责人共同按规范规定进行验收并填写验收结果。

（2）分部（子分部）工程的验收规定：

1）分部（子分部）工程验收应在各检验批和所有分项工程验收完成后进行验收；应在施工单位项目专业技术负责人签字后，向监理单位或建设单位进行报验。

2）总监理工程师（建设单位项目负责人）应组织施工单位项目负责人和项目技术、质量负责人及有关人员进行验收。

3）勘察、设计单位项目负责人，应参加园林建（构）筑的地基基础、主体结构工程分部（子分部）工程验收。

（3）单位工程的验收，应在分部工程验收完成后，施工单位依据质量标准、设计文件等组织有关人员进行自检、评定，并确认下列要求：

1）已完成工程设计文件和合同约定的各项内容。

2）工程使用的主要材料、构配件和设备有进场试验报告。

3）工程施工质量符合规范规定。分项、分部工程检查评定合格符合要求后，施工单位向监理单位或建设单位提交工程质量竣工验收报告和完整质量资料，由监理单位或建设单位组织预验收。

（4）单位工程竣工验收，应由建设单位负责人或项目负责人组织设计、施工单位负责人或项目负责人及施工单位的技术、质量负责人和监理单位总监理工程师均应参加验收，有质量监督要求的，应请质量监督部门参加，并形成验收文件。

（5）单位工程有分包单位施工时，分包单位对所承包的工程项目，应按《园林绿化工程施工及验收规范》CJJ 80—2012规定的程序验收，总包单位派人参加。分包工程完成后，应将有关资料交总包单位。

（6）在一个单位工程中，其中子单位工程已经完工，且满足生产要求或具备使用条件，施工单位、监理单位已经预验收合格，对该子单位工程，建设单位可组织验收；由几个施工单位负责施工的单位工程，其中的施工单位负责的子单位工程已按设计文件完成并自检及监理预验收合格，也可按规定程序组织验收。

（7）当参加验收各方对工程质量验收意见不一致时，可请当地园林绿化工程建设行政主管部门或园林绿化工程质量监督机构协调处理。

（8）单位工程验收合格后，建设单位应在规定时间内将工程竣工验收报告和有关文件，报园林绿化行政主管部门备案。

7.1.2　植物材料、建筑材料、构配件、制品质量预控

（1）植物材料

1）审查材料供应商或生产厂家资质。必要时，监理人员应与施工单位共同到产地一起看苗、定苗、号苗，并当场拍摄苗木照片，留底备查。

2）严格按设计说明书的要求采购苗木，树种、规格和数量及产地必须符合要求。

检查水泥、砂、石子、水、钢筋、石材、给水排水管材、喷头、线缆、灯具等建筑材料、构配件、制品生产厂家的资质和生产许可证。并进行进场验收，对未经监理人员验收或验收不合格的建筑材料、种植材料、构配件、设备，不得在工程上使用或安装；对国家明令禁止、淘汰的材料、构配件和设备，监理人员不得签认，并应签发监理工程师通知单，书面通知施工单位限期将不合格的材料、构配件、设备撤出现场。

（2）进场材料检查

1）所有进场的材料和构配件均实行"先检验，后使用"的制度。审查施工单位报送的质量保证资料，必须做到货证一致，质量证明文件合格有效，产品说明书和产品标识上注明的性能指标等必须符合设计要求。

2）外埠进苗必须报送《检疫证明书》，本地苗要有苗木出圃单。

3）对落叶乔木，监理机构应提前通知施工单位，要求供应商在产地严格按规格号苗，同时标明苗木的栽植线。

7.1.3　测量放样

（1）检查施工单位专职测量人员的岗位证书及水准仪、全站仪检定证书及有效期。

（2）检查施工单位的测量人员对图纸的熟悉程度，测量所需用的有关数据是否正确。

（3）检查测量硬质景观基础标高、乔木种植位置等。

7.1.4 旁站部位和内容

园林绿化监理旁站部位，应根据工程实际情况确定，主要是旁站样板区段的施工过程，栽植土压实等部位施工。

结合工程实际情况，按设计和规范的规定确定旁站部位和内容。表7-2仅供参考。

园林工程旁站部位和内容参考表 表7-2

序号	旁站项目	旁站部位和内容
1	局部软土地基处理工程	旁站施工范围内的淤泥、软土以及不宜做填土和回填材料的清除和处理过程
2	栽植层局部土壤改良工程	（1）督促施工单位按设计或规范要求进行土壤改良。 （2）旁站样板段施工全过程，进行样板段达标检验
3	土方开挖及回填压实	开挖、填土、土质质量、开挖回填质量、压实
4	常规栽植工程	（1）旁站样板区（点）的栽植穴（槽）挖掘质量。 （2）确定样板施工的质量标准
5	大树移植工程	旁站样板段栽植施工过程的质量： （1）重点检查土壤局部改良措施的落实情况。 （2）重点检查样板段栽植质量，确定样板段质量验收标准
6	水生植物栽植工程	样板栽植区的栽植质量： （1）严格控制栽植土和栽培基质。 （2）栽植槽的防渗设施设置的高程、尺寸、范围与其他部位或岸坡连接等。 （3）栽植土层或栽培基质厚度
7	水景工程	（1）水池混凝土浇筑、试水和灌水试验。 （2）水池防水层施工
		（1）给水管网水压试验，管道清洗和消毒。 （2）排水管道埋设和埋设前的灌水和通水试验。 （3）消防系统水压试验，管道清洗
		（1）接地体接地电阻测试。 （2）电缆填土前，进行电缆绝缘电阻测试。 （3）线路绝缘电阻检测。 （4）建筑照明通电试运行。 （5）防雷接地装置的接地电阻值测试
8	园路路基	路基高程、纵横坡度及边坡基底

7.1.5 见证取样和平行检测

园林绿化工程的见证取样和平行检测，一般应包括：栽植材料、园林附属工程使用的材料和设备送检、工程现场检验。

1. 取样范围

绿化栽植工程：填方工程土壤的压实度；栽植土回填采土点土样的理化性状；栽植层

土壤理化性状；绿化工程种植材料、病虫害检查防治指标；渗水管材、渗水填垫层材料（有必要时进行抽验）；灌溉用水的水质化验。

水生植物栽植工程：饮用水源水域采用的栽植土和栽培基质，栽培前必须经有资质的化验室化验。

园林附属工程：钢材及钢材焊接件；水泥、砂及水泥砂浆、混合砂浆试件；混凝土抗压标养试件和同条件养护试件、混凝土抗渗试件；防水材料；土工试验等项目。

2. 栽植土验收批及取样方法规定

（1）客土每 500m³ 或 2000m² 为一检验批，应于土层 20cm 及 50cm 处，随机取样 5 处，每处 100g 经混合组成一组试样；客土 500m³ 或 2000m² 以下，随机取样不得少于 3 处。

（2）原状土在同一区域每 2000mm² 为一检验批，应于土层 20cm 及 50cm 处，随机取样 5 处，每处取样 100g，混合后组成一组试样；原状土 2000m² 以下，随机取样不得少于 3 处。

（3）栽植基质每 200m³ 为一检验批，应随机取 5 袋，每袋取 100 混合后组成一组试样；栽植基质 200m³ 以下，随机取样不得少于 3 袋。

7.1.6　样板引路

对于栽植层局部土壤改良工程、常规栽植工程、大树移植工程、水生植物栽植工程及草坪种植工程，均应先在现场采用相同材料和工艺制作样板区段（点）或样板穴（槽），经有关各方检验合格，确认质量标准后方可推广施工，即按此样板施工。

7.2　绿化工程监理要点

7.2.1　施工准备

（1）凡列为工程中的种植工作，施工前监理部应到现场核对设计图的平面和标高，如有图纸与实际不符，监理应及时向建设单位（业主）报告，建设单位提请设计单位作变更设计。

（2）调整或清除原绿地中植物布局，必要时经建设单位同意，可将原绿地中的植物移出绿地。

（3）施工放样定位时发现树穴中地下管线或上方架空线时，施工必须按规范避让，另选点位，同时填报变更单，经监理认可，并报建设单位批准后，方可实施下道工序。

（4）监理向建设单位索要种植设计图纸（平面图、立面图、剖面图、景观图）及设计说明，设计概算和上级批文等。

（5）监理要督促施工企业对种植地的环境、土质、地下水位、地下管道、建筑与树木、架空线与树木，与其他树木相邻空间等因素作详细调查并制订保障成活的技术措施。

（6）监理督促施工企业制订用水、用电、交通组织计划。

（7）监理督促施工企业作好土方平衡计划，落实进出土方和建设弃土的来源和去向，并根据绿化小品、绿化工程的进度编制施工计划和应急计划。

7.2.2 栽植基础监理要点

1. 栽植土

（1）检查绿化范围内的土地是否根据设计要求进行深翻平整，是否置换三、四类土。

（2）栽植土应见证取样，经有资质检测单位检测并在栽植前取得符合要求的测试结果。

检查种植的土壤是否符合设计要求，施工企业必须提供有资质单位出具的土壤分析报告，若土源不同，施工企业必须提供另一土源的土壤分析报告，否则下道工序不准动工。

（3）严格控制面层种植土厚度和种植土的质量。

（4）复验地块种植土厚度。

（5）核查种植土的质量、酸碱度，了解土石比例、颗粒尺寸及含肥等理化性状。

（6）检查施工单位的过程报告和分项评定表。

2. 栽植前场地清理

（1）检查有各种管线的区域、建（构）筑物周边的整理绿化用地，应在其完工并验收合格后进行。

（2）督促施工单位将现场内的渣土、工程废料、宿根性杂草、树根及其有害污染物清除干净。

（3）对清理的废弃构筑物、工程渣土、不符合栽植土理化标准的原状土等应做好测量记录、签认。

（4）检查场地标高及清理程度应符合设计和栽植要求。

（5）填垫范围内不应有坑洼、积水。

（6）督促施工单位对软泥和不透水层应进行处理。

（7）种植土中影响植物生长发育的石砾、瓦砾、砖块，树根、杂草根、玻璃、塑料废弃物、泡沫等混杂物，施工企业必须清除。

3. 栽植土回填及地形造型

（1）绿地地形整理应严格按照竖向设计要求进行，地形应自然流畅。

（2）复核地形造型的测量放线记录、上报专业监理工程师签认。

（3）检查造型胎土、栽植土应符合设计要求，并有检测报告。

（4）旁站回填土壤分层适度夯实，或自然沉降达到基本稳定，严禁用机械反复碾压。

（5）检查回填土及地形造型的范围、厚度、标高、造型及坡度均应符合设计要求。

4. 栽植土施肥和表层整理

（1）检查商品肥料的产品合格证明，或经过试验证明符合要求。

（2）要求施工单位将有机肥充分腐熟方可使用。

（3）施工单位施用无机肥料时，应先检查其绿地土壤有效养分含量。

（4）检查栽植土表层是否有明显低洼和积水处，花坛、花境栽植地 30cm 深的表土层必须疏松。

（5）检查栽植土的表层是否整洁，所含石砾中粒径大于 3cm 的不得超过 10%，粒径小于 2.5cm 不得超过 20%，杂草等杂物不应超过 10%。

（6）检查栽植土表层与道路（挡土墙或侧石）接壤处，栽植土应低于侧石 3～5cm；栽植土与边口线基本平直。

（7）检查栽植土表层整地后应平整略有坡度，当无设计要求时，其坡度宜为 0.3%～0.5%。

7.2.3 栽植穴、槽挖掘监理要点

（1）栽植穴、槽挖掘前，应向有关单位了解地下管线和隐蔽物埋设情况。

（2）树木与地下管线外缘及树木与其他设施的最小水平距离，应符合相应的绿化规划、设计和规范的规定。

（3）栽植穴、槽定点放线应符合设计图纸要求，位置应准确，标记明显。

（4）栽植穴定点时应标明中心点位置。栽植槽应标明边线。

（5）定点标志应标明树种名称（或代号）、规格。

（6）树木定点遇有障碍物时，应与设计单位取得联系，进行适当调整。

（7）督促施工单位核对种植工程的设计图与现场平面及标高，不符时，应由建设单位通知设计单位作变更设计。

7.2.4 植物材料监理要点

（1）核对施工单位绿化材料清单，进场绿化材料应符合清单中的名称、种类、产地。

（2）开包检查整批绿化材料的品种、规格、数量。植物材料种类、品种名称及规格应符合设计要求。

（3）检查绿化材料的检疫证件。严禁使用带有严重病虫害的植物材料，非检疫对象的病虫害危害程度或危害痕迹不得超过树体的 5%～10%。自外省市及国外引进的植物材料应有植物检疫证。

（4）检查裸根绿化材料的须根保留程度。

（5）抽样实测，实测合格，签署苗木材料合格报验单。

（6）植物材料的外观质量要求和检验方法应符合表 7-3 的规定。

植物材料外观质量要求和检验方法   表 7-3

项次	项 目		质量要求检验方法	检验方法
1	乔木灌木	姿态和长势	树干符合设计要求，树冠较完整，分枝点和分枝合理，生长势良好	检查数量：每 100 株检查 10 株，每株为 1 点，少于 20 株全数检查。检查方法：观察、量测
		病虫害	危害程度不超过树体的 5%～10%	
		土球苗	土球完整，规格符合要求，包装牢固	
		裸根苗根系	根系完整，切口平整，规格符合要求	
		容器苗木	规格符合要求，容器完整、苗木不徒长、根系发育良好不外露	
2	棕榈类植物		主干挺直，树冠匀称，土球符合要求，根系完整	

续表

项次	项　目	质量要求检验方法	检验方法
3	草卷、草块、草束	草卷、草块长宽尺寸基本一致，厚度均匀，杂草不超过5%，草高适度，根系好，草芯鲜活	检查数量：按面积抽查10%，4m²株为1点，不少于5个点。≤30m²应全数检查。 检查方法：观察
4	花苗、地被、绿篱及模纹色块植物	株型苗壮，根系基本良好，无伤苗，茎、叶无污染，病虫害危害程度不超过植株的5%～10%	检查数量：按数量抽查10%，10株为1点，不少于5个点。≤50株应全数检查。 检查方法：观察
5	整型景观树	姿态独特、曲虬苍劲、质朴古拙，株高不小于150cm，多干式桩景的叶片托盘不少于7～9个，土球完整	检查数量：全数检查。 检查方法：观察、尺量

7.2.5　苗木运输和假植监理要点

（1）苗木装运前应仔细核对苗木的品种、规格、数量、质量。外地苗木应事先办理苗木检疫手续。

（2）苗木运输量应根据现场栽植量确定，苗木运到现场后应及时栽植，确保当天栽植完毕。

（3）运输吊装苗木的机具和车辆的工作吨位，必须满足苗木吊装、运输的需要，并应制订相应的安全操作措施。

（4）裸根苗木运输时，应进行覆盖，保持根部湿润。装车、运输、卸车时不得损伤苗木。

（5）挖、运、种应紧密衔接。运输途中要用大棚布覆盖树冠，并有保鲜措施，减少树木途中失水。

（6）运输前先把断根、伤枝修剪好，大伤口涂愈伤剂。

（7）带土球苗木装车和运输时排列顺序应合理，捆绑稳固，卸车时应轻取轻放，不得损伤苗木及散球。

（8）苗木运到现场，当天不能栽植的应及时进行假植。

7.2.6　树木栽植监理要点

1. 栽植准备

（1）种植应按设计图纸要求核对苗木品种、规格及种植位置。

（2）树木置入种植穴前，应先检查种植穴大小及深度，不符合根系要求时，应修整种植穴。

（3）树木栽植应根据树木品种的习性和当地气候条件，选择最适宜的栽植期进行栽植。

（4）检查非栽植季节栽植，是否按规范要求操作和制定了各种保活措施，并由专业技术人员负责。

（5）检查树木带的泥球是否扎腰箍。出长根和裸根的树木是否有沾泥或带毛泥球和根部保湿处理措施。

（6）检查树木运到栽植地后，发现有损伤的树枝、树根是否及时修剪，大的修剪口是否作防腐处理。

（7）带土球树木栽植前应去除土球不易降解的包装物。

2. 栽植

（1）栽植时应注意观赏面的合理朝向，树木栽植深度应与原种植线持平。

（2）栽植树木回填的栽植土应分层踏实。

（3）除特殊景观树外，树木栽植应保持直立，不得倾斜。

（4）行道树或行列栽植的树木应在一条线上，相邻植株规格应合理搭配。

（5）绿篱及色块栽植时，株行距、苗木高度、冠幅大小应均匀搭配，树形丰满的一面应向外。

（6）绿篱成块种植或群植时，应由中心向外顺序退植。坡式种植时应由上向下种植。大型块植或不同彩色丛植时，宜分区分块种植。

（7）树木栽植后应及时绑扎、支撑、浇透水。

（8）树木栽植成活率不应低于 95％；名贵树木栽植成活率应达到 100％。

（9）对人员集散较多的广场、人行道、树木种植后，种植池应铺设透气铺装，加设护栏。

（10）监督支撑、绑扎、修剪及相关工作。

（11）签署种植工程报验单。

3. 灌溉与维护

（1）检查新栽植的树木是否根据不同的树种和不同的地理条件进行适期、适量的灌溉，并保持土壤中的有效肥分。还要检查不同土质的排水情况，不能有积水。

（2）检查已栽植成活的树木，是否按环境及时灌溉，对水分和空气湿度要求较高的树种，是否进行适当的叶面喷雾。

（3）检查灌溉前是否适当松土，夏季灌溉是否在早上或傍晚进行，冬季灌溉是否在中午，灌溉是否一次浇透，特别是春夏季节。

（4）检查暴雨后新栽树木周围积水是否尽快排除。

7.2.7 大树移植监理要点

1. 栽植准备

（1）移植前应对移植的大树生长、立地条件、周围环境等进行调查研究，制定技术方案和安全措施。

（2）准备移植所需机械、运输设备和大型工具必须完好，确保操作安全。

（3）对需要移植的树木，应根据有关规定办好所有权的转移及必要的手续，并做好施工所需工具、材料、机械设备的准备工作。施工前要与交通、市政、公用、电信等有关部门配合排除施工障碍，并办理必要手续。

（4）移植大树上岗人员必须是有经验的技术人员或经园林部门培训合格的高级工。

（5）大树移植前应对移植的大树生长情况、立地条件、周围环境等进行调查研究，制定移植的技术方案和安全措施。

2. 栽植

（1）定点放线应符合施工图规定。

（2）检查栽植场地的土壤理化性状和栽植层的透水状况，栽植土应符合设计和规范要求。严禁使用建筑垃圾、生活垃圾、盐碱土等有害成分的土壤，栽植层下不得有不透水层。

（3）检查树穴开挖和树穴土壤改良质量。

（4）检查所移大树的带土（土球裸根树根系）和包装形式。非适宜季节移植宜选用带硬质或软质容器栽培的大树，或采用本地专供大树移植的栽培大树。

（5）核对大树的规格、种类、树形、树势是否符合设计要求和有无病虫害严重危害症状，确认备选大树数量和编号，检查所选大树断根处理情况。

（6）重视选定大树移植前的地上平衡修剪工作，平衡修剪部位和修剪量，应根据所选大树的状况、当时的天气条件和当地操作规程进行。

（7）检查大树、特大树木吊运、根、枝处理情况。

（8）检查整地质量和栽植定点、定向、排列、垂直度、支撑等工序质量。

3. 旁站项目

旁站监理样板段栽植质量，旁站内容包括：栽植土、大树规格和姿态生长、土球或裸根树根系、栽植深度、大树吊运和种植、培土浇水、栽植修剪质量。

对有局部土壤改良措施要求的，大树、特大树种植穴（塘）进行技术处理的一般应实施旁站监理。

7.2.8 草坪和草本地被栽植监理要点

（1）检查是否清除草坪上的石子、瓦砾、树枝等杂物，挑除杂草。

（2）检查低洼积水是否排水或加土。

（3）检查草坪生长季节，是否中耕、加土、滚压、保持土壤平整和良好的透气性。

（4）检查草坪与树坛衔接处，是否切边，树冠下草坪是否经常施肥。花坛边缘是否进行切边。

（5）检查草坪发芽前是否施肥，生长季节是否追施肥料，及时浇水并防治地下害虫。

（6）检查草坪种植层砂、土、营养介质土比例。

（7）检查草坪土层的平整度、压实度。

（8）检验草种发芽率，核准草籽用量。

（9）草种选择与搭配必须符合设计要求，坪床栽植层结构应按局部设计要求或设计说明实施，坪床栽植土的理化性状应符合规范和标准的要求。栽植土层或基层厚度应符合草坪栽植土质量要求。

（10）混播草坪应符合下列规定：

1）混播草坪的草种及配合比应符合设计要求。

2）混播草坪应符合互补原则，草种叶色相近，融合性强。

3）播种时宜单个品种依次单独撒播，应保持各草种分布均匀。

7.2.9 花卉栽培监理要点

(1) 花卉栽植应按照设计图定点放线，在地面准确画出位置、轮廓线。花卉栽植面积较大时，可用方格线法，按比例放大到地面。

(2) 花苗的品种、规格、栽植放样、栽植密度、栽植图案均应符合设计要求。

(3) 花坛、花境、地被植物的栽植密度必须符合设计要求。栽植质量应：株行距基本均匀，高低搭配恰当、栽植深度适当、根部土壤压实，花苗和地被植物不得沾泥污，浇足水；花苗和地被植物长势较好。

(4) 单面花境应从后部栽植高大的植株，依次向前栽植低矮植物。

(5) 双面花境应从中心部位开始依次栽植。

(6) 混合花境应先栽植大型植株，定好骨架后依次栽植宿根、球根及一两年生的草花。

(7) 设计无要求时，各种花卉应成团成丛栽植，各团、丛间花色、花期搭配合理。

7.2.10 水湿生植物栽植监理要点

1. 栽植土壤

(1) 水湿生植物栽植地的土壤质量不良时，应更换合格的栽植土，使用的栽植土和肥料不得污染水源。

(2) 核查栽植土的理化性状和结构是否符合设计要求。

(3) 核查栽培基质配合比是否满足水生植物生长和开花要求。

(4) 检查栽培土和栽培基质是否含有污染水质的成分。

(5) 饮用水源水域采用的栽植土和栽培基质，栽植前必须经有资质的化验室化验，取得合格的化验结果后方能栽植。

(6) 检查栽植土层或栽培基质厚度，设计有要求时应符合设计要求。

2. 栽植槽

(1) 检查栽植槽的材料、结构、防渗是否符合设计要求。

(2) 槽内不宜采用轻质土或栽培基质。

(3) 栽植槽土层厚度应符合设计要求，无设计要求的应大于 50cm。

3. 栽植

(1) 检查水湿生植物栽植的品种和单位面积栽植数是否符合设计要求。

(2) 水湿生植物的病虫害防治严禁药物污染水源。

(3) 水湿生植物栽植后至长出新株期间应控制水位，严防新生苗（株）浸泡窒息死亡。

(4) 水生植物生长期间应防止水中杂草，应调节好水质防止污染，水生植物病虫害应采用生物防治，在饮用水源水域实施防治措施时，严禁使用化学农药。

7.3　园路、广场地面监理要点

7.3.1　施工测量

（1）对于主要道路、次要道路、广场等规则式园路，监理人员在熟悉设计文件和图纸的基础上，会同施工单位、设计单位在现场交接中线控制桩和水准点，并要求和检查施工方对所测量控制桩和水准点进行有效的保护，直至竣工验收；对不规则的游步道，应根据现场地形环境进行放样，注意道路走向、曲线应光滑、自然，满足功能、景观要求。

（2）对业主提供的图纸上获得的资料或设计单位现场交桩获得的原始定线资料，进行复核和校核，确保原始定线方位、水准点高程的数据正确。

（3）要求施工单位提交施工放样报验单及测量资料，对检查验收合格的，及时确认；否则要求重测，合格后再批复。

（4）现场监督、检查、复核、认可施工单位的测量工作。

（5）检查道路、广场坡度是否符合设计要求。

（6）签署放样报验单。

7.3.2　园林道路、广场基础与基层监理要点

（1）园路路基挖槽宽、深必须符合设计要求，控制基槽的开挖情况，开挖后槽底应夯实或碾压，不得有翻浆、弹簧现象。

（2）监理验槽并签发隐蔽工程报验单后，施工企业方可进行下道工序。

（3）检查土基是否按要求分层进行压实、滚压。

（4）检查土基的夯实是否达到要求，压实是否有试验报告。路基的强度、密实度必须符合设计要求。

（5）检查基础材料是否符合设计要求。

（6）检查垫层材料是否有检验报告。

（7）检查各层厚度是否达到设计要求，严格控制各结构层标高，并现场抽取混凝土试块。

（8）砂浆和混凝土必须符合设计要求，做好配合比试验。使用商品混凝土必须出具有关商品混凝土的材料，同时要做好砂浆（强度）试块。

（9）检查设置的沉降缝、伸缩缝是否符合设计要求。

（10）签署各层隐蔽工程报验单。

7.3.3　园林道路、广场面层监理要点

（1）核实、检查和确认路面中心线、边线及各设计标高点正确无误。

（2）地面工程基层、面层所用材料的品种、质量、规格，各结构层纵横向坡度、厚度、标高和平整度应符合设计要求；对面层材料的外观品质、检测报告等进行检查，确保面层材料符合设计、规范要求。

（3）在施工过程中对土方的开挖、填土、土质质量、开挖回填质量、压实、路基高程、纵横坡度及边坡基底的整修工作，进行旁站检查。

（4）检查挖填方路基土层标高、宽度、距离及中线的位置，外形等。

（5）不填不挖路基在遇有地下水位较高或土质湿软情况下，应监控其采取的措施。

（6）检查各结构层的强度、填料的密实度是否符合设计要求，且面层与基层的结合（粘结）必须牢固，不得空鼓、松动，面层不得积水。

（7）检查路面的平整度和坡度。

（8）检查各种路面石板铺设是否符合规范和设计要求。石材路面花材料的铺装，必须做到洁净、无坑洼不积水；接缝平顺，缝道合理、间隙、坡度符合设计要求和施工规范规定。

（9）检查花纹、图案是否符合设计要求。

（10）检查伸缩缝的宽度和位置，板块材料铺设间隙，以及填缝质量均应符合设计或相关规范要求。

（11）侧石的底部和外侧应坐浆，安装稳固；顶面应平整、线条应顺直；曲线段应圆滑无明显折角。

（12）签署道路工程报验单。

7.4 园林水景监理要点

7.4.1 一般要点

（1）检查施工单位是否取得应由建设单位提供的水景工程的施工图，严禁无图施工。

（2）审核现场工程平面位置及结构截面，是否符合设计施工图，如有不符，应由建设单位通知设计单位作变更设计。

（3）施工前应复核根据设计图进行翻样的施工图。

（4）核验施工人员上岗证。

（5）核验所有材料和物件的合格证和复印件。

（6）复核管槽位置，签署放样报验单。

7.4.2 基础检查

（1）复核现场基槽位置。

（2）检查基础范围和深度是否符合设计要求。

（3）遇疏散层、暗浜或异物等情况，要求建设单位通知设计单位作变更设计后方可继续施工。

（4）要求基础表面低于近旁土面或路面。

（5）基础验收，签署隐蔽工程报验单。

7.4.3 瀑布、跌水监理要点

（1）核查瀑布、跌水定位放样。

（2）核查瀑布、跌水的开挖标高。

（3）核查水位控制的溢水口标高。

（4）瀑布、跌水工程的出水量应符合设计要求，下水应形成瀑布状，出水应均匀分布于出水周边，水流不得渗漏其他叠石部位，不得冲击种植槽内的植物，并应符合设计的景观艺术效果。

7.4.4 水景水池监理要点

（1）核查水池定位放样、池底的开挖标高和水位控制的溢水口标高。

（2）隐蔽管道深度、位置必须符合设计要求和施工规范规定。

（3）验收管槽深度，签署隐蔽工程报验单。

（4）管道铺设连接必须符合设计要求和规范规定。

1）管道安装宜先安装主管，后安装支管，管道位置和标高应符合设计要求。

2）配水管网管道水平安装时，应有 2‰～5‰的坡度坡向泄水点。

3）管道下料时，管道切口应平整，并与管中心垂直。

4）各种材质的管材连接应保证不渗漏。

（5）水压试验结果必须符合设计要求和规范规定。

（6）水景喷泉的喷头安装检查要点：

1）管网应在安装完成试压合格并进行冲洗后，方可安装喷头。

2）喷头安装必须符合设计要求和产品特性。

3）喷头前应有长度不小于 10 倍喷头公称尺寸的直线管段或设整流装置。

4）确定喷头距水池边缘的合理距离，溅水不得溅至水池外面的地面上或收水线以内。

5）隐蔽安装的喷头，喷口出流方向水流轨迹上不应有障碍物。

6）喷泉、喷灌安装结束后必须进行调试，各项指标应符合设计和规范要求。

（7）电气安装监理要点：

1）电磁阀安装时，电磁阀井必须符合设计和规范要求。

2）电线管敷设应连接紧密，管口光滑、护口齐全、排列整齐，管子弯曲处无明显皱折，油漆防腐完整，符合规范规定。

3）导线不得在管内接头，护线套应齐全，符合规范规定。

4）导线间和导线对地的绝缘电阻必须大于 2MΩ，符合规范规定，并作实测记录。

5）浸入水中的电缆应采用 24V 低压水下电缆，水下灯具和接线盒应满足密封防渗要求。

6）电气器具的接地保护措施和其他安全措施必须符合规范规定。

7）配电箱安装必须位置正确，部件齐全，箱体油漆完整。

8）导线与器具连接必须牢固紧密，不伤芯线，压板无松动，配件齐全。

9）接地体安装必须位置正确，连接牢固，接地体埋设深度应符合设计和规范要求，并作实测记录。

10）水下灯必须使用 12V 电源，潮湿地区电器必须使用 24V 以下电源。

11）各项景观水电安装必须全部符合设计和规范要求方可签署工程报验单。

（8）水景水池应按设计要求预埋各种预埋件，穿过池壁和池底的管道应采取防渗漏措施，池体施工完成后，应进行灌水试验。灌水试验方法应符合现行国家标准《给水排水构筑物工程施工及验收规范》GB 50141—2008 的规定。

（9）水景水池表面颜色、纹理、质感应协调统一，吸水率、反光度等性能良好，表面不易被污染，色彩与块面布置应均匀美观。

7.4.5　园林驳岸工程监理要点

（1）检查园林驳岸地基是否相对稳定，土质是否均匀一致，防止出现不均匀沉降。持力层标高应低于水体最低水位标高 50cm。基础垫层按设计要求施工，设计未提出明确要求时，基础垫层应为 10cm 厚 C15 混凝土。其宽度应大于基础底宽度 10cm。

（2）检查园林驳岸基础的宽度是否符合设计要求，设计未提出明确要求的，基础宽度应是驳岸主体高度的 3/5～4/5，压顶宽度最低不得小于 36cm，砌筑砂浆应采用 1：3 水泥砂浆。

（3）园林驳岸视其砌筑材料不同，应执行不同的砌筑施工规范。采用石材为砌筑主体的石材应配重合理、砌筑牢固，防止水托浮力使石材产生移位。

（4）驳岸后侧回填土不得采用黏性土，并应按要求设置排水盲沟与雨水排水系统相连。

（5）较长的园林驳岸，应每隔 20～30m 设置变形缝，变形缝宽度应为 1～2cm；园林驳岸顶部标高出现较大高程差时，应设置变形缝。

（6）以石材为主体材料的自然式园林驳岸，其砌筑应曲折蜿蜒、错落有致、纹理统一，景观艺术效果符合设计规定。

（7）规则式园林驳岸压顶标高距水体最高水位标高不宜小于 50cm。

（8）园林驳岸溢水口的艺术处理，应与驳岸主体风格一致。

7.5　假山、叠石、置石监理要点

7.5.1　基础检查监理要点

（1）检查山体轮廓放样是否与基础范围相符，山势是否符合设计要求。

（2）基础开挖土方必须清除浮土，挖至老土。

（3）假山叠石工程基础必须符合设计要求，必须夯实、牢固、稳定、密实；基础柱桩、土方尺寸必须控制在允许偏差之内；除土包石以外，基础均须经设计确认。

7.5.2　假山、叠石监理要点

（1）假山叠石或在重要位置堆砌的峰石、瀑布，宜由设计单位或委托施工单位制作 1：25 或 1：50 的模型，经建设单位及有关专家评审认可后再进行施工。

（2）施工放样应按设计平面图，经复核无误后，方可施工。无具体设计要求时，景石堆置和散置，可由施工人员用石灰在现场放样示意，并经有关单位现场人员认可。

（3）假山叠石的基础工程及主体构造应符合设计和安全规定，假山结构和主峰稳定性应符合抗风、抗震强度要求。

（4）假山叠石主体工程形体和截面必须符合设计要求，截面必须符合结构需要，无安全隐患，必须符合使用安全，在确保安全的基础上符合造型艺术质量。

（5）检查假山叠石选用的石材质地是否一致、色泽相近、纹理统一。石料是否坚实耐压，无裂缝、损伤、剥落现象；峰石是否形态完美，具有观赏价值。

（6）假山、叠石、外形艺术处理应石不宜杂、纹不宜乱、块不宜匀、缝不宜多，形态自然完整。

（7）堆叠搭接处冲洗应清洁，石料放置应稳固，纹理走向一致。

（8）搭接嵌缝必须用高强度等级水泥砂浆灌浆勾嵌缝，砂浆宽度应在 1.5～2cm，做到平滑、顺道、色泽与叠石（孤赏石峰）相似。

（9）叠石（含孤赏石峰）在堆叠或竖好后必须做好支撑或拉吊，待砂浆强度达到标准，经监理认可后方可拆除。

（10）叠石（含孤赏石峰）主要观赏面和高度应符合设计要求。

（11）检查散置的山石是否随意堆置，堆置是否稳固，简单重复。

（12）检查孤赏石、峰石是否形态完美，是否注意主观赏面的方向，注意重心，确保稳固。

7.5.3　塑石与塑山监理要点

（1）检查采用的基架形式符合设计要求，基架坐落的载体结构是否安全可靠；基架加密支撑体系的框架密度和外形是否与设计的山体形状相似或接近。

（2）检查混凝土结构，验收隐蔽工程。

（3）检查钢结构工程的防腐、焊接。

（4）检查铺设钢丝网的强度和网目密度是否满足挂浆要求；钢丝网与基架绑扎是否牢靠。

（5）检查水泥砂浆表面抗拉力量和强度是否满足施工要求；砂浆罩面塑造皱纹是否自然协调；塑形表层石色是否符合设计要求，着色是否稳定耐久。

（6）检查塑石假山品种形式，核验塑石假山面积。

（7）核对塑石假山勾缝材料与假山颜色是否相近。

7.6　园林设施安装监理要点

7.6.1　座椅（凳）、标牌、果皮箱监理要点

（1）检查座椅（凳）、标牌、果皮箱的质量是否符合相关产品标准的规定，是否通过产品检验合格。

（2）检查座椅（凳）、标牌、果皮箱材质、规格、形状、色彩、安装位置是否符合设计要求，标牌的指示方向是否准确无误。

（3）检查座椅（凳）、标牌、果皮箱的安装方法是否按照产品安装说明或设计要求进行。

（4）检查安装基础是否符合设计要求。

（5）座椅（凳）、果皮箱应安装牢固无松动，标牌支柱安装应直立不倾斜，支柱表面应整洁无毛刺，标牌与支柱连接、支柱与基础连接应牢固无松动。

（6）检查金属部分及其连接件是否做过防锈处理，否则，督促施工单位及时处理。

7.6.2 园林护栏监理要点

（1）检查护栏高度、形式、图案、色彩是否符合设计要求。

（2）金属护栏和钢筋混凝土护栏应设置基础，基础强度和埋深应符合设计要求；设计无明确要求时，高度在 1.5m 以下的护栏，其混凝土基础尺寸不应小于 30cm×30cm×30cm；高度在 1.5m 以上的护栏，其混凝土基础尺寸不应小于 40cm×40cm×40cm。

（3）园林护栏基础采用的混凝土强度不应低于 C20。

（4）现场加工的金属护栏应做防锈处理，否则，督促施工单位及时处理。

（5）栏杆之间、栏杆与基础之间的连接应紧实牢固。金属栏杆的焊接应符合国家现行相关标准的要求。

（6）检查竹木质护栏的主桩下埋深度，其值不应小于 50cm。主桩的下埋部分应做防腐处理。主桩之间的间距不应大于 6m。

（7）检查栏杆空隙是否符合设计要求，设计未提出明确要求的，宜为 15cm 以下。

（8）检查护栏整体是否垂直、平顺。

（9）用于攀援绿化的园林护栏应符合植物生长要求。

7.6.3 绿地喷灌监理要点

（1）管网应在安装完成试压合格并进行冲洗后，方可安装喷头，喷头规格和射程应符合设计要求，洒水均匀，并符合设计的景观艺术效果。

（2）绿地喷灌工程应符合安全使用要求，喷洒到道路上的喷头应进行调整。

（3）喷头定位应准确，埋地喷头的安装应符合设计和地形的要求。

（4）喷头高低应根据苗木要求调整，各接头无渗漏，各喷头达到工作压力。

习　题

1. 园林绿化工程旁站项目有哪些？

2. 园林绿化工程取样范围有哪些？

3. 草卷、草块、草束的质量要求有哪些？

4. 花苗、地被、绿篱及模纹色块植物的质量要求有哪些？

5. 大树移植旁站内容有哪些？

6. 水景喷泉的喷头安装检查要点有哪些？

7. 塑石与塑山监理要点有哪些？

参 考 文 献

［1］ 中华人民共和国国家标准．建设工程监理规范 GB 50319—2013［S］. 北京：中国建筑工业出版
社，2013.

［2］ 中国建设监理协会．建设工程监理概论(第 4 版)［M］. 北京：中国建筑工业出版社，2013.

［3］ 中国建设监理协会．建设工程质量控制(第 4 版)［M］. 北京：中国建筑工业出版社，2013.

［4］ 中国建设监理协会组织编写．建设工程监理规范 GB/T 50319—2013 应用指南［M］. 北京：中国建
筑工业出版社，2013.